Σ BEST
シグマベスト

高校
やさしくわかりやすい問題集
数学Ⅱ＋B

松田親典　著

文英堂

はじめに

　数学は難しくてわからないと思っている人や，数学は苦手だと思っている人は，ぜひこの問題集にチャレンジしてみてください。この本のほかにノートを用意して構える必要はありません。書きこみ式になっていますから。まずは問題を解いてみましょう。この問題集は「**やさしくわかりやすい数学Ⅱ＋B**」に準拠していますが，もちろん，この問題集だけでも利用できます。では，始めましょう！

もくじ

数学Ⅱ

第1章　式と証明・複素数と方程式
1　整式の乗法・除法　4
2　分数式・式と証明　8
定期テスト対策問題　12
3　複素数と方程式　14
4　高次方程式　18
定期テスト対策問題　22

第2章　図形と方程式
1　点と直線　24
2　円　28
3　軌跡と領域　32
定期テスト対策問題　36

第3章　三角関数
1　三角関数　38
2　三角関数のグラフ　42
3　加法定理　46
定期テスト対策問題　50

第4章　指数関数・対数関数
1　指数関数　52
2　対数関数　56
定期テスト対策問題　60

第5章　微分と積分
1　微分係数と導関数(1)　62
2　微分係数と導関数(2)　66
3　導関数の応用(1)　70
4　導関数の応用(2)　74
定期テスト対策問題　78
5　積分(1)　80
6　積分(2)　84
定期テスト対策問題　88

数学B

第6章　数　列
1　等差数列　90
2　等比数列と和の記号　94
3　いろいろな数列　98
4　漸化式と数学的帰納法　102
定期テスト対策問題　106

第7章　ベクトル
1　平面上のベクトル　108
2　内積と位置ベクトル　112
3　図形への応用・ベクトル方程式　116
定期テスト対策問題　120
4　空間座標とベクトル　122
5　空間図形とベクトル　126
定期テスト対策問題　130

この本の特色と使い方

① 参考書は勉強したけど，もっとたくさんの問題演習がしたい。

参考書にリンクした章立てなので，並行して使いやすくなっています。

参考書できちんと勉強した人は，はじめにある Point! はとばしてもよいかもしれません。復習程度に確認してください。

② 説明はいいから，とにかく問題を解くことで力をつけたい。

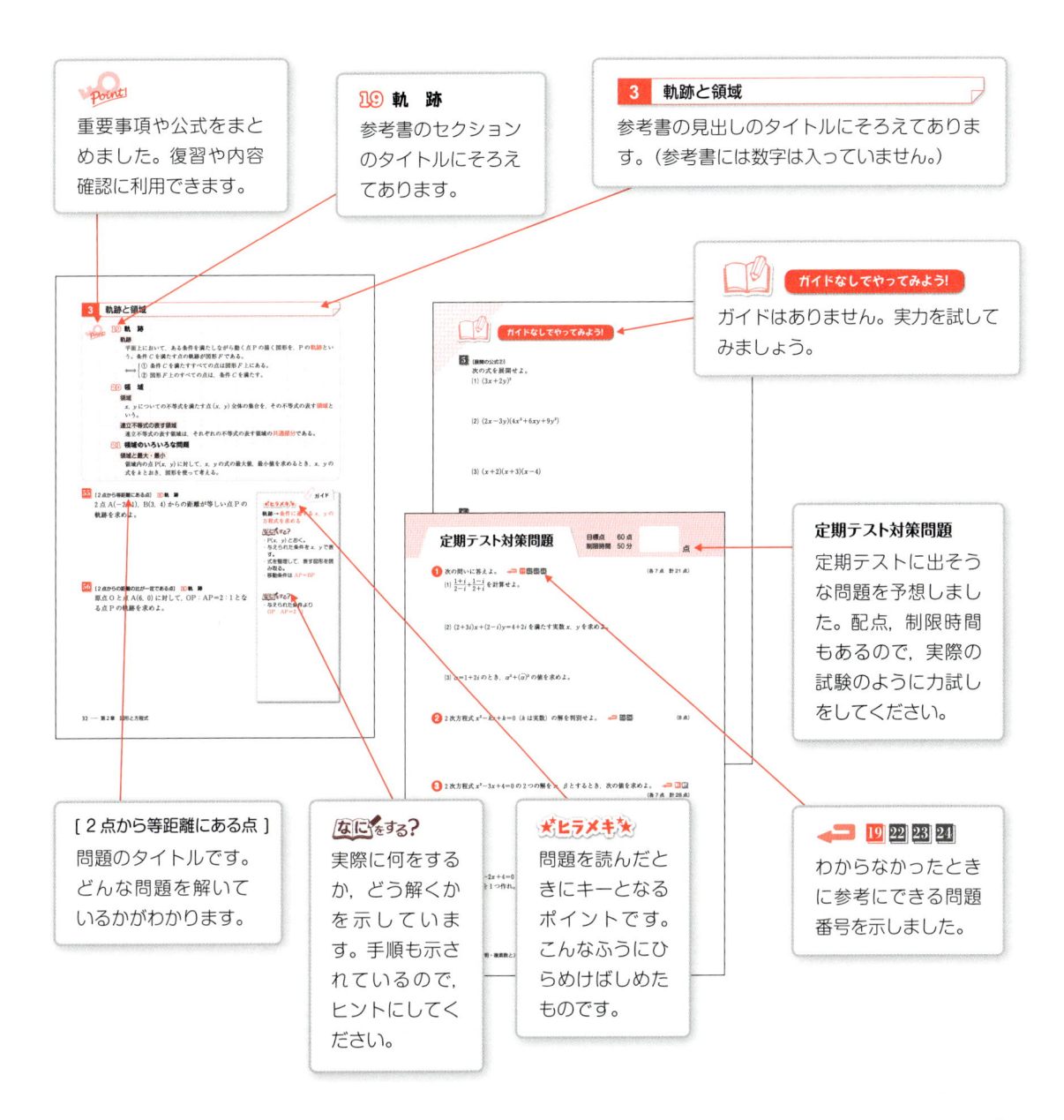

Point! には重要事項がまとめてあるので，もちろん参考書がなくても使うことができます。問題を解いてわからないところを確認していく，という勉強法もあると思います。こういう場合は， Point! で内容を確認してから問題を解くと，スムーズに取り組めるでしょう。

Point!
重要事項や公式をまとめました。復習や内容確認に利用できます。

19 軌　跡
参考書のセクションのタイトルにそろえてあります。

3 軌跡と領域
参考書の見出しのタイトルにそろえてあります。（参考書には数字は入っていません。）

ガイドなしでやってみよう！
ガイドはありません。実力を試してみましょう。

定期テスト対策問題
定期テストに出そうな問題を予想しました。配点，制限時間もあるので，実際の試験のように力試しをしてください。

[2点から等距離にある点]
問題のタイトルです。どんな問題を解いているかがわかります。

なにをする？
実際に何をするか，どう解くかを示しています。手順も示されているので，ヒントにしてください。

ヒラメキ
問題を読んだときにキーとなるポイントです。こんなふうにひらめけばしめたものです。

← 19 22 23 24
わからなかったときに参考にできる問題番号を示しました。

3

第1章 式と証明・複素数と方程式

1 整式の乗法・除法

1 整式の乗法

↓左右を見比べて覚えよう→

（数学Ⅰで学んだ）2次の乗法公式
① $(a+b)^2=a^2+2ab+b^2$
　$(a-b)^2=a^2-2ab+b^2$
② $(a+b)(a-b)=a^2-b^2$
③ $(x+a)(x+b)=x^2+(a+b)x+ab$
④ $(ax+b)(cx+d)$
　$=acx^2+(ad+bc)x+bd$
⑤ $(a+b+c)^2$
　$=a^2+b^2+c^2+2ab+2bc+2ca$

3次の乗法公式
⑥ $(a+b)^3=a^3+3a^2b+3ab^2+b^3$
　$(a-b)^3=a^3-3a^2b+3ab^2-b^3$
⑦ $(a+b)(a^2-ab+b^2)=a^3+b^3$
⑧ $(a-b)(a^2+ab+b^2)=a^3-b^3$
○ $(x+a)(x+b)(x+c)$
　$=x^3+(a+b+c)x^2$
　　$+(ab+bc+ca)x+abc$

2 整式の因数分解

（数学Ⅰで学んだ）因数分解
○ $ma+mb=m(a+b)$
① $a^2+2ab+b^2=(a+b)^2$
　$a^2-2ab+b^2=(a-b)^2$
② $a^2-b^2=(a+b)(a-b)$
③ $x^2+(a+b)x+ab=(x+a)(x+b)$
④ $acx^2+(ad+bc)x+bd$
　$=(ax+b)(cx+d)$
⑤ $a^2+b^2+c^2+2ab+2bc+2ca$
　$=(a+b+c)^2$

3次式の因数分解
⑥ $a^3+3a^2b+3ab^2+b^3=(a+b)^3$
　$a^3-3a^2b+3ab^2-b^3=(a-b)^3$
⑦ $a^3+b^3=(a+b)(a^2-ab+b^2)$
⑧ $a^3-b^3=(a-b)(a^2+ab+b^2)$
○ $a^3+b^3+c^3-3abc$
　$=(a+b+c)$
　　$\times(a^2+b^2+c^2-ab-bc-ca)$

3 二項定理

パスカルの三角形

$n=1, 2, 3, 4, \cdots$のとき，$(a+b)^n$を展開すると

$(a+b)^0=1$　　　　　　　　　$n=0$　　　　　　1
$(a+b)^1=a+b$　　　　　　　　$n=1$　　　　　1　1
$(a+b)^2=a^2+2ab+b^2$　　　　$n=2$　　　1　2　1
$(a+b)^3=a^3+3a^2b+3ab^2+b^3$　$n=3$　　1　3　3　1
$(a+b)^4=a^4+4a^3b+6a^2b^2+4ab^3+b^4$　$n=4$　1　4　6　4　1
　　$\vdots$　　　　　　　　　　　　　$\vdots$　　　　$\vdots$

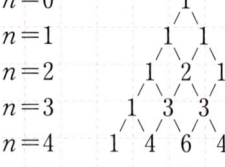

二項定理

$(a+b)^n={}_nC_0 a^n+{}_nC_1 a^{n-1}b+{}_nC_2 a^{n-2}b^2+\cdots$
　　　　　　$+{}_nC_r a^{n-r}b^r+\cdots+{}_nC_{n-1}ab^{n-1}+{}_nC_n b^n$

4 整式の除法

整式Aを整式Bで割ったときの，商をQ，余りをRとすると
　$A=B\times Q+R$　（Rの次数＜Bの次数，または　$R=0$）
特に，$R=0$のとき，$A=B\times Q$となり，AはBで割り切れるという。

1 [展開の公式①] ❶整式の乗法

次の式を展開せよ。

(1) $(x-1)^3$

(2) $(x-2y)(x^2+2xy+4y^2)$

(3) $(x+2y)^3$

2 [因数分解の公式] ❷整式の因数分解

次の式を因数分解せよ。

(1) x^3+8y^3

(2) $x^3+9x^2+27x+27$

3 [1次式の4乗の展開] ❸二項定理

$(x+2)^4$ を展開せよ。

4 [整式の除法①] ❹整式の除法

$(x^3-6x^2+9x-7)\div(x^2-2x+3)$ の商と余りを求めよ。

ガイド

★ヒラメキ★
整式の乗法
→公式による展開

なにをする?
どの公式にあてはまるか考える。
(1) $(a-b)^3$
  $=a^3-3a^2b+3ab^2-b^3$
(2) $(a-b)(a^2+ab+b^2)$
  $=a^3-b^3$
(3) $(a+b)^3$
  $=a^3+3a^2b+3ab^2+b^3$

★ヒラメキ★
整式の因数分解
→公式による因数分解

なにをする?
・どの公式にあてはまるか考える。
・乗法の公式の逆が，因数分解の公式。

★ヒラメキ★
$(a+b)^n$ の展開
→パスカルの三角形

なにをする?
パスカルの三角形をかいてみる。

★ヒラメキ★
整式の除法
→割り算を実行

なにをする?
数の割り算と同じようだが，整式の場合は次数の高いところから割り算をする。

第1章 式と証明・複素数と方程式

ガイドなしでやってみよう!

5 [展開の公式②]

次の式を展開せよ。

(1) $(3x+2y)^3$

(2) $(2x-3y)(4x^2+6xy+9y^2)$

(3) $(x+2)(x+3)(x-4)$

6 [因数分解]

次の式を因数分解せよ。

(1) x^3-64

(2) $54x^3+16y^3$

(3) $8a^3-12a^2b+6ab^2-b^3$

(4) x^6-64

7 [パスカルの三角形による展開]
次の式を展開せよ。
(1) $(x-1)^5$

(2) $(2x-3)^4$

8 [二項定理]
次の式の展開式における，[ ]内の項の係数を求めよ。
(1) $(3x-2y)^6$　　$[x^2y^4]$

(2) $\left(x^2-\dfrac{1}{x}\right)^7$　　$[x^2]$

9 [整式の除法②]
$A=2x^3+3x^2-4x-5$, $B=x^2+2x-3$ について，$A\div B$ の商を Q，余りを R とするとき，$A=BQ+R$ の等式で表せ。

2 分数式・式と証明

⑤ 分数式の計算

分数式の計算と約分

① $\dfrac{A}{B} = \dfrac{AC}{BC}$ ($C \neq 0$) ② $\dfrac{AD}{BD} = \dfrac{A}{B}$ (約分)

分数式の四則計算

① $\dfrac{A}{B} \times \dfrac{C}{D} = \dfrac{AC}{BD}$ ② $\dfrac{A}{B} \div \dfrac{C}{D} = \dfrac{A}{B} \times \dfrac{D}{C} = \dfrac{AD}{BC}$

③ $\dfrac{A}{B} + \dfrac{C}{D} = \dfrac{AD+BC}{BD}$　$\dfrac{A}{B} - \dfrac{C}{D} = \dfrac{AD-BC}{BD}$

⑥ 恒等式

等式 $\begin{cases} 方程式\cdots特定の値に対して成立する等式 \\ 恒等式\cdots どのような値に対しても成立する等式 \end{cases}$

恒等式の性質

① $ax^2 + bx + c = a'x^2 + b'x + c'$ が x の恒等式である $\iff a = a',\ b = b',\ c = c'$

② $ax^2 + bx + c = 0$ が x の恒等式である $\iff a = 0,\ b = 0,\ c = 0$

⑦ 等式の証明

等式の証明の方法（$A = B$ の証明）

① A か B を変形して，他方を導く。
② A を変形して C を導き，B を変形して同じく C を導く。
③ $A - B$ を変形して 0 であることを示す。

ある条件の下での証明方法（$A = B$ の証明）

④ 条件式を使って文字を減らす。
⑤ 条件 $C = 0$ のもとで，$A - B$ を変形し C を因数にもつことを示す。
⑥ 条件式が比例式のとき，比例式 $= k$ などとおく。

⑧ 不等式の証明

大小関係の基本性質

① $a > b,\ b > c \implies a > c$
② $a > b \implies a + c > b + c,\ a - c > b - c$
③ $a > b,\ c > 0 \implies ac > bc,\ \dfrac{a}{c} > \dfrac{b}{c}$　④ $a > b,\ c < 0 \implies ac < bc,\ \dfrac{a}{c} < \dfrac{b}{c}$
⑤ $a > b \iff a - b > 0$　$a < b \iff a - b < 0$

相加平均と相乗平均の大小関係

$a > 0,\ b > 0$ のとき，$\underbrace{\dfrac{a+b}{2}}_{相加平均} \geqq \underbrace{\sqrt{ab}}_{相乗平均}$　　等号は $a = b$ のとき成立する。

不等式の証明の方法

① 平方完成をして，(実数)$^2 \geqq 0$ を用いる。
　　（A が実数のとき　$A^2 \geqq 0$　等号成立は $A = 0$ のとき。）
② 差を計算し，正であることを示す。（$A > B \iff A - B > 0$）
③ 両辺とも正または 0 のときは，平方したものどうしを比べてもよい。
　　（$A > 0,\ B > 0$ で $A > B \iff A^2 > B^2$）

10 [分数式の和]　❺分数式の計算

分数式 $\dfrac{2}{x^2-3x+2}+\dfrac{1}{x^2-4}$ を計算せよ。

★ヒラメキ★
分数式の和
→通分する

なにをする?
分母を因数分解して，分母の最小公倍数で通分する。

11 [係数の決定①]　❻恒等式

等式 $x^2=a(x-2)^2+b(x-2)+c$ 　…①
が x についての恒等式となるように，定数 a, b, c の値を定めよ。

★ヒラメキ★
恒等式
→どのような x の値に対しても成立する

なにをする?
両辺の x に計算しやすい値を3つ代入する。

12 [等式の証明]　❼等式の証明

等式 $(a^2+b^2)(c^2+d^2)=(ac+bd)^2+(ad-bc)^2$ を証明せよ。

★ヒラメキ★
等式の証明
→(左辺)=(右辺) を示す

なにをする?
(左辺)=C, (右辺)=C を示す。

13 [不等式の証明]　❽不等式の証明

不等式 $a^2+b^2 \geqq 2a+2b-2$ を証明せよ。また，等号が成り立つ場合を求めよ。

★ヒラメキ★
不等式の証明
→(左辺)−(右辺)≧0 を示す

なにをする?
(実数)²≧0 を作る。

第1章　式と証明・複素数と方程式

2　分数式・式と証明 —— 9

ガイドなしでやってみよう!

14 [分数式の計算]

次の分数式を計算せよ。

(1) $\dfrac{x^2+3x+2}{x^2+x+1} \div \dfrac{x^2+x-2}{x^3-1}$

(2) $\dfrac{5}{x^2+x-6} - \dfrac{1}{x^2+5x+6}$

(3) $1 - \dfrac{1}{1-\dfrac{1}{x}}$

15 [係数の決定②]

次の等式が x についての恒等式になるように，定数 a, b, c の値を定めよ。

(1) $2x^2-2x-2 = ax(x-1)+b(x-1)(x-2)+cx(x-2)$

(2) $\dfrac{1}{(x+1)(x+2)^2} = \dfrac{a}{x+1} + \dfrac{b}{x+2} + \dfrac{c}{(x+2)^2}$

16 [条件の付いた等式の証明]
$a+b+c=0$ のとき，等式 $a^2-bc=b^2-ca$ が成り立つことを証明せよ。

17 [比例式と等式の証明]
$\dfrac{a}{b}=\dfrac{c}{d}$ のとき，$\dfrac{a^2+b^2}{ab}=\dfrac{c^2+d^2}{cd}$ が成り立つことを証明せよ。

18 [不等式の証明と相加平均・相乗平均の利用]
次の不等式を証明せよ。また，等号が成立する条件を求めよ。
(1) $x^2+y^2 \geqq xy$

(2) $a>0$，$b>0$ のとき $(a+b)\left(\dfrac{1}{a}+\dfrac{1}{b}\right) \geqq 4$

定期テスト対策問題

目標点　60点
制限時間　50分

　　　点

1 次の問いに答えよ。　（各8点　計40点）

(1) $(x+2)^3+(x-2)^3$ を簡単にせよ。

(2) x^4y+xy^4 を因数分解せよ。

(3) $\left(x^2+\dfrac{2}{x}\right)^6$ の展開式で x^3 の係数を求めよ。

(4) $\dfrac{x^3+2x^2}{2x^2-7x+3}\div\dfrac{x^2+2x}{x^2-4x+3}$ を計算せよ。

(5) $\dfrac{x+4}{x^2+3x+2}+\dfrac{x-4}{x^2+x-2}$ を計算せよ。

2 次の等式が x についての恒等式になるように，定数 a, b, c の値を定めよ。　（各10点　計20点）

(1) $x^2+5x+6=ax(x+1)+b(x+1)(x-1)+cx(x-1)$

(2) $\dfrac{3}{x^3+1} = \dfrac{a}{x+1} + \dfrac{bx+c}{x^2-x+1}$

3 次の等式を証明せよ。　⬅ 16 17　　　　　　　　　　　　　　　（各13点　計26点）

(1) $a+b+c=0$ のとき，$(a+b)(b+c)(c+a) = -abc$

(2) $\dfrac{a}{b} = \dfrac{c}{d}$ のとき，$(a^2+c^2)(b^2+d^2) = (ab+cd)^2$

4 次の不等式を証明せよ。また，等号が成立する条件を求めよ。　⬅ 13 18　　（14点）
$a \geqq 0$，$b \geqq 0$ のとき　$\sqrt{2(a+b)} \geqq \sqrt{a} + \sqrt{b}$

3 複素数と方程式

⑨ 複素数

虚数単位
平方して -1 となる数を i と表す（$i^2 = -1$）。
この i を虚数単位という。

複素数
実数 a, b を用いて，$a+bi$ の形で表される数を複素数という。

複素数 $\begin{cases} b=0 \text{ のとき} \quad a+0i=a \cdots \text{実数} \\ b \neq 0 \text{ のとき} \quad a+bi \quad \cdots \text{虚数} \end{cases}$

特に，$a=0$ のとき $\quad 0+bi=bi \cdots$ 純虚数

複素数の相等
$a+bi = c+di \iff a=c$ かつ $b=d$
特に，$a+bi = 0 \iff a=0$ かつ $b=0$

複素数の計算
i を文字として計算し，i^2 が現れたら -1 におき換える。

共役な複素数
$\alpha = a+bi$ に対して，$\overline{\alpha} = a-bi$ を α の共役な複素数という。

負の数の平方根
$a > 0$ のとき $\quad \sqrt{-a} = \sqrt{a}\,i$

⑩ 2次方程式

2次方程式の解の公式
$ax^2 + bx + c = 0$ （$a \neq 0$）の解は
$$x = \frac{-b \pm \sqrt{D}}{2a} \quad (D = b^2 - 4ac)$$

実数解と虚数解（解の判別）
$D = b^2 - 4ac > 0$ のとき…異なる2つの実数解 ⎫
$D = b^2 - 4ac = 0$ のとき…重解　　　　　　　⎬ 実数解
$D = b^2 - 4ac < 0$ のとき…異なる2つの虚数解

2次方程式 $ax^2 + bx + c = 0$ の虚数解の性質
この方程式が虚数解をもつとき，その2つの虚数解は互いに共役な複素数である。
つまり，一方の虚数解が $\alpha = p+qi$ なら他方の解は $\overline{\alpha} = p-qi$ である。

⑪ 解と係数の関係

2次方程式 $ax^2 + bx + c = 0$ の2つの解を α, β とするとき
$$\alpha + \beta = -\frac{b}{a}, \quad \alpha\beta = \frac{c}{a}$$

2次方程式 $ax^2 + bx + c = 0$ の2つの解が α, β であるとき
$$ax^2 + bx + c = a(x-\alpha)(x-\beta)$$

2つの数 α, β を解にもつ x の2次方程式の1つは
$$x^2 - (\alpha+\beta)x + \alpha\beta = 0$$

19 [分母の実数化] ❾ 複素数

$\dfrac{1+2i}{3-i} + \dfrac{1-2i}{3+i}$ を計算せよ。

20 [2次方程式を解く] ❿ 2次方程式

次の2次方程式を解け。

(1) $9x^2 - 6x + 1 = 0$

(2) $3x^2 - 4x - 2 = 0$

(3) $3x^2 - 4x + 2 = 0$

21 [値の計算] ⓫ 解と係数の関係

2次方程式 $x^2 - 2x + 6 = 0$ の2つの解を α, β とするとき，次の値を求めよ。

(1) $\alpha + \beta$

(2) $\alpha\beta$

(3) $\alpha^2 + \beta^2$

22 [複素数の計算]

次の計算をせよ。

(1) $\sqrt{-2} \cdot \sqrt{-3}$

(2) $\dfrac{\sqrt{5}}{\sqrt{-2}}$

(3) $\dfrac{2+3i}{3-2i} - \dfrac{2-3i}{3+2i}$

23 [複素数と恒等式]

$(1-2i)x + (2+3i)y = 4-i$ を満たす実数 x, y を求めよ。

24 [式の値①]

$\alpha = 2-i$ のとき，$\alpha^2 + \alpha\overline{\alpha} + (\overline{\alpha})^2$ の値を求めよ。

25 [2次方程式の解の判別①]

次の2次方程式の解を判別せよ。

(1) $2x^2 + 5x - 2 = 0$

(2) $x^2 - 4x + 4 = 0$

(3) $2x^2 - 3x + 2 = 0$

26 ［2次方程式の解の判別②］
次の問いに答えよ。
(1) 2次方程式 $x^2-kx+2k=0$ が重解をもつように実数 k の値を定めよ。また，その重解を求めよ。

(2) 2次方程式 $x^2-2kx+k+2=0$ （k は実数）の解を判別せよ。

27 ［式の値②］
2次方程式 $x^2-2x+3=0$ の2つの解を α，β とするとき，次の値を求めよ。
(1) $\alpha+\beta$ (2) $\alpha\beta$

(3) $(\alpha-\beta)^2$ (4) $\alpha^3+\beta^3$

28 ［2次方程式の解と係数の関係の利用］
2次方程式 $x^2-2kx+2k-1=0$ の2つの解の比が $1:4$ であるとき，定数 k の値と2つの解を求めよ。

4 高次方程式

12 剰余の定理・因数定理

整式の表し方
　x の整式を $P(x)$ とかく。また，$P(x)$ に $x=a$ を代入した値を $P(a)$ とかく。

整式の剰余
　整式 $P(x)$ を整式 $A(x)$ で割ったときの商を $Q(x)$，余りを $R(x)$ とすると
　　$P(x)=A(x)\cdot Q(x)+R(x)$
　ただし　$(R(x)$ の次数$)<(A(x)$ の次数$)$　または　$R(x)=0$

剰余の定理
　　$P(x)$ を1次式 $x-\alpha$ で割った余りは　$P(\alpha)$
　（解説）　整式 $P(x)$ を1次式 $x-\alpha$ で割ったときの商を $Q(x)$，余りを R（定数となる）とすると
　　$P(x)=(x-\alpha)Q(x)+R$　…①
　①の両辺に $x=\alpha$ を代入すると　$P(\alpha)=(\alpha-\alpha)Q(\alpha)+R=R$

因数定理
　　$P(\alpha)=0 \iff P(x)$ は $x-\alpha$ を因数にもつ
　（解説）　$P(\alpha)=0$ なら①で $R=0$ だから，$P(x)$ は $x-\alpha$ で割り切れる。

13 高次方程式

高次方程式
　x の整式 $P(x)$ が n 次のとき，方程式 $P(x)=0$ を x の **n 次方程式** という。
　3次以上の方程式を **高次方程式** という。

高次方程式の解の個数
　高次方程式の解の個数について，2重解を2個，3重解を3個と数えることにすると，n 次方程式は常に n 個の解をもつ。

高次方程式と虚数解
　実数を係数とする方程式が，虚数解 $\alpha=a+bi$ を解にもつとき，α の共役な複素数 $\overline{\alpha}=a-bi$ も解である。つまり，実数を係数とする方程式が虚数解をもつときは，必ず共役な複素数とペアで解となっている。

---

29 ［係数の決定］　**12 剰余の定理・因数定理**

整式 $P(x)=2x^3+3x^2-mx-4$ を $x+1$ で割ると 4 余るという。定数 m の値を求めよ。

ガイド

★ヒラメキ★

剰余の定理
→ $P(x)$ を $x-\alpha$ で割った余りは　$P(\alpha)$

なに をする？

$x+1$ で割った余りは $P(-1)$ を計算すれば求められる。

30 [剰余の定理の利用①] **12 剰余の定理・因数定理**

整式 $P(x)$ を $x-2$ で割ったときの余りは 1 で, $x+3$ で割ったときの余りは 6 であるという。$P(x)$ を $(x-2)(x+3)$ で割ったときの余りを求めよ。

31 [因数定理の利用] **12 剰余の定理・因数定理**

整式 $P(x)=2x^3-3x^2+m$ が $x-2$ を因数にもつという。定数 m の値を求めよ。

32 [3次方程式] **13 高次方程式**

次の 3 次方程式を解け。
(1) $x^3-8=0$

(2) $x^3-3x^2+2=0$

33 [剰余の定理の利用②]

整式 $P(x)=2x^3+x^2-3x-4$ について，次の問いに答えよ。

(1) $P(x)$ を $x+1$ で割ったときの余りを求めよ。

(2) $P(x)$ を $2x-1$ で割ったときの余りを求めよ。

34 [剰余の定理の利用③]

整式 $P(x)=x^3+3x^2+ax+b$ を $x+2$ で割ると -6 余り，$x-1$ で割ると割り切れるという。このとき，定数 a，b の値を求めよ。

35 [余りの決定]

整式 $P(x)$ を $x+2$ で割ると余りは 1 で，$x+3$ で割ると余りは 3 であるという。$P(x)$ を x^2+5x+6 で割ったときの余りを求めよ。

36 ［高次方程式の解］

次の方程式を解け。

(1) $x^4 - 1 = 0$

(2) $x^3 - x^2 + x - 6 = 0$

37 ［高次方程式の決定］

方程式 $x^3 - 3x^2 + ax + b = 0$ の1つの解が $1 + 2i$ のとき，実数の定数 a, b の値と他の解を求めよ。

定期テスト対策問題

目標点　60点
制限時間　50分

点

1 次の問いに答えよ。　19 22 23 24　　(各7点　計21点)

(1) $\dfrac{1+i}{2-i}+\dfrac{1-i}{2+i}$ を計算せよ。

(2) $(2+3i)x+(2-i)y=4+2i$ を満たす実数 x, y を求めよ。

(3) $\alpha=1+2i$ のとき，$\alpha^2+(\overline{\alpha})^2$ の値を求めよ。

2 2次方程式 $x^2-kx+k=0$ （k は実数）の解を判別せよ。　25 26　　(8点)

3 2次方程式 $x^2-3x+4=0$ の2つの解を α, β とするとき，次の値を求めよ。　21 27

(各7点　計28点)

(1) $\alpha+\beta$

(2) $\alpha\beta$

(3) $\alpha^2+\beta^2$

(4) $\alpha^4+\beta^4$

4 2次方程式 $x^2-2x+4=0$ の2つの解を α, β とするとき，2つの数 $\alpha+1$, $\beta+1$ を解にもつ2次方程式を1つ作れ。　28　　(8点)

22 ── 第1章　式と証明・複素数と方程式

5 整式 $P(x)=x^3+2ax+a-1$ について，次の条件に適する a の値を求めよ。

(各8点 計16点)

(1) $P(x)$ を $x-2$ で割ったときの余りが 2

(2) $P(x)$ が $x+1$ で割り切れる

6 整式 $P(x)$ を $(x-1)(x+2)$ で割ったときの余りは $-2x+7$ で，$(x+1)(x-2)$ で割ったときの余りは $-2x+11$ であるという。$P(x)$ を $(x-1)(x-2)$ で割ったときの余りを求めよ。

(9点)

7 方程式 $x^3-4x^2+ax+b=0$ の 1 つの解が $1-i$ のとき，実数の定数 a, b の値と他の解を求めよ。

(10点)

第2章 図形と方程式

1 点と直線

14 点の座標

2点間の距離

- 数直線上の2点 $A(a)$, $B(b)$ の間の距離は $AB=|b-a|$
- 平面上の2点 $A(x_1, y_1)$, $B(x_2, y_2)$ の間の距離は $AB=\sqrt{(x_2-x_1)^2+(y_2-y_1)^2}$
  特に,原点 O と点 $P(x, y)$ の間の距離は $OP=\sqrt{x^2+y^2}$

内分点と外分点,中点と重心の座標

2点 $A(x_1, y_1)$, $B(x_2, y_2)$ を結ぶ線分 AB を,$m:n$ に内分する点を P,外分する点を Q,線分 AB の中点を M,2点 A,B と点 $C(x_3, y_3)$ を頂点とする三角形の重心を G とすれば

$$P\left(\frac{nx_1+mx_2}{m+n}, \frac{ny_1+my_2}{m+n}\right), \quad Q\left(\frac{-nx_1+mx_2}{m-n}, \frac{-ny_1+my_2}{m-n}\right)$$

← 外分の場合は $m \neq n$

$$M\left(\frac{x_1+x_2}{2}, \frac{y_1+y_2}{2}\right), \quad G\left(\frac{x_1+x_2+x_3}{3}, \frac{y_1+y_2+y_3}{3}\right)$$

15 直線

直線の方程式

① 傾きが m,y 切片が n の直線の方程式は $y=mx+n$

② 点 (x_1, y_1) を通り,傾きが m の直線の方程式は $y-y_1=m(x-x_1)$

③ 2点 $A(x_1, y_1)$, $B(x_2, y_2)$ を通る直線の方程式は

$x_1 \neq x_2$ のとき $y-y_1=\dfrac{y_2-y_1}{x_2-x_1}(x-x_1)$, $x_1=x_2$ のとき $x=x_1$

④ 直線の方程式の一般形 $ax+by+c=0$

2直線の位置関係

2直線 $\ell: ax+by+c=0$ …①,$m: px+qy+r=0$ …②
の位置関係,共有点,連立方程式①,②の解は,次のようになる。

	位置関係	共有点	連立方程式の解
(1)	平行でない	1つ	1個
(2)	平行	なし	0個
(3)	一致	無数	無数

← 直線上のすべての点
← ①を満たすすべての x, y の組

16 2直線の平行・垂直

2直線の平行条件・垂直条件

① 2直線 $\ell_1: y=m_1x+n_1$, $\ell_2: y=m_2x+n_2$ について
  $\ell_1 /\!/ \ell_2 \iff m_1=m_2$ $\ell_1 \perp \ell_2 \iff m_1 \cdot m_2 = -1$

② 2直線 $\ell_1: a_1x+b_1y+c_1=0$, $\ell_2: a_2x+b_2y+c_2=0$ について
  $\ell_1 /\!/ \ell_2 \iff a_1b_2-a_2b_1=0$ $\ell_1 \perp \ell_2 \iff a_1a_2+b_1b_2=0$

③ 点 (x_0, y_0) を通り,直線 $ax+by+c=0$ に
  平行な直線の方程式は $a(x-x_0)+b(y-y_0)=0$
  垂直な直線の方程式は $b(x-x_0)-a(y-y_0)=0$

点と直線の距離

点 (x_1, y_1) と直線 $\ell : ax+by+c=0$ の距離 d は $\quad d = \dfrac{|ax_1+by_1+c|}{\sqrt{a^2+b^2}}$

特に，原点 O と直線 ℓ の距離 d は $\quad d = \dfrac{|c|}{\sqrt{a^2+b^2}}$

---

38 [中点の座標と線分の長さ]　**14 点の座標**

座標平面上の 2 点 A$(-2, -3)$, B$(4, 3)$ について，線分 AB の中点 M の座標と線分 AB の長さを求めよ。

> ★ヒラメキ★
> 中点の座標，線分の長さ
> →公式の活用
>
> なにをする？
> 公式を適用する。

39 [交点を通る直線の方程式]　**15 直　線**

2 直線 $x-3y+1=0$, $x+2y-4=0$ の交点の座標を求めよ。また，その交点と点 $(4, 5)$ を通る直線の方程式を求めよ。

> ★ヒラメキ★
> 2 直線の交点の座標
> →連立方程式の解
>
> なにをする？
> 2 点 (x_1, y_1), (x_2, y_2) を通る直線の方程式は
> $y-y_1 = \dfrac{y_2-y_1}{x_2-x_1}(x-x_1)$

40 [2直線の位置関係①]　**16 2直線の平行・垂直**

点 A$(4, 1)$ を通り，直線 $3x-2y=5$ …① に平行な直線と垂直な直線の方程式を求めよ。また，点 A と直線①の距離を求めよ。

> ★ヒラメキ★
> 平行→傾きが等しい
> 垂直→傾きの積が -1
>
> なにをする？
> 点 (x_1, y_1) を通り，傾きが m の直線の方程式は
> $\iff y-y_1 = m(x-x_1)$
> 点 (x_1, y_1) と
> 直線 $\ell : ax+by+c=0$ の距離 d は
> $d = \dfrac{|ax_1+by_1+c|}{\sqrt{a^2+b^2}}$

ガイドなしでやってみよう！

41 ［内分点の座標①］
座標平面上の 2 点 A(−2, 1), B(6, 5) について，線分 AB の中点を M，線分 AB を 3：1 に内分する点を P，3：1 に外分する点を Q とするとき，点 M，P，Q の座標を求めよ。

42 ［内分点の座標②］
座標平面上の 3 点 A(4, 6), B(−3, −1), C(5, 1) について，次の点の座標を求めよ。

(1) 線分 BC の中点 M

(2) 線分 AM を 2：1 に内分する点 E

(3) 点 M に関する点 A の対称点 D

(4) 三角形 ABC の重心 G

43 ［1 直線上に並ぶ 3 点］
3 点 A(−1, 1), B(3, 5), C(a, $2a+1$) が 1 直線上にあるとき，定数 a の値を求めよ。

44 [直線の方程式]

2直線 $x-y+1=0$, $2x+3y-8=0$ の交点を A とするとき，次の問いに答えよ。

(1) 点 A の座標を求めよ。

(2) 次の直線の方程式を求めよ。
　(i) 点 A を通り，傾きが -2 の直線　　(ii) 点 A と点 $(4, -1)$ を通る直線

45 [2直線の位置関係②]

点 $P(1, 7)$ と直線 $\ell : 2x-3y+6=0$ があるとき，次の問いに答えよ。

(1) 点 P から直線 ℓ に下ろした垂線と ℓ との交点を H とするとき，直線 PH の方程式と点 H の座標を求めよ。

(2) 直線 ℓ に関する点 P の対称点 Q の座標を求めよ。

(3) 線分 PH の長さを求めよ。

2 円

Point!

17 円

円の方程式

点 (a, b) を中心とする半径 r の円の方程式は $(x-a)^2+(y-b)^2=r^2$

特に，原点を中心とする半径 r の円の方程式は $x^2+y^2=r^2$

円の方程式の一般形

$x^2+y^2+lx+my+n=0$ ($l^2+m^2>4n$ のとき，円を表す)

18 円と直線の位置関係

円と直線の位置関係

円と直線の方程式を連立方程式として解くことで共有点の座標がわかる。2 つの方程式から x または y を消去して得られる 2 次方程式の判別式を D，円の中心と直線の距離を d，半径を r とすると，円と直線の位置関係は，下の図のようになる。

(ア) 2 点で交わる　　(イ) 接する　　(ウ) 離れている
$D>0,\ r>d$　　　$D=0,\ r=d$　　$D<0,\ r<d$

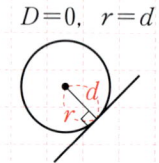

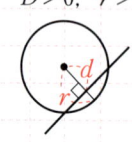

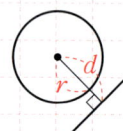

円の接線

円 $x^2+y^2=r^2$ 上の点 $P(x_1, y_1)$ における接線の方程式は $x_1x+y_1y=r^2$

2 円の位置関係

2 つの円 O，O′ の半径をそれぞれ $r,\ r'$ $(r>r')$，中心間の距離を d とすると，2 つの円の位置関係は，下の図のようになる。

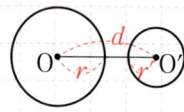

(ア) 離れている　　(イ) 外接する　　(ウ) 2 点で交わる
$r+r'<d$　　　$r+r'=d$　　　$r-r'<d<r+r'$

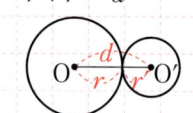

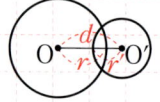

(エ) 内接する　　(オ) 一方が他方に含まれる
$r-r'=d$　　　$0 \leq d < r-r'$

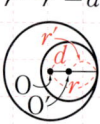

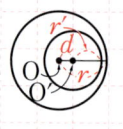

46 [円の中心と半径] **17 円**

円 $x^2+y^2+4x-2y-4=0$ の中心の座標と半径を求めよ。

ガイド

★ヒラメキ★

$(x-a)^2+(y-b)^2=r^2$
→中心 (a, b)，半径 r の円

なにをする?

$x,\ y$ それぞれについて平方完成する。

47 [円の方程式] **17** 円
点 $(2, 1)$ を通り，x 軸，y 軸の両方に接する円の方程式を求めよ。

ガイド

★ヒラメキ★
x 軸，y 軸に接する円で点 $(2, 1)$ を通る
→中心 (r, r)，半径 r $(r>0)$

なにをする?
$(x-r)^2+(y-r)^2=r^2$
が点 $(2, 1)$ を通るときの r を求める。

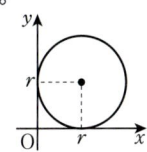

48 [円の接線①] **18** 円と直線の位置関係
次の接線の方程式を求めよ。

(1) 円 $x^2+y^2=10$ 上の点 $(3, 1)$ における接線

(2) 円 $(x-2)^2+(y+1)^2=10$ 上の点 $(1, 2)$ における接線

(3) 点 $(6, 3)$ から円 $x^2+y^2=9$ に引いた接線

★ヒラメキ★
円の接線→公式

なにをする?
円 $x^2+y^2=r^2$ 上の点 $\mathrm{P}(x_1, y_1)$ における接線の方程式は
$x_1x+y_1y=r^2$

ガイドなしでやってみよう！

49 [直径の両端と円]
2点 A$(-1, 2)$, B$(5, 4)$ を直径の両端とする円の方程式を求めよ。

50 [3点を通る円]
3点 A$(4, 2)$, B$(-1, 1)$, C$(5, -3)$ を通る円の方程式を求めよ。

51 [交点の座標]
円 $x^2+y^2=5$ と直線 $y=x+1$ の交点の座標を求めよ。

52 [円の接線②]
円 $x^2+y^2=10$ に接する傾き -3 の直線の方程式を求めよ。

53 [円に接する円]
点 $(4, 3)$ を中心とし,円 $x^2+y^2=1$ に接する円の方程式を求めよ。

54 [円と直線の位置関係]
円 $x^2+y^2=5$ と直線 $y=2x+k$ との共有点の個数を次の方法で調べよ。
(1) 判別式 D を活用する方法

(2) 点と直線の距離を活用する方法

3　軌跡と領域

19 軌　跡

軌跡

平面上において，ある条件を満たしながら動く点 P の描く図形を，P の**軌跡**という。条件 C を満たす点の軌跡が図形 F である。

$\iff \begin{cases} ① \text{ 条件 } C \text{ を満たすすべての点は図形 } F \text{ 上にある。} \\ ② \text{ 図形 } F \text{ 上のすべての点は，条件 } C \text{ を満たす。} \end{cases}$

20 領　域

領域

x, y についての不等式を満たす点 (x, y) 全体の集合を，その不等式の表す**領域**という。

連立不等式の表す領域

連立不等式の表す領域は，それぞれの不等式の表す領域の**共通部分**である。

21 領域のいろいろな問題

領域と最大・最小

領域内の点 $P(x, y)$ に対して，x, y の式の最大値，最小値を求めるとき，x, y の式を k とおき，図形を使って考える。

---

55 ［2点から等距離にある点］　**19 軌　跡**

2点 $A(-2, 1)$，$B(3, 4)$ からの距離が等しい点 P の軌跡を求めよ。

> **ガイド**
> ★ヒラメキ★
> 軌跡→条件に適する x, y の方程式を求める
>
> **なにをする？**
> ・$P(x, y)$ とおく。
> ・与えられた条件を x, y で表す。
> ・式を整理して，表す図形を読み取る。
> ・移動条件は AP＝BP

56 ［2点からの距離の比が一定である点］　**19 軌　跡**

原点 O と点 $A(6, 0)$ に対して，OP：AP＝2：1 となる点 P の軌跡を求めよ。

> **なにをする？**
> ・与えられた条件より
> OP：AP＝2：1

57 [領域の図示①] **20 領 域**

次の不等式の表す領域を図示せよ。

(1) $y < -\dfrac{1}{2}x + 1$

(2) $(x-1)^2 + (y+1)^2 \geqq 2$

(3) $\begin{cases} x + y \geqq 0 \\ x^2 + y^2 \leqq 4 \end{cases}$

ガイド

★ヒラメキ★

領域→不等式に適する点 $P(x, y)$ を図示する。
境界については記述する。

なにをする？

次の点に注意して領域を考える。
$y > ax + b$
→直線 $y = ax + b$ の上側
$y < ax + b$
→直線 $y = ax + b$ の下側
$x^2 + y^2 > r^2$
→円 $x^2 + y^2 = r^2$ の外部
$x^2 + y^2 < r^2$
→円 $x^2 + y^2 = r^2$ の内部
連立不等式の表す領域
→各領域の共通部分

58 [領域と最大・最小①] **21 領域のいろいろな問題**

x, y が不等式 $x \geqq 0, y \geqq 0, 2x + y \leqq 12, x + 2y \leqq 12$ を満たすとき、$3x + 4y$ の最大値、最小値と、そのときの x, y の値を求めよ。

★ヒラメキ★

領域と最大・最小
→$y = -\dfrac{3}{4}x + \dfrac{k}{4}$ を領域内で平行移動させる。

なにをする？

① 領域（各領域の共通部分）を図示する。
② $3x + 4y = k$ とおくと
$y = -\dfrac{3}{4}x + \dfrac{k}{4}$
③ ②の直線を平行移動する。
y 切片 $\dfrac{k}{4}$ が大きいほど、k は大きくなり、小さいほど k は小さくなる。

第2章 図形と方程式

3 軌跡と領域

ガイドなしでやってみよう!

59 [軌跡]
2点 A$(-1, -2)$, B$(3, 2)$ のとき，AP^2－BP^2＝8 を満たす点 P の軌跡を求めよ。

60 [中点の軌跡]
円 $x^2+y^2=4$ と点 P$(4, 0)$ がある。点 Q がこの円周上を動くとき，線分 PQ の中点 M の軌跡を求めよ。

61 [領域の図示②]
次の不等式の表す領域を図示せよ。
(1) $x>2$　　　　　　　　　　　　(2) $y>x^2-1$

(3) $\begin{cases} 2x+y-1 \leq 0 \\ x^2-2x+y^2 \leq 0 \end{cases}$

62 ［領域の図示③］

不等式 $(x+y)(2x-y-3)>0$ の表す領域を図示せよ。

63 ［領域と最大・最小②］

3つの不等式 $x-2y\leqq 0$, $2x-y\geqq 0$, $y\leqq 2$ で表される領域を D とする。

(1) D を図示せよ。

(2) D 内の点 (x, y) について, $x+y$ の最大値, 最小値とそのときの x, y を求めよ。

(3) D 内の点 (x, y) について, $x-y$ の最大値, 最小値とそのときの x, y を求めよ。

定期テスト対策問題

目標点　60点
制限時間　50分

　　点

1 2点 A(−2, −3), B(3, 7) について，次の点の座標を求めよ。

(各8点　計16点)

(1) 線分 AB を 3 : 2 に内分する点 P　　(2) 線分 AB を 3 : 2 に外分する点 Q

2 座標平面上の3点 A(−3, −1), B(2, 9), C(3, 6) について，次のものを求めよ。

(各8点　計32点)

(1) 直線 AB の方程式　　(2) 点 C を通り AB に垂直な直線の方程式

(3) (1), (2)で求めた2直線の交点 H の座標　　(4) 直線 AB に関する点 C の対称点 D の座標

3 3点 A(1, 2), B(2, 3), C(5, 3) を通る円の方程式を求めよ。　　(10点)

4 点 $(4, 2)$ から円 $x^2+y^2=4$ に引いた接線の方程式を求めよ。　←48 52　（12点）

5 2点 $A(2, 5)$, $B(4, 1)$ がある。円 $x^2+y^2=9$ の周上の動点 P に対して，△ABP の重心 G の軌跡を求めよ。　←55 56 59 60　（15点）

6 2種類の薬品 P, Q がある。これら 1 g あたりの A 成分の含有量，B 成分の含有量，価格は右の表の通りである。いま，A 成分を 10 mg 以上，B 成分を 15 mg 以上とる必要があるとき，その費用を最小にするためには，P, Q をそれぞれ何 g とればよいか。　←58 63　（15点）

	A 成分 (mg)	B 成分 (mg)	価格 (円)
P	2	1	5
Q	1	3	6

第3章 三角関数

1 三角関数

22 一般角と弧度法

動径の回転
半直線 OX は固定されているものとする。点 O のまわりを回転する半直線 OP が，はじめ OX の位置にあったものとし，その回転した角度を考える。このとき，OX を **始線**，OP を **動径** という。

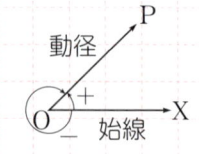

一般角
動径の角度は，回転の向きで正と負の角を考えることができる。また，正の向きにも負の向きにも 360° を超える回転を考えることができる。このように，角の大きさの範囲を拡げて考える角のことを **一般角** といい，$\alpha + 360° \times n$（n は整数）と表す。

弧度法
定義 $\theta = \dfrac{l}{r}$ （扇形の半径を r，弧の長さを l としたときの中心角が θ）

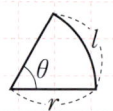

扇形の弧の長さと面積
半径 r，中心角 θ の扇形の弧の長さ l，面積 S は
$$l = r\theta, \quad S = \frac{1}{2}r^2\theta = \frac{1}{2}lr$$

23 三角関数

三角関数の定義
xy 平面上で原点を中心とする半径 r の円 O を考える。x 軸の正の部分を始線とし，角 θ の定める動径と円 O との交点を P とする。点 P の座標を (x, y) とおくとき，角 θ の三角関数を次のように定める。 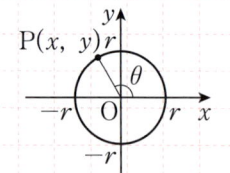
$$\sin\theta = \frac{y}{r}, \quad \cos\theta = \frac{x}{r}, \quad \tan\theta = \frac{y}{x}$$
　（正弦）　　（余弦）　　（正接）

三角関数の値域
$-1 \leqq \sin\theta \leqq 1$，$-1 \leqq \cos\theta \leqq 1$，$\tan\theta$ の値域は実数全体。

24 三角関数の相互関係

三角関数と単位円
xy 平面上で原点を中心とする半径 1 の円を **単位円** という。$r = 1$ のときの三角関数の定義は
$$\sin\theta = y, \quad \cos\theta = x, \quad \tan\theta = \frac{y}{x}$$

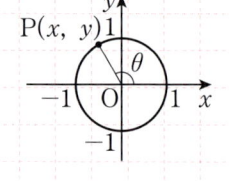

三角関数の相互関係
① $\sin^2\theta + \cos^2\theta = 1$　　② $\tan\theta = \dfrac{\sin\theta}{\cos\theta}$　　③ $1 + \tan^2\theta = \dfrac{1}{\cos^2\theta}$

25 三角関数の性質

三角関数の性質 n は整数とする。

① $\sin(\theta+2n\pi)=\sin\theta$, $\cos(\theta+2n\pi)=\cos\theta$, $\tan(\theta+2n\pi)=\tan\theta$
② $\sin(-\theta)=-\sin\theta$, $\cos(-\theta)=\cos\theta$, $\tan(-\theta)=-\tan\theta$
③ $\sin(\theta+\pi)=-\sin\theta$, $\cos(\theta+\pi)=-\cos\theta$, $\tan(\theta+\pi)=\tan\theta$
④ $\sin(\pi-\theta)=\sin\theta$, $\cos(\pi-\theta)=-\cos\theta$, $\tan(\pi-\theta)=-\tan\theta$
⑤ $\sin\left(\dfrac{\pi}{2}-\theta\right)=\cos\theta$, $\cos\left(\dfrac{\pi}{2}-\theta\right)=\sin\theta$, $\tan\left(\dfrac{\pi}{2}-\theta\right)=\dfrac{1}{\tan\theta}$

---

64 [扇形の弧の長さと面積①] **22** 一般角と弧度法

半径 4, 中心角 $60°$ の扇形の弧の長さ l と面積 S を求めよ。

ガイド

★ヒラメキ★
中心角 → ラジアンで表す

なにをする?
$l=r\theta$, $S=\dfrac{1}{2}r^2\theta=\dfrac{1}{2}lr$

---

65 [三角関数の定義] **23** 三角関数

θ は第3象限の角で $\cos\theta=-\dfrac{1}{3}$ のとき,定義に従って,$\sin\theta$, $\tan\theta$ の値を求めよ。

★ヒラメキ★
三角関数の値 → 図をかく

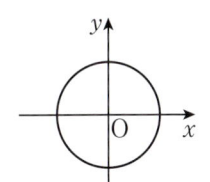

なにをする?
定義を考えることにより,円の半径として適当な値を考える。

---

66 [三角関数の値の決定①] **24** 三角関数の相互関係

θ は第3象限の角で,$\cos\theta=-\dfrac{1}{2}$ のとき,$\sin\theta$, $\tan\theta$ の値を求めよ。

★ヒラメキ★
三角関数の値が1つわかる
→ 他の三角関数の値もわかる

なにをする?
三角関数の相互関係
$\sin^2\theta+\cos^2\theta=1$
などを使う。

---

67 [式の値] **25** 三角関数の性質

$\sin\left(\dfrac{\pi}{2}-\theta\right)+\sin(\pi-\theta)+\sin(\pi+\theta)$ を簡単にせよ。

★ヒラメキ★
三角関数の性質 → 公式を使う

なにをする?
公式の覚え方 → いつでも図から作れるように

第3章 三角関数

1 三角関数 — 39

ガイドなしでやってみよう!

68 [弧度法と度数法]

次の角を,弧度法は度数法で,度数法は弧度法で表せ。

(1) $\dfrac{3}{2}\pi$ (2) $\dfrac{11}{6}\pi$

(3) $150°$ (4) $135°$

69 [扇形の弧の長さと面積②]

半径 3,中心角 $90°$ の扇形の弧の長さ l と面積 S を求めよ。

70 [三角関数の値]

次の角 θ に対応する $\sin\theta$,$\cos\theta$,$\tan\theta$ の値を求めよ。

θ	0	$\dfrac{\pi}{6}$	$\dfrac{\pi}{4}$	$\dfrac{\pi}{3}$	$\dfrac{\pi}{2}$	$\dfrac{2}{3}\pi$	$\dfrac{3}{4}\pi$	$\dfrac{5}{6}\pi$	π
$\sin\theta$									
$\cos\theta$									
$\tan\theta$					/				

θ	π	$\dfrac{7}{6}\pi$	$\dfrac{5}{4}\pi$	$\dfrac{4}{3}\pi$	$\dfrac{3}{2}\pi$	$\dfrac{5}{3}\pi$	$\dfrac{7}{4}\pi$	$\dfrac{11}{6}\pi$	2π
$\sin\theta$									
$\cos\theta$									
$\tan\theta$					/				

71 [三角関数の値の決定②]

θ は第 3 象限の角で，$\tan\theta=2$ のとき，$\sin\theta$，$\cos\theta$ の値を求めよ。

72 [等式の証明]

次の等式を証明せよ。
$$\frac{1+\cos\theta}{1-\sin\theta}-\frac{1-\cos\theta}{1+\sin\theta}=\frac{2(1+\tan\theta)}{\cos\theta}$$

73 [三角関数の計算]

次の式を簡単にせよ。
$$\cos\left(\frac{\pi}{2}+\theta\right)+\cos(\pi+\theta)+\cos\left(\frac{3}{2}\pi+\theta\right)+\cos(2\pi+\theta)$$

2 三角関数のグラフ

26 三角関数のグラフ

$y=\sin\theta$, $y=\cos\theta$ のグラフ

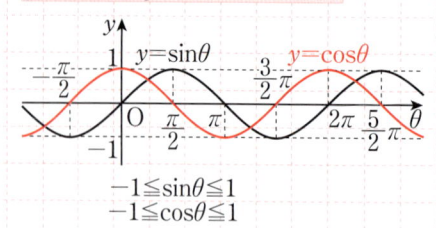

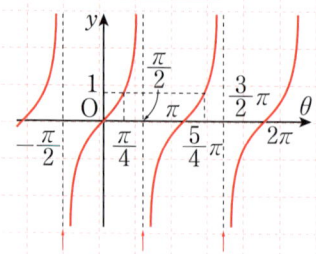

$-1 \leqq \sin\theta \leqq 1$
$-1 \leqq \cos\theta \leqq 1$

$y=\tan\theta$ のグラフ

このように，グラフが限りなく近づく直線を漸近線という

周期

関数 $f(\theta)$ において，すべての実数 θ に対して，$f(\theta+p)=f(\theta)$ を満たす 0 でない実数 p が存在するとき，関数 $f(\theta)$ を **周期関数**，p を **周期** という。

周期は，普通正で最小のものをいう。

($\sin\theta$, $\cos\theta$ の周期は 2π, $\tan\theta$ の周期は π である。)

27 三角方程式

三角方程式を単位円を使って解く方法

(1) $\sin\theta=a$ ($-1 \leqq a \leqq 1$) の解法

単位円と直線 $y=a$ の交点から得られる動径の角を読む。

(2) $\cos\theta=b$ ($-1 \leqq b \leqq 1$) の解法

単位円と直線 $x=b$ の交点から得られる動径の角を読む。

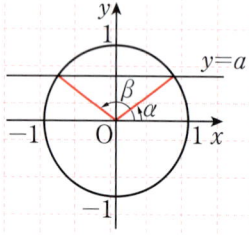

$0 \leqq \theta < 2\pi$ での解 $\theta=\alpha, \beta$

一般解　$\theta=\alpha+2n\pi$
　　　　$\theta=\beta+2n\pi$　(n は整数)

↑ θ を $0 \leqq \theta < 2\pi$ の範囲に制限しないときの解

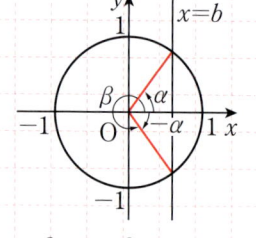

$\theta=\alpha, \beta$
$\theta=2n\pi+\alpha$
$\theta=2n\pi+\beta$　(n は整数)

28 三角不等式

$\sin\theta \geqq a$ ($-1 \leqq a \leqq 1$) の解法

三角方程式と同じ図をかいて，$y \geqq a$ の部分の動径の角の範囲を答える。

$0 \leqq \theta < 2\pi$ での解　$\alpha \leqq \theta \leqq \beta$

一般解　$\alpha+2n\pi \leqq \theta \leqq \beta+2n\pi$ (n は整数)

74 [グラフの平行移動①] **26 三角関数のグラフ**

関数 $y=\cos\left(\theta-\dfrac{\pi}{4}\right)$ のグラフをかけ。

> **ガイド**
>
> ★ヒラメキ★
>
> 関数 $y=\cos\theta$ のグラフ
> → 周期 2π, まず $-1\leqq y\leqq 1$ の基本形をかく。
>
> **なにをする？**
>
> $\theta-\dfrac{\pi}{4}$ だから, θ 軸の方向に $\dfrac{\pi}{4}$ だけ平行移動する。

75 [三角方程式①] **27 三角方程式**

次の三角方程式を ( ) 内の範囲で解け。
$\tan\theta=\sqrt{3}$ $(0\leqq\theta<2\pi)$

> ★ヒラメキ★
>
> $\tan\theta \to$ 傾き
>
> **なにをする？**
>
> $\tan\theta=\sqrt{3}$ の方程式では, 原点と点 $(1, \sqrt{3})$ を結ぶ直線と単位円の交点の動径の角を読む。

76 [三角不等式①] **28 三角不等式**

次の三角不等式を ( ) 内の範囲で解け。
$\sin\theta\geqq\dfrac{\sqrt{2}}{2}$ $(0\leqq\theta<2\pi)$

> ★ヒラメキ★
>
> $\sin\theta=a$ の方程式をまず解く
> → 単位円と $y=a$ の交点の動径の角を読む
>
> **なにをする？**
>
> $\sin\theta\geqq a$ の不等式では, 単位円と $y\geqq a$ の共通部分の動径の範囲を読む。
> [参考]
> $\sin\theta<a$ の不等式では, 単位円と $y<a$ の共通部分の動径の範囲を読む。

第3章 三角関数

2 三角関数のグラフ —— 43

ガイドなしでやってみよう!

77 [グラフの平行移動②]
次の関数のグラフをかけ。

(1) $y = \sin \dfrac{\theta}{2} - 1$

(2) $y = \tan\left(\theta - \dfrac{\pi}{4}\right)$

(3) $y = 3\cos\left(\theta + \dfrac{\pi}{3}\right)$

78 [三角方程式②]
$0 \leq \theta < 2\pi$ のとき,次の方程式を解け。

(1) $2\sin^2\theta - \cos\theta - 1 = 0$

(2) $2\sin\left(\theta-\dfrac{\pi}{6}\right)+\sqrt{2}=0$

79 [三角方程式③]
次の方程式の一般解を求めよ。
(1) $\sin\theta=-\dfrac{1}{2}$

(2) $\tan\theta=-1$

80 [三角不等式②]
不等式 $4\sin^2\theta<1$ の解のうち，次のものを求めよ。
(1) $0\leqq\theta<2\pi$ の範囲の解

(2) 一般解

3 加法定理

29 加法定理

加法定理

$$\sin(\alpha+\beta)=\sin\alpha\cos\beta+\cos\alpha\sin\beta$$
$$\sin(\alpha-\beta)=\sin\alpha\cos\beta-\cos\alpha\sin\beta$$
$$\cos(\alpha+\beta)=\cos\alpha\cos\beta-\sin\alpha\sin\beta$$
$$\cos(\alpha-\beta)=\cos\alpha\cos\beta+\sin\alpha\sin\beta$$
$$\tan(\alpha+\beta)=\frac{\tan\alpha+\tan\beta}{1-\tan\alpha\tan\beta}$$
$$\tan(\alpha-\beta)=\frac{\tan\alpha-\tan\beta}{1+\tan\alpha\tan\beta}$$

2倍角の公式

$$\sin 2\theta = 2\sin\theta\cos\theta$$
$$\cos 2\theta = \cos^2\theta - \sin^2\theta = 2\cos^2\theta - 1 = 1 - 2\sin^2\theta \quad \cdots ①$$
$$\tan 2\theta = \frac{2\tan\theta}{1-\tan^2\theta}$$

半角の公式

$$\sin^2\frac{\theta}{2}=\frac{1-\cos\theta}{2}, \quad \cos^2\frac{\theta}{2}=\frac{1+\cos\theta}{2}$$

①を変形してできる次の公式を利用することも多い。

$$\sin^2\theta=\frac{1-\cos 2\theta}{2}, \quad \cos^2\theta=\frac{1+\cos 2\theta}{2}$$

30 三角関数の合成

$$a\sin\theta+b\cos\theta=r\sin(\theta+\alpha)$$

ただし $r=\sqrt{a^2+b^2}$

$$\sin\alpha=\frac{b}{r}, \quad \cos\alpha=\frac{a}{r}$$

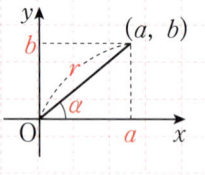

31 三角関数の応用

積和公式

$$\sin\alpha\cos\beta=\frac{1}{2}\{\sin(\alpha+\beta)+\sin(\alpha-\beta)\}$$
$$\cos\alpha\sin\beta=\frac{1}{2}\{\sin(\alpha+\beta)-\sin(\alpha-\beta)\}$$
$$\cos\alpha\cos\beta=\frac{1}{2}\{\cos(\alpha+\beta)+\cos(\alpha-\beta)\}$$
$$\sin\alpha\sin\beta=-\frac{1}{2}\{\cos(\alpha+\beta)-\cos(\alpha-\beta)\}$$

和積公式

$$\sin A+\sin B=2\sin\frac{A+B}{2}\cos\frac{A-B}{2}$$
$$\sin A-\sin B=2\cos\frac{A+B}{2}\sin\frac{A-B}{2}$$
$$\cos A+\cos B=2\cos\frac{A+B}{2}\cos\frac{A-B}{2}$$
$$\cos A-\cos B=-2\sin\frac{A+B}{2}\sin\frac{A-B}{2}$$

81 〔加法定理の利用①〕 **29** 加法定理
次の値を求めよ。
(1) $\sin 105°$

(2) $\tan 75°$

ヒラメキ
加法定理
→三角関数の公式

なにをする?
$105° = 60° + 45°$
$75° = 45° + 30°$
として加法定理を使う。
(1) $\sin(\alpha + \beta)$
$= \sin\alpha\cos\beta + \cos\alpha\sin\beta$
(2) $\tan(\alpha + \beta)$
$= \dfrac{\tan\alpha + \tan\beta}{1 - \tan\alpha\tan\beta}$

82 〔三角方程式④〕 **30** 三角関数の合成
$0 \leq \theta < 2\pi$ のとき，$\sqrt{3}\sin\theta + \cos\theta = 1$ を解け。

ヒラメキ
$a\sin\theta + b\cos\theta$
→1つの三角関数に直す
→角が同じ
→合成

なにをする?
図をかいて r と α を求め変形する。
$a\sin\theta + b\cos\theta$
$= r\sin(\theta + \alpha)$

83 〔三角方程式⑤〕 **31** 三角関数の応用
$0 \leq \theta < 2\pi$ のとき，$\sin 3\theta + \sin\theta = 0$ を解け。

ヒラメキ
$\sin k\theta + \sin l\theta$
→係数は同じ，角が違う。
→和積公式

なにをする?
$\sin A + \sin B$
$= 2\sin\dfrac{A+B}{2}\cos\dfrac{A-B}{2}$

ガイドなしでやってみよう！

84 ［加法定理の利用②］

$0<\alpha<\dfrac{\pi}{2}$, $\dfrac{\pi}{2}<\beta<\pi$ で，$\sin\alpha=\dfrac{3}{5}$, $\cos\beta=-\dfrac{\sqrt{5}}{3}$ とするとき，次の値を求めよ。

(1) $\sin(\alpha+\beta)$

(2) $\sin 2\alpha$

(3) $\sin\dfrac{\alpha}{2}$

85 ［2直線のなす角］

2直線 $y=3x-4$, $y=-2x+3$ のなす角を求めよ。

86 ［三角方程式⑥］

$0\leqq\theta<2\pi$ のとき，方程式 $\sin\theta-\cos\theta=\sqrt{2}$ を解け。

87 [三角不等式③]

$0 \leq \theta < 2\pi$ のとき，不等式 $\sin\theta + \sqrt{3}\cos\theta > 1$ を解け。

88 [三角関数の最大・最小]

$0 \leq \theta < 2\pi$ のとき，次の関数の最大値，最小値とそのときの θ の値を求めよ。

(1) $y = \cos\theta + \cos\left(\dfrac{2}{3}\pi - \theta\right)$

(2) $y = \cos 2\theta + 2\sin\theta + 1$

定期テスト対策問題

目標点　60点
制限時間　50分

　　　　点

1 半径 r が 6，弧の長さ l が 4π の扇形の中心角 θ（ラジアン）と面積 S を求めよ。
⇐ 64 68 69
(各8点　計16点)

2 θ は第 2 象限の角で，$\sin\theta = \dfrac{1}{2}$ のとき，$\cos\theta$，$\tan\theta$ の値を求めよ。　⇐ 66 71
(各8点　計16点)

3 関数 $y = 3\sin 2\theta$ のグラフをかけ。　⇐ 74 77
(12点)

4 $0 \leqq \theta < 2\pi$ のとき，次の方程式，不等式を解け。　⇐ 75 76 78 79 80 82 83 86 87
(各10点　計20点)

(1) $\sin 2\theta - \cos\theta = 0$

(2) $\sin\theta - \cos\theta > 1$

5 $0 < \alpha < \dfrac{\pi}{2}$, $\dfrac{\pi}{2} < \beta < \pi$ のとき，$\cos\alpha = \dfrac{2}{3}$, $\sin\beta = \dfrac{1}{3}$ とする。このとき，次の値を求めよ。

(各8点 計24点)

(1) $\cos(\alpha+\beta)$

(2) $\sin 2\alpha$

(3) $\cos\dfrac{\alpha}{2}$

6 $0 \leqq \theta < 2\pi$ のとき，関数 $y = \cos 2\theta - 2\cos\theta$ の最大値，最小値とそのときの θ の値を求めよ。

(12点)

第4章 指数関数・対数関数

1 指数関数

32 累乗根

累乗根

正の整数 n に対して，$x^n = a$ を満たす x を a の **n 乗根** という。2乗根，3乗根，4乗根，…をまとめて **累乗根** という。

実数の範囲での n 乗根（$x^n = a$ を満たす実数 x について）

・n が偶数のとき
　$a > 0$ のとき，$\sqrt[n]{a}$（正の方），$-\sqrt[n]{a}$（負の方）の2つある。
　$a = 0$ のとき，$\sqrt[n]{0} = 0$ の1つ。
　$a < 0$ のとき，$x^n = a$ を満たす実数 x は存在しない。

・n が奇数のとき
　a の符号によらず，常にただ1つ存在し，$\sqrt[n]{a}$ で表す。

正の数 a の n 乗根（$a > 0$，n：任意の正の整数）

$x = \sqrt[n]{a} \iff x^n = a$ かつ $x > 0 \iff x$ は a の正の n 乗根

累乗根の公式

$a > 0$，$b > 0$ かつ m，n を正の整数とするとき

① $\sqrt[n]{a}\sqrt[n]{b} = \sqrt[n]{ab}$　　② $\dfrac{\sqrt[n]{a}}{\sqrt[n]{b}} = \sqrt[n]{\dfrac{a}{b}}$　　③ $\sqrt[n]{a^m} = (\sqrt[n]{a})^m$　　④ $\sqrt[m]{\sqrt[n]{a}} = \sqrt[mn]{a}$

33 指数の拡張

0 や負の整数に対する指数

$a \neq 0$ で，n が正の整数のとき，$a^0 = 1$，$a^{-n} = \dfrac{1}{a^n}$ と定義する。

$a \neq 0$，$b \neq 0$ のとき，任意の整数 m，n に対して，次の等式が成り立つ。

① $a^m a^n = a^{m+n}$　　② $a^m \div a^n = a^{m-n}$　　③ $(a^m)^n = a^{mn}$

④ $(ab)^n = a^n b^n$　　⑤ $\left(\dfrac{a}{b}\right)^n = \dfrac{a^n}{b^n}$

有理数に対する指数

$a > 0$ で，m が任意の整数，n が正の整数のとき，$a^{\frac{m}{n}} = \sqrt[n]{a^m}$ と定義する。
※無理数に対する指数にも指数法則を拡張することができる。

34 指数関数とそのグラフ

指数関数

関数 $y = a^x$（$a > 0$，$a \neq 1$）を a を底とする x の **指数関数** という。

指数関数 $y = a^x$ の特徴

・定義域は実数全体，
　値域は正の実数全体
・グラフは2点 $(0, 1)$，
　$(1, a)$ を通り，x 軸
　が漸近線になる。

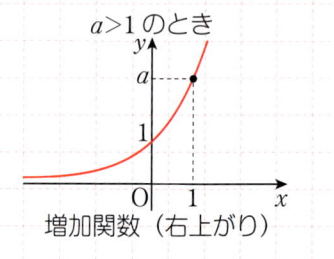

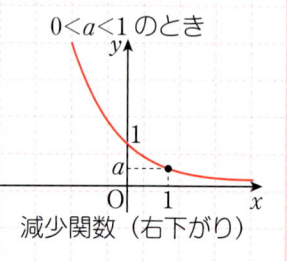

　　　$a > 1$ のとき　　　　　　　$0 < a < 1$ のとき
　　　増加関数（右上がり）　　　　減少関数（右下がり）

35 指数関数の応用

指数方程式・指数不等式
指数に未知数を含む方程式,不等式をそれぞれ指数方程式,指数不等式という。

89 [累乗根の計算①] **32 累乗根**
次の式を簡単にせよ。
(1) $\sqrt[3]{36}\sqrt[3]{48}$
(2) $\sqrt{\sqrt[4]{256}}$

> **ガイド**
> ★ヒラメキ★
> 指数計算
> → $\sqrt[n]{a^n}=a$ $(a>0)$
>
> なにをする?
> 数学Ⅰの「平方根の計算」を確認する。

90 [指数の計算①] **33 指数の拡張**
次の計算をせよ。
(1) $7^{\frac{2}{3}} \times 7^{\frac{1}{2}} \div 7^{\frac{1}{6}}$
(2) $\sqrt[3]{5^4} \times \sqrt[6]{5} \div \sqrt{5}$

> ★ヒラメキ★
> 分数の指数
> → $\sqrt[n]{a^m}=a^{\frac{m}{n}}$
>
> なにをする?
> (2) 分数の指数に直して計算する。

91 [大小の比較①] **34 指数関数とそのグラフ**
$\sqrt[3]{9}$, $\sqrt[4]{27}$, $\sqrt[5]{81}$ の大小を比較せよ。

> なにをする?
> 底をそろえて,大小を比較する。

92 [指数方程式・指数不等式①] **35 指数関数の応用**
次の方程式・不等式を解け。
(1) $2^x=2\sqrt{2}$
(2) $3^{2x-1}<27$

> ★ヒラメキ★
> ・ $a^x=a^b \rightarrow x=b$
> ・ 不等式 $a^x>a^b$
> $a>1 \rightarrow x>b$
> $0<a<1 \rightarrow x<b$

1 指数関数 — 53

ガイドなしでやってみよう！

93 [累乗根の計算②]

次の式を簡単にせよ。

(1) $\sqrt{\sqrt[3]{729}}$

(2) $\sqrt[3]{-16}\sqrt[3]{4}$

(3) $\dfrac{\sqrt[3]{250}}{\sqrt[3]{2}}$

94 [指数の計算②]

$a>0$ のとき，次の問いに答えよ。

(1) 次の式を a^r の形で表せ。

① $\sqrt[5]{a^3}$ ② $\left(\dfrac{1}{\sqrt[3]{a}}\right)^2$ ③ $\sqrt{a\sqrt{a}}$

(2) 次の a^r の形で表された式を根号の形で表せ。

① $a^{\frac{2}{3}}$ ② $a^{-\frac{5}{3}}$ ③ $a^{0.4}$

95 [指数の計算③]

次の計算をせよ。

(1) $\sqrt[3]{4^2}\div\sqrt[3]{18}\times\sqrt[3]{72}$ (2) $\sqrt[3]{-12}\times\sqrt[3]{18^2}\div\sqrt[3]{2}\div\sqrt[3]{9}$

96 [式の値]

$a>0$ で，$a^{\frac{1}{3}}+a^{-\frac{1}{3}}=5$ のとき，$a+a^{-1}$ および $a^{\frac{1}{2}}+a^{-\frac{1}{2}}$ の値を求めよ。

97 [指数関数のグラフ]

関数 $y=3^x$ のグラフをもとに，次の関数のグラフをかけ。

(1) $y=\dfrac{3^x}{3}+2$

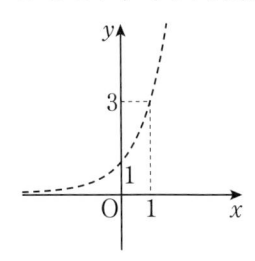

(2) $y=-\dfrac{1}{3^x}$

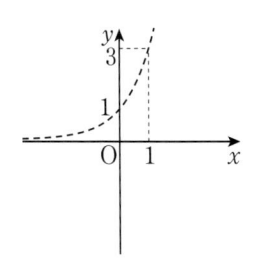

98 [大小の比較②]

次の各数の大小を比較せよ。

(1) $\sqrt{2}$, $\sqrt[5]{4}$, $\sqrt[9]{8}$

(2) $\sqrt{3}$, $\sqrt[3]{4}$, $\sqrt[4]{5}$

99 [指数方程式・指数不等式②]

次の方程式・不等式を解け。

(1) $8^{3-x}=4^{x+2}$

(2) $9^x-6\cdot 3^x-27=0$

(3) $\left(\dfrac{1}{9}\right)^{x-2}<\left(\dfrac{1}{3}\right)^x$

(4) $4^x-5\cdot 2^x+4\leqq 0$

2 対数関数

36 対数とその性質

対数の定義

$$p = a^q \iff q = \log_a p \quad (a>0,\ a \neq 1,\ p>0) \quad q を a を底とする p の対数という。$$

底：a、真数：p

対数の性質 $a>0,\ a\neq 1,\ M>0,\ N>0$ のとき

① $\log_a 1 = 0,\ \log_a a = 1$ 　　② $\log_a MN = \log_a M + \log_a N$

③ $\log_a \dfrac{M}{N} = \log_a M - \log_a N$ 　　④ $\log_a M^r = r \log_a M$

底の変換公式

$$\log_a b = \dfrac{\log_c b}{\log_c a} \quad (a>0,\ a \neq 1,\ c>0,\ c \neq 1,\ b>0)$$

37 対数関数とそのグラフ

対数関数

関数 $y = \log_a x$ を a を底とする x の**対数関数**という。

対数関数 $y = \log_a x$ の特徴

・定義域は正の実数全体、値域は実数全体。
・グラフは2点 $(1,\ 0)$, $(a,\ 1)$ を通り、y 軸が漸近線になる。
・グラフは、指数関数 $y = a^x$ のグラフと直線 $y = x$ に関して対称。

$a>1$ のとき：増加関数（右上がり）

$0<a<1$ のとき：減少関数（右下がり）

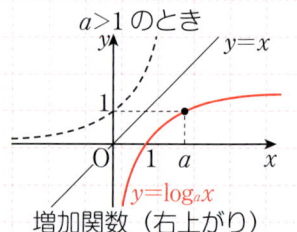

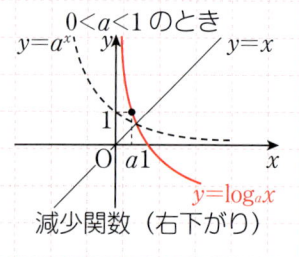

38 対数関数の応用

対数方程式とその解き方 $(a>0,\ a \neq 1)$

対数の真数または底に未知数を含む方程式を**対数方程式**という。

・$\log_a f(x) = b \iff f(x) = a^b$ （真数は正）
・$\log_a f(x) = \log_a g(x) \iff f(x) = g(x)$ （真数は正）
・$\log_{f(x)} a = b \iff a = \{f(x)\}^b$ （底：$f(x) > 0,\ f(x) \neq 1$）

対数不等式とその解き方

対数の真数または底に未知数を含む不等式を、**対数不等式**という。

・$a>1$ のとき　$\log_a f(x) > \log_a g(x) \iff f(x) > g(x)$ （真数は正）
・$0<a<1$ のとき　$\log_a f(x) > \log_a g(x) \iff f(x) < g(x)$ （真数は正）

39 常用対数

常用対数

底が 10 の対数を**常用対数**という。

常用対数の性質

与えられた実数 x について、整数 n を用いて

$$n \leq \log_{10} x < n+1 \iff 10^n \leq x < 10^{n+1}$$

① $n \geq 0$ ならば、x の整数部分は、$(n+1)$ 桁
② $n < 0$ ならば、x の小数第 $(-n)$ 位に初めて 0 でない数字が現れる。

100 [対数の計算①] **36 対数とその性質**

$\log_2 3 + \log_2 20 - \log_2 15$ を簡単にせよ。

> **ガイド**
> **なにをする?**
> 公式を正確に使おう。

101 [対数関数のグラフ①] **37 対数関数とそのグラフ**

関数 $y = \log_3 x$ のグラフをもとに関数 $y = \log_3(-x)$ のグラフをかけ。

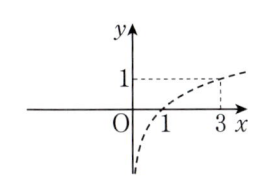

> **★ヒラメキ★**
> $x \to -x$ だから y 軸に関して対称に移動
>
> **なにをする?**
> 関数 $y = \log_3 x$ のグラフ
> ・定義域は正の実数全体。
> ・値域は実数全体。
> ・2 点 $(1, 0)$, $(3, 1)$ を通る。
> ・増加関数（右上がり）。
> このグラフを y 軸に関して対称に移動する。

102 [対数方程式] **38 対数関数の応用**

方程式 $\log_2(x-1) + \log_2(x-2) = 1$ を解け。

> **★ヒラメキ★**
> 対数関数 → 真数は正
>
> **なにをする?**
> $\log_2 A = \log_2 B$ より，$A = B$ となる。

103 [常用対数の応用①] **39 常用対数**

2^{30} は何桁の数か。ただし，$\log_{10} 2 = 0.3010$ とする。

> **★ヒラメキ★**
> 桁数の問題 → 底を 10 にとる
>
> **なにをする?**
> $\log_{10} x$ の整数部分が n のとき $n \geq 0$ なら，x の整数部分は $(n+1)$ 桁。

104 ［対数の計算②］

次の式を簡単にせよ。

(1) $\dfrac{1}{2}\log_2 \dfrac{3}{2} - \log_2 \sqrt{3} + \log_2 4$

(2) $\log_3 2 + \log_9 \dfrac{27}{4}$

105 ［対数の性質］

$\log_{10} 2 = a$, $\log_{10} 3 = b$ とするとき，次の値を a, b で表せ。

(1) $\log_{10} 180$

(2) $\log_{10} 0.12$

106 ［対数関数のグラフ②］

関数 $y = \log_2 x$ のグラフをもとに，次の関数のグラフをかけ。

(1) $y = \log_2 \dfrac{x}{4}$

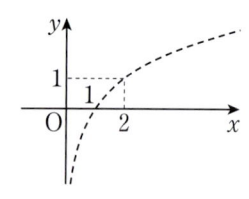

(2) $y = \log_2 (1-x)$

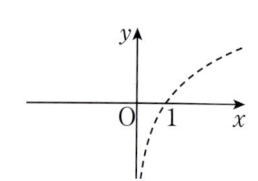

107 ［大小の比較③］

$\log_3 7$, $6\log_9 2$, 2 の大小を比較せよ。

108 ［対数方程式・対数不等式］
次の方程式・不等式を解け。

(1) $\log_2(x-2) = 2 - \log_2(x+1)$

(2) $(\log_3 x)^2 - 3\log_3 x + 2 = 0$

(3) $\log_{\frac{1}{2}} x + \log_{\frac{1}{2}}(6-x) > -3$

(4) $(\log_2 x)^2 - \log_2 x - 2 \leqq 0$

109 ［常用対数の応用②］
$\log_{10} 2 = 0.3010$, $\log_{10} 3 = 0.4771$ のとき，次の問いに答えよ。

(1) 6^{30} は何桁の数か。

(2) $\left(\dfrac{1}{6}\right)^{30}$ は小数第何位に初めて 0 でない数が現れるか。

定期テスト対策問題

目標点　60点
制限時間　50分

　　　点

1 次の式を計算せよ。　(各7点　計14点)

(1) $\sqrt[4]{9} \times \sqrt[3]{9} \div \sqrt[12]{9}$

(2) $\dfrac{1}{3}\log_5 \dfrac{8}{27} + \log_5 \dfrac{6}{5} - \dfrac{1}{2}\log_5 \dfrac{16}{25}$

2 次の各組の大小を調べよ。　(各7点　計14点)

(1) $\sqrt{2},\ \sqrt[3]{3},\ \sqrt[6]{6}$

(2) $\log_2 6,\ \log_4 30,\ \log_8 125$

3 $a>0$, $a^{\frac{1}{2}} - a^{-\frac{1}{2}} = 2$ のとき，次の値を求めよ。　(各8点　計16点)

(1) $a + a^{-1}$

(2) $a^{\frac{1}{2}} + a^{-\frac{1}{2}}$

4 $\log_{10} 2 = a$, $\log_{10} 3 = b$ とするとき，次の値を a, b で表せ。　(各8点　計16点)

(1) $\log_{10} 5$

(2) $\log_{10} 60$

5 次の方程式・不等式を解け。　　92 99 102 108　　（各10点　計20点）

(1) $4^x + 2^{x+2} - 12 = 0$

(2) $(\log_2 x)^2 - \log_4 x - 3 \geq 0$

6 $1 \leq x \leq 8$ のとき，関数 $y = (\log_2 x)^2 - 4\log_2 x + 5$ の最大値，最小値を求めよ。　108　（10点）

7 5^{20} は何桁の数か。ただし，$\log_{10} 2 = 0.3010$ とする。　103 109　（10点）

第5章 微分と積分

1 微分係数と導関数(1)

40 関数の極限

関数の極限の定義

$$\lim_{x \to a} f(x) = b \quad \begin{pmatrix} x \text{ が } a \text{ と異なる値をとりながら限りなく } a \text{ に} \\ \text{近づいたとき，} f(x) \text{ が限りなく } b \text{ に近づく。} \end{pmatrix}$$

整関数 $f(x)$ の極限

$f(x)$ が整関数のときは $\lim_{x \to a} f(x) = f(a)$

分数関数 $\dfrac{f(x)}{g(x)}$ の極限 （$f(x)$, $g(x)$ は整関数）

① x が $g(x)$ を 0 にしない値 a に限りなく近づくとき，$\lim_{x \to a} \dfrac{f(x)}{g(x)} = \dfrac{f(a)}{g(a)}$ である。

② x が $g(x)$ を 0 にする値に限りなく近づくときは，極限値があるとはいえない。
ただ，いろいろな工夫をすると，極限の様子を知ることができる場合がある。
（「不定形の極限」）

41 平均変化率と微分係数

平均変化率

関数 $y = f(x)$ において，x の値が a から b まで変わるとき，y の値の変化 $f(b) - f(a)$ と x の値の変化 $b - a$ との比

$$H = \dfrac{f(b) - f(a)}{b - a}$$

を $x = a$ から $x = b$ までの関数 $y = f(x)$ の**平均変化率**という。右の図で，H は**直線 AB の傾き**を表す。

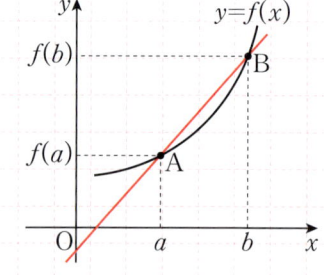

微分係数

$\lim_{b \to a} \dfrac{f(b) - f(a)}{b - a}$ が存在するとき，これを関数 $y = f(x)$ の $x = a$ における**微分係数**といい $f'(a)$ で表す。

$$f'(a) = \lim_{h \to 0} \dfrac{f(a+h) - f(a)}{h} \quad (b - a = h \text{ のとき})$$

右の図で，微分係数 $f'(a)$ は点 $(a, f(a))$ における曲線 $y = f(x)$ の**接線の傾き**を表す。

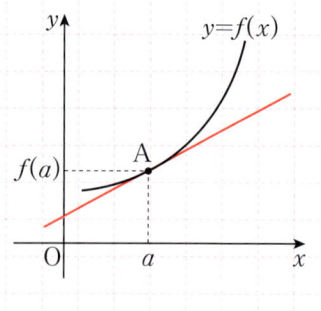

42 導関数

導関数の定義

関数 $y = f(x)$ の $x = a$ における微分係数 $f'(a)$ について，a を定数と見るのではなく変数と見られるよう，定数 a を変数 x でおき換えた $f'(x)$ を $f(x)$ の**導関数**という。したがって，定義は $f'(x) = \lim_{h \to 0} \dfrac{f(x+h) - f(x)}{h}$

導関数を表す記号

$f'(x)$, y', $\dfrac{dy}{dx}$, $\dfrac{d}{dx} f(x)$ （状況に応じて使い分ける）

110 [分数関数の極限]　**40** 関数の極限

次の極限値を求めよ。

(1) $\displaystyle\lim_{x\to 2}\frac{x^2+1}{x+1}$

(2) $\displaystyle\lim_{x\to 2}\frac{x^2+x-6}{x-2}$

> ★ヒラメキ★
> $\displaystyle\lim_{x\to a}f(x)\to$ まず $f(a)$
>
> なにをする？
> (1) (分母)$\neq 0$ である。
> (2) (分母)$=0$ だから，変形を試みる。

111 [平均変化率と微分係数①]　**41** 平均変化率と微分係数

関数 $f(x)=x^2+2x$ について，$x=2$ から $x=4$ までの平均変化率 H と $x=a$ における微分係数 $f'(a)$ が等しくなるように，定数 a の値を定めよ。

> ★ヒラメキ★
> 平均変化率の定義
> $\to H=\dfrac{f(b)-f(a)}{b-a}$
>
> 微分係数の定義
> $\to f'(a)=\displaystyle\lim_{h\to 0}\dfrac{f(a+h)-f(a)}{h}$
>
> なにをする？
> 定義に従って求める。

112 [定義に従う導関数の計算①]　**42** 導関数

定義に従って，関数 $f(x)=x^2+3x$ の導関数を求めよ。

> ★ヒラメキ★
> 導関数の定義
> $\to f'(x)=\displaystyle\lim_{h\to 0}\dfrac{f(x+h)-f(x)}{h}$
>
> なにをする？
> 定義に従って求める。

ガイドなしでやってみよう！

113 [関数の極限]

次の極限値を求めよ。

(1) $\lim_{x \to 1}(x^3 - 2x + 3)$

(2) $\lim_{x \to 2} \dfrac{x^2 - x - 2}{x^2 + x - 6}$

(3) $\lim_{x \to 0} \dfrac{1}{x}\left(1 + \dfrac{1}{x-1}\right)$

(4) $\lim_{h \to 0} \dfrac{(2+h)^3 - 8}{h}$

114 [定数の決定と極限値]

次の問いに答えよ。

(1) 極限値 $\lim_{x \to 2} \dfrac{x^2 + ax + 2}{x - 2}$ が存在するとき，定数 a の値とその極限値を求めよ。

(2) 等式 $\lim_{x \to -1} \dfrac{x^2 + ax + b}{x^2 - 2x - 3} = -1$ が成り立つように，定数 a, b の値を定めよ。

115 [平均変化率と微分係数②]
関数 $f(x)=x^3+2x$ について,$x=-1$ から $x=2$ までの平均変化率 H と $x=a$ における微分係数 $f'(a)$ が等しくなるように,定数 a の値を定めよ。

116 [定義に従う導関数の計算②]
極限値 $\lim_{h\to 0}\dfrac{f(a+3h)-f(a)}{h}$ を $f'(a)$ で表せ。

117 [定義に従う導関数の計算③]
定義に従って,次の関数の導関数を求めよ。
(1) $f(x)=2x+1$

(2) $f(x)=(x+2)^2$

2 微分係数と導関数(2)

43 微分

微分
関数 $f(x)$ の導関数を求めることを，$f(x)$ を**微分する**という。

微分の計算公式
① $y=x^n \longrightarrow y'=nx^{n-1}$
② $y=c \longrightarrow y'=0$ （c は定数）
③ $y=kf(x) \longrightarrow y'=kf'(x)$
④ $y=f(x)+g(x) \longrightarrow y'=f'(x)+g'(x)$
⑤ $y=f(x)-g(x) \longrightarrow y'=f'(x)-g'(x)$
⑥ $y=(ax+b)^n \longrightarrow y'=an(ax+b)^{n-1}$

44 接線の方程式

傾き m の直線の方程式 （数学Ⅰの範囲）
$y-b=m(x-a)$ ……傾き m，点 (a, b) を通る直線の方程式

接線の方程式 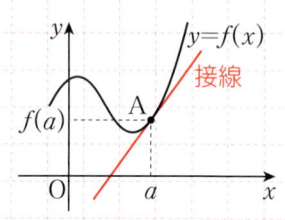
曲線 $y=f(x)$ 上の点 $A(a, f(a))$ における接線の傾きは $x=a$ における $f(x)$ の微分係数 $f'(a)$ に等しいので，接線の方程式は

$$y-f(a)=f'(a)(x-a)$$

曲線 $y=f(x)$ 上の点 $(a, f(a))$ における接線の方程式

法線の方程式 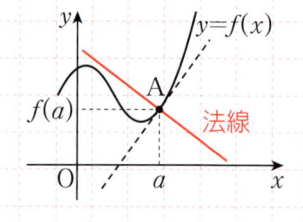
曲線 $y=f(x)$ 上の点 $A(a, f(a))$ を通り，その点における接線と直交する直線を**法線**という。直交することから，法線の傾きは $-\dfrac{1}{f'(a)}$ であり，法線の方程式は

$$y-f(a)=-\dfrac{1}{f'(a)}(x-a) \quad (\text{ただし } f'(a) \neq 0)$$

曲線 $y=f(x)$ 上の点 $(a, f(a))$ における法線の方程式

45 接線の応用

2曲線が接する条件 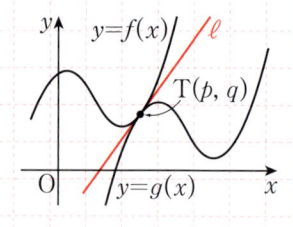
2曲線 $y=f(x)$ と $y=g(x)$ が点 $T(p, q)$ で接する。
$\iff \begin{cases} f(p)=g(p) & \leftarrow \text{T を通る} \\ f'(p)=g'(p) & \leftarrow \text{T における接線の傾きが同じ} \end{cases}$

右の図の直線 ℓ は，2曲線 $y=f(x)$，$y=g(x)$ の点 T における共通接線である。

2曲線の共通接線 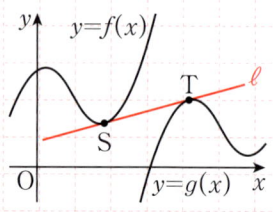
曲線 $y=f(x)$ 上の点 S における接線と，曲線 $y=g(x)$ 上の点 T における接線が一致しているとき，この直線を2曲線 $y=f(x)$，$y=g(x)$ の**共通接線**という。
接点を $S(s, f(s))$，$T(t, g(t))$ とする。
$y-f(s)=f'(s)(x-s)$ より $y=f'(s)x+\underline{f(s)-sf'(s)}$

傾きが等しい　　　切片が等しい

$y-g(t)=g'(t)(x-t)$ より $y=g'(t)x+\underline{g(t)-tg'(t)}$

118 [整関数の微分①] **43 微 分**

次の関数を微分せよ。

(1) $y=3x^2-2x+1$

(2) $y=(2x-1)^3$

ガイド

★ヒラメキ★
微分せよ → $(x^n)'=nx^{n-1}$

なにをする？
(2) 展開して微分する。

---

119 [3次関数の係数の決定] **43 微 分**

関数 $f(x)=x^3+ax^2+bx+c$ が $f(0)=-4$, $f(1)=-2$, $f'(1)=2$ を満たすとき，定数 a, b, c の値を求めよ。

★ヒラメキ★
未知数が a, b, c の3つ
→ 等式が3つ必要

なにをする？
$f(0)=-4$, $f(1)=-2$, $f'(1)=2$ の3つの等式による連立方程式を解く。

---

120 [曲線上の点における接線] **44 接線の方程式**

曲線 $y=x^3-3x^2$ 上の点 A$(1, -2)$ における接線の方程式と法線の方程式を求めよ。

★ヒラメキ★
直線の方程式
→ $y-b=m(x-a)$

なにをする？
接線の傾きは
$m=f'(1)$
法線の傾きは
$m=-\dfrac{1}{f'(1)}$
であることを用いる。

---

121 [共通接線] **45 接線の応用**

2曲線 $y=f(x)=x^3-6x+a$, $y=g(x)=-x^2+bx+c$ が点 T$(2, 1)$ で接しているとき，定数 a, b, c の値を求めよ。

★ヒラメキ★
未知数が a, b, c の3つ
→ 等式が3つ必要

なにをする？
曲線 $y=f(x)$, $y=g(x)$ が点 T$(2, 1)$ を通る条件から
$\begin{cases} f(2)=1 & \cdots ① \\ g(2)=1 & \cdots ② \end{cases}$
傾きが等しいから
$f'(2)=g'(2)$ $\cdots ③$

第5章 微分と積分

122 [整関数の微分②]

次の関数を微分せよ。

(1) $y = 2x^3 - 3x^2 + 4x - 5$

(2) $y = (2x-3)^3$

(3) $y = \dfrac{5}{3}x^3 + \dfrac{3}{2}x^2 + 2x$

123 [微分と恒等式]

すべての x に対して，等式 $(2x-3)f'(x) = f(x) + 3x^2 - 8x + 3$ を満たす2次関数 $f(x)$ を求めよ。

124 [接線]

曲線 $y = f(x) = x^3 - x^2$ について，次の問いに答えよ。

(1) 曲線上の点 $(2, 4)$ における接線の方程式を求めよ．また，この曲線と接線との接点以外の共有点の座標を求めよ．

(2) 傾きが1となる接線の方程式を求めよ。

(3) 点 $(0, 3)$ を通る接線の方程式を求めよ。

125 ［共通接線］
2曲線 $y=x^3$ と $y=x^3+4$ の共通接線の方程式を求めよ。

3 導関数の応用(1)

46 関数の増減

定義域と関数
関数を扱うとき,定義域もセットにして考える。

区間 ($a<b$ とする)
$a \leqq x \leqq b$, $a < x \leqq b$, $a \leqq x < b$, $a < x < b$, $a \leqq x$, $a < x$, $x \leqq b$, $x < b$
を区間という。また,すべての実数も区間として扱う。

関数の増減
- 区間 I 内で,$x_1 < x_2 \Longrightarrow f(x_1) < f(x_2)$ のとき, $f(x)$ は区間 I で**増加**するという。
- 区間 I 内で,$x_1 < x_2 \Longrightarrow f(x_1) > f(x_2)$ のとき, $f(x)$ は区間 I で**減少**するという。

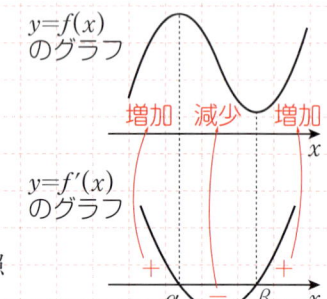

導関数と関数の増減
- 区間 I 内で $f'(x) > 0 \Longrightarrow f(x)$:増加
- 区間 I 内で $f'(x) < 0 \Longrightarrow f(x)$:減少

右の図参照

47 関数の極値

極値の判定法 関数 $f(x)$ において,$f'(a) = f'(b) = 0$ であり
- $x = a$ の前後で $f'(x)$ が正から負に変化 $\iff$ $f(x)$ は $x=a$ で極大 $f(a)$ が極大値
- $x = b$ の前後で $f'(x)$ が負から正に変化 $\iff$ $f(x)$ は $x=b$ で極小 $f(b)$ が極小値

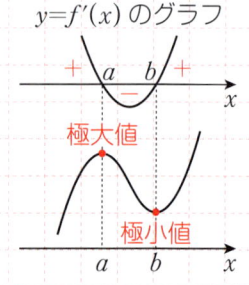

48 関数のグラフ

3次関数のグラフの分類
3次関数 $f(x) = ax^3 + bx^2 + cx + d$ のグラフは,a の符号と $f'(x) = 0$ の解によって次の6つの場合に分類される。

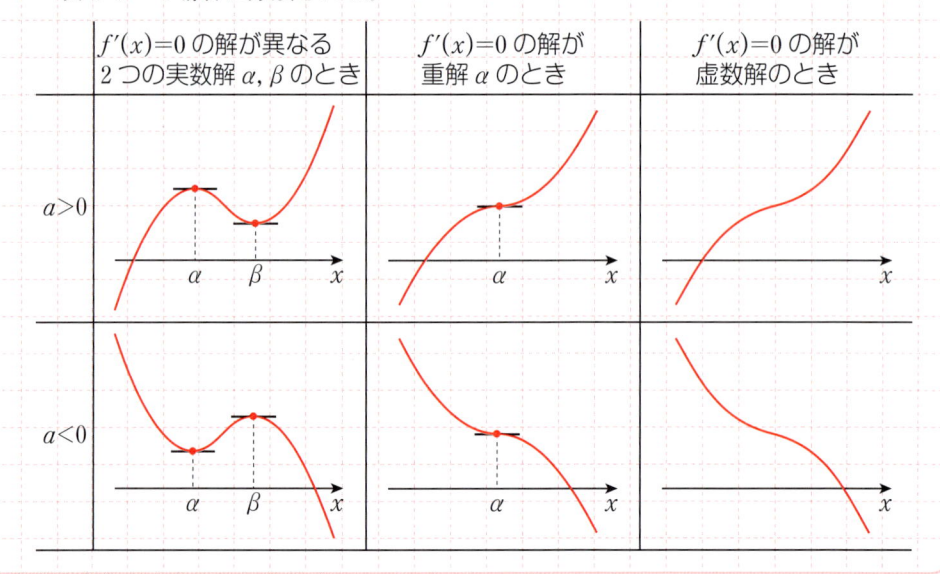

	$f'(x) = 0$ の解が異なる2つの実数解 α, β のとき	$f'(x) = 0$ の解が重解 α のとき	$f'(x) = 0$ の解が虚数解のとき
$a > 0$			
$a < 0$			

126 [減少関数] **46 関数の増減**

関数 $f(x)=-x^3+ax^2+ax+3$ がすべての実数の範囲で減少するように，定数 a の値の範囲を定めよ。

> ★ヒラメキ★
> $f'(x)$ が 2 次関数
> →判別式が常に負または 0
>
> なにをする?
> 2 次関数が常に
> $ax^2+bx+c \leq 0$
> のとき $a<0$, $D \leq 0$

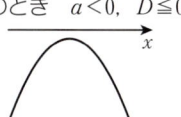

127 [極値] **47 関数の極値**

関数 $f(x)=x^3-3x^2-9x+3$ の増減を調べ，極値を求めよ。

> ★ヒラメキ★
> 増減・極値を調べる
> →増減表
>
> なにをする?
> $f'(x)=(x-\alpha)(x-\beta)$ $(\alpha<\beta)$
> より
>
> | x | $\cdots$ | α | $\cdots$ | β | $\cdots$ |
> |---|---|---|---|---|---|
> | $f'(x)$ | + | 0 | − | 0 | + |
> | $f(x)$ | ↗ | 極大 | ↘ | 極小 | ↗ |

128 [関数のグラフ①] **48 関数のグラフ**

$y=(x-2)^2(x+3)$ のグラフをかけ。

> ★ヒラメキ★
> グラフをかけ
> →増減表
>
> なにをする?
> ① $f'(x)$ を計算。
> ② 増減表を作成。
> ③ 極値を計算し，グラフ上に点をとる。
> ④ 座標軸との共有点をとる。
> 　（特に y 軸との交点）
> ⑤ なめらかな曲線でかく。

第 5 章　微分と積分

3　導関数の応用(1)

ガイドなしでやってみよう!

129 [関数の増減]

関数 $f(x) = \dfrac{1}{3}x^3 - ax^2 + (a+2)x - 1$ について,次の問いに答えよ。

(1) $a=3$ のとき,関数 $f(x)$ が減少する区間を求めよ。

(2) 関数 $f(x)$ がすべての実数の範囲で増加するように,定数 a の値の範囲を定めよ。

130 [3次関数の決定]

3次関数 $f(x)$ が $x=0$ で極小値 -6,$x=3$ で極大値 21 をとるとき,関数 $f(x)$ を求めよ。

131 [関数のグラフ②]

次の関数の増減を調べて，そのグラフをかけ。

(1) $y = x^3 - 3x^2 - 9x + 11$

(2) $y = -2x^3 + 6x - 1$

(3) $y = x^3 + 3x^2 + 3x + 1$

(4) $y = x^2(x-2)^2$

4 導関数の応用(2)

49 最大・最小

最大値・最小値の調べ方

区間 $a \leq x \leq b$ における関数 $f(x)$ の最大・最小を調べるには，区間内の極値と，区間の端点 $x=a$，$x=b$ における関数値 $f(a)$，$f(b)$ を比較すればよい。

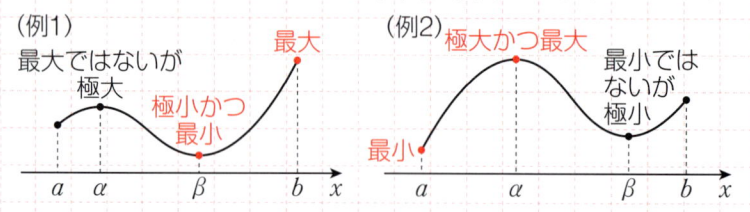

（例1）最大ではないが極大／極小かつ最小／最大

（例2）極大かつ最大／最小ではないが極小／最小

（注意）両端を含む区間では最大値・最小値は必ず存在する。それ以外の区間のときは，存在するとは限らない。

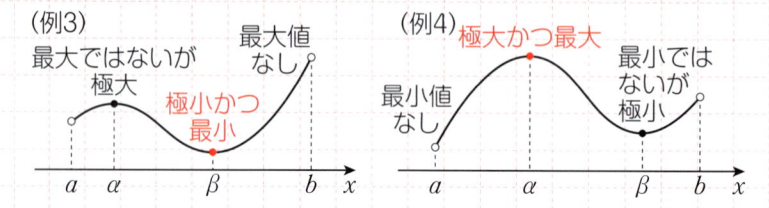

（例3）最大ではないが極大／極小かつ最小／最大値なし

（例4）極大かつ最大／最小ではないが極小／最小値なし

50 方程式への応用

方程式の実数解の個数(1)

方程式 $f(x)=0$ の実数解の個数は，関数 $y=f(x)$ のグラフと x 軸（$y=0$）との共有点の個数に等しい。

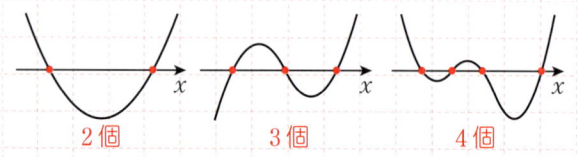

2個　　3個　　4個

方程式の実数解の個数(2)

方程式 $f(x)=a$ の実数解の個数は，関数 $y=f(x)$ のグラフと直線 $y=a$ との共有点の個数に等しい。

51 不等式への応用

不等式とグラフ(1)

不等式 $f(x)>0$ の証明に，グラフを用いることができる。
関数 $y=f(x)$ のグラフをかいて，すべての実数の範囲で $y>0$ の範囲にあることを確認すればよい。

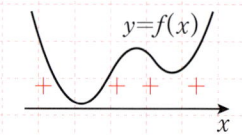

不等式とグラフ(2)

不等式 $f(x)>g(x)$ を証明するには，次のようにすればよい。
$F(x)=f(x)-g(x)$ とおいて，関数 $y=F(x)$ のグラフについて，上の「**不等式とグラフ(1)**」を適用すればよい。
つまり，関数 $y=F(x)$ のグラフが $y>0$ の領域にあることを確認する。

132 [最大・最小①] 49 最大・最小

関数 $f(x)=-x^3+2x^2$ $(-1\leqq x\leqq 2)$ の最大値・最小値を求めよ。

★ヒラメキ★

最大・最小
→目で見て，最高点，最下点を定める。

なにをする?

・増減を調べ，グラフをかく。
・極値と，区間の両端の値を比較する。
・グラフから次のものを調べる。
　最高点→最大
　最下点→最小
・増減表からも求めることができる。

133 [実数解の個数①] 50 方程式への応用

方程式 $2x^3-6x^2+5=0$ の実数解の個数を調べよ。

★ヒラメキ★

方程式の解
→2つのグラフの共有点の x 座標が解

なにをする?

方程式 $f(x)=0$ の解の個数は2つのグラフ
　$y=f(x)$
　$y=0$ (x 軸)
の共有点の個数と一致する。

134 [導関数と不等式①] 51 不等式への応用

$x\geqq 1$ のとき，不等式 $x^3\geqq 3x-2$ を証明せよ。

★ヒラメキ★

不等式 $f(x)\geqq 0$ の証明
→(最小値)≧0 を示す

なにをする?

・不等式 $p(x)\geqq q(x)$
　→$f(x)=p(x)-q(x)\geqq 0$
・$f(x)$ の増減を調べる。
・区間内の (最小値)≧0 を示す。

ガイドなしでやってみよう!

135 [最大・最小②]
関数 $f(x)=2x^3-3x^2-12x+5$ $(-3 \leqq x \leqq 3)$ の最大値，最小値を求めよ。

136 [最大・最小③]
関数 $f(x)=ax^3+3ax^2+b$ $(a>0)$ の $-3 \leqq x \leqq 2$ における最大値が 15，最小値が -5 となるように，定数 a, b の値を定めよ。

137 [実数解の個数②]
方程式 $x^3+3x^2-2=0$ の実数解の個数を調べよ。

138 [実数解の個数③]

方程式 $x^3-3x^2-9x-a=0$ の解が次の条件を満たすように，定数 a の値の範囲を定めよ。

(1) 異なる3つの実数解をもつ。 (2) 2つの負の解と1つの正の解をもつ。

139 [導関数と不等式②]

$x\geqq 0$ のとき，$2x^3+8\geqq 3ax^2$ が常に成り立つような定数 a の値の範囲を求めよ。

定期テスト対策問題

目標点　60点
制限時間　50分

　　　　点

1 関数 $f(x)=x^2+2x$ について，$x=1$ から $x=3$ までの平均変化率 H と $x=a$ における微分係数 $f'(a)$ が等しくなるように，定数 a の値を定めよ。　⇐ 111 115　　　　（10点）

2 次の関数を微分せよ。　⇐ 118 122　　　　　　　　　　　　　（各8点　計16点）
(1) $f(x)=x^3-5x^2+2x+3$　　　　(2) $f(x)=(3x-1)^3$

3 曲線 $y=x^3-3x$ の接線で，次のような接線の方程式を求めよ。　⇐ 120 124
　　　　　　　　　　　　　　　　　　　　　　　　　　　　（各12点　計24点）

(1) 傾きが9の接線

(2) 点 $(2, 2)$ を通る接線

4 関数 $f(x)=4x^3+3x^2-6x$ について，次の問いに答えよ。

127 128 131 132 133 134 135 136 137 139 　　　　　((1)極値，グラフ，(2)，(3)，(4)各 10 点　計 50 点)

(1) 関数 $f(x)$ の増減を調べて極値を求め，$y=f(x)$ のグラフをかけ。

(2) $-2 \leqq x \leqq 1$ のとき，関数 $f(x)$ の最大値，最小値を求めよ。

(3) 方程式 $4x^3+3x^2-6x-a=0$ の異なる実数解の個数を調べよ。

(4) $x \geqq 0$ のとき，不等式 $4x^3+3x^2-6x-a \geqq 0$ が常に成り立つように，定数 a の値の範囲を定めよ。

5 積分(1)

52 不定積分

不定積分 微分すると $f(x)$ となる関数を $f(x)$ の **不定積分** という。すなわち，$F'(x)=f(x)$ のとき，$F(x)$ を $f(x)$ の不定積分という。

また，$F(x)$ を $f(x)$ の **原始関数** とも呼ぶ。

・$F(x)$ が $f(x)$ の不定積分であるとき $F(x)+C$（C は定数）も不定積分となる。

不定積分の記号 $f(x)$ の不定積分を $\int f(x)dx$ で表す。

$$F'(x)=f(x) \iff \int f(x)dx = F(x)+C \quad (C は定数)$$

x：積分変数，$f(x)$：被積分関数，C：積分定数

この章では，特に断りがなければ，C は積分定数を表すものとする。

不定積分の公式 （n は 0 以上の整数，k は定数）

① $\int x^n dx = \dfrac{1}{n+1}x^{n+1}+C$ ② $\int kf(x)dx = k\int f(x)dx$

③ $\int \{f(x) \pm g(x)\}dx = \int f(x)dx \pm \int g(x)dx$ （複号同順）

53 $(ax+b)^n$ の不定積分

$(ax+b)^n$ の不定積分 $\int (ax+b)^n dx = \dfrac{1}{a(n+1)}(ax+b)^{n+1}+C$

54 定積分

定積分 関数 $f(x)$ の不定積分（の1つ）を $F(x)$ とするとき，

$$\int_a^b f(x)dx = \Big[F(x)\Big]_a^b = F(b)-F(a)$$

を関数 $f(x)$ の a から b までの **定積分** といい，a を **下端**，b を **上端** という。

定積分の性質

① $\int_a^b f(x)dx = \int_a^b f(t)dt$ （定積分では，どのような積分変数でも結果は同じ）

② $\int_a^b kf(x)dx = k\int_a^b f(x)dx$ （k は，x に対して定数）

③ $\int_a^b \{f(x) \pm g(x)\}dx = \int_a^b f(x)dx \pm \int_a^b g(x)dx$ （複号同順）

④ $\int_a^a f(x)dx = 0$ ⑤ $\int_a^b f(x)dx = -\int_b^a f(x)dx$

⑥ $\int_a^c f(x)dx + \int_c^b f(x)dx = \int_a^b f(x)dx$

⑦ $\int_{-a}^a x^n dx = \begin{cases} 0 & (n=1, 3, 5, \cdots)\text{（奇数）} \\ 2\int_0^a x^n dx & (n=0, 2, 4, \cdots)\text{（偶数）} \end{cases}$

55 定積分の応用

定積分の等式 $\int_\alpha^\beta (x-\alpha)(x-\beta)dx = -\dfrac{1}{6}(\beta-\alpha)^3$

微分と積分の関係 $\dfrac{d}{dx}\int_a^x f(t)dt = f(x)$ （ただし，a は定数）

140 [不定積分の計算①] **52 不定積分**

次の不定積分を求めよ。

(1) $\int (3x^2 - 2x + 1)\, dx$

(2) $\int (x-2)(x-1)\, dx$

★ヒラメキ★
不定積分を求めよ
→ $\int x^n\, dx = \dfrac{1}{n+1}x^{n+1} + C$

なにをする?
(2)では展開してから積分する。

141 [公式の利用] **53 $(ax+b)^n$ の不定積分**

$\int (2x+1)^2\, dx$ を求めよ。

なにをする?
$\int (ax+b)^n\, dx$
$= \dfrac{1}{a(n+1)}(ax+b)^{n+1} + C$

142 [定積分の計算①] **54 定積分**

次の定積分を求めよ。

(1) $\displaystyle\int_{-1}^{3} (x^2 - x)\, dx$

(2) $\displaystyle\int_{-2}^{2} (3x^2 - 5x - 1)\, dx$

★ヒラメキ★
$F'(x) = f(x)$
→ $\displaystyle\int_a^b f(x)\, dx = \Big[F(x)\Big]_a^b$
$= F(b) - F(a)$

なにをする?
(2)では，区間に注目する。
$\displaystyle\int_{-a}^{a} x^n\, dx = \begin{cases} 0 & (n:奇数) \\ 2\displaystyle\int_0^a x^n\, dx & (n:偶数) \end{cases}$

143 [関数の決定①] **55 定積分の応用**

等式 $\displaystyle\int_a^x f(t)\, dt = x^2 - 3x + 2$ を満たす関数 $f(x)$ を求めよ。また，定数 a の値を求めよ。

★ヒラメキ★
等式→両辺を x で微分する
$\dfrac{d}{dx}\displaystyle\int_a^x f(t)\, dt = f(x)$

なにをする?
$x = a$ を代入すると
$\displaystyle\int_a^a f(x)\, dx = 0$

ガイドなしでやってみよう！

144 ［不定積分の計算②］
次の不定積分を求めよ。
(1) $\int (x^2-4x+5)\,dx$
(2) $\int (2x+1)(3x-1)\,dx$

145 ［関数の決定②］
次の問いに答えよ。
(1) $f'(x)=6x^2-4x+1$, $f(2)=0$ を満たす関数 $f(x)$ を求めよ。

(2) 点 (x, y) における接線の傾きが x^2-2x で表される曲線のうち，点 $(3, 2)$ を通るものを求めよ。

146 ［不定積分の計算③］
次の不定積分を求めよ。
(1) $\int (1-4x)^2\,dx$
(2) $\int x(x-1)^2\,dx$
（ヒント：$x(x-1)^2=(x-1+1)(x-1)^2=(x-1)^3+(x-1)^2$）

147 ［定積分の計算②］

次の定積分を求めよ。

(1) $\int_{-1}^{3}(x^2+2x-3)\,dx$

(2) $\int_{0}^{1}(1-2y)^2\,dy$

(3) $\int_{1}^{2}(x^2-2tx+3t^2)\,dt$

(4) $\int_{-1}^{3}(2x^2-x)\,dx - 2\int_{-1}^{3}(x^2+3x)\,dx$

148 ［関数の決定③］

次の等式を満たす関数 $f(x)$ を求めよ。(1)では a の値も求めよ。

(1) $\int_{1}^{x} f(t)\,dt = x^3 - x^2 + x - a$

(2) $f(x) = 2x - \int_{1}^{2} f(t)\,dt$

6 積分(2)

56 定積分と面積

定積分と面積

区間 $a \leqq x \leqq b$ において $f(x) \geqq 0$ であるとき，右の図の色の部分の面積 S は

$$S = \int_a^b f(x)\,dx$$

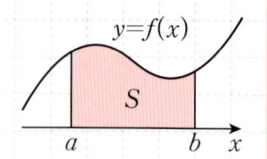

2曲線の間の面積

区間 $a \leqq x \leqq b$ において $f(x) \geqq g(x)$ であるとき，2曲線 $y=f(x)$, $y=g(x)$ と2直線 $x=a$, $x=b$ で囲まれた部分の面積 S は

$$S = \int_a^b \{f(x) - g(x)\}\,dx$$

← $S = \int_{左}^{右} (上 - 下)\,dx$ となっている

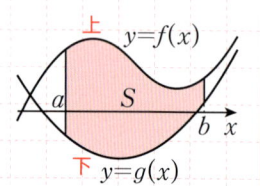

図形が2つ以上の部分に分かれたときは，それぞれの部分の面積を計算してから加えればよい。
例えば，右の図のようなときは

$$S = \int_a^b \{f(x) - g(x)\}\,dx + \int_b^c \{g(x) - f(x)\}\,dx$$

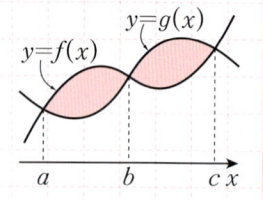

57 面積の応用

絶対値を含む関数の定積分

例えば

$$|x^2 - 1| = \begin{cases} x^2 - 1 & (x \leqq -1,\ 1 \leqq x) \\ -x^2 + 1 & (-1 < x < 1) \end{cases}$$

であるから，関数 $y = |x^2 - 1|$ のグラフを考えれば，定積分 $\int_0^2 |x^2 - 1|\,dx$ は右の図の色の部分の面積を表すことがわかる。よって，次のように計算できる。

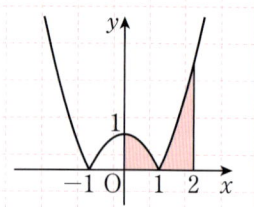

$$\int_0^2 |x^2 - 1|\,dx = \int_0^1 (-x^2 + 1)\,dx + \int_1^2 (x^2 - 1)\,dx$$

$$= \left[-\frac{x^3}{3} + x \right]_0^1 + \left[\frac{x^3}{3} - x \right]_1^2$$

$$= -\frac{1}{3} + 1 + \left(\frac{8}{3} - 2 \right) - \left(\frac{1}{3} - 1 \right) = 2$$

放物線と直線で囲まれた図形の面積

$a > 0$ のとき，右の図の面積 S は
$\int_\alpha^\beta \{-a(x-\alpha)(x-\beta)\}\,dx$ で表されるので

$$\int_\alpha^\beta (x-\alpha)(x-\beta)\,dx = -\frac{1}{6}(\beta - \alpha)^3$$

を使って計算することができる。

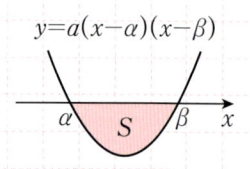

149 [面積①] **56 定積分と面積**

次の曲線と直線で囲まれた図形の面積を求めよ。

(1) 放物線 $y=x^2-2x+4$, x軸, 2直線 $x=1$, $x=2$

(2) 放物線 $y=(x-2)^2$, x軸, y軸

150 [面積②] **57 面積の応用**

放物線 $y=2x^2-3x-2$ と直線 $y=x+1$ で囲まれた図形の面積を求めよ。

ガイド

★ヒラメキ★

面積
→図をかき，区間と関数のグラフの上下関係を把握する。

なにをする？

$$S=\int_a^b \{f(x)-g(x)\}dx$$

上 － 下 と覚えよう

(2) 定積分でもまとめて計算する。

$$\int_p^q (ax+b)^n dx = \left[\frac{1}{a(n+1)}(ax+b)^{n+1}\right]_p^q$$

★ヒラメキ★

放物線と直線で囲まれた図形の面積

$$\to \int_\alpha^\beta (x-\alpha)(x-\beta)dx = -\frac{1}{6}(\beta-\alpha)^3$$

をうまく使おう。
ただし $\alpha<\beta$

なにをする？

交点の x 座標を求めるのに，連立方程式の解を求める。
次の解の公式も確認しておこう。
2次方程式 $ax^2+bx+c=0$ の解は

$$x=\frac{-b\pm\sqrt{b^2-4ac}}{2a}$$

ガイドなしでやってみよう!

151 ［面積③］
次の曲線と直線で囲まれた図形の面積 S を求めよ。
(1) 放物線 $y=x^2$, x 軸, 2直線 $x=1$, $x=2$

(2) 放物線 $y=x^2-2x-3$, x 軸

(3) 放物線 $y=x^2-x$, x 軸, 直線 $x=2$

(4) 曲線 $y=x(x+1)(x-2)$, x 軸

152 [定積分の応用]

次の定積分を計算せよ。

(1) $\int_1^3 |x^2-4|\, dx$

(2) $x^2-3x-1=0$ の解を α, β $(\alpha<\beta)$ とするとき $\int_\alpha^\beta (x^2-3x-1)\, dx$

153 [放物線と接線で囲まれた図形の面積]

放物線 $y=x^2$ 上の 2 点 A$(-1, 1)$, B$(2, 4)$ における接線について，この 2 本の接線と放物線 $y=x^2$ で囲まれた図形の面積 S を求めよ。

定期テスト対策問題

目標点　60点
制限時間　50分

　　　　点

1 次の不定積分を求めよ。　140 141 144　　　　　　　　　　（各6点　計12点）

(1) $\int (x-1)(3x+2)\,dx$　　　　　　(2) $\int (3x-2)^2\,dx$

2 点 (x, y) における接線の傾きが $3x^2-4x$ で表される曲線のうち，点 $(1, 3)$ を通るものの方程式を求めよ。　145　　　　　　　　　　　　　　　　　　（6点）

3 次の定積分を求めよ。　142 147　　　　　　　　　　　　（各6点　計12点）

(1) $\int_1^2 (3y+1)(2y-3)\,dy$　　　　(2) $\int_1^3 (x+2)^2\,dx - \int_1^3 (x-1)^2\,dx$

4 次の等式を満たす関数 $f(x)$ および定数 a の値を求めよ。　143 148　（各5点　計20点）

(1) $\int_a^x f(t)\,dt = 2x^2 - x$　　　　(2) $\int_1^x f(t)\,dt = 2x^3 - 3x + a$

5 次の等式を満たす関数 $f(x)$ を求めよ。　148　　　　　　　　（8点）

$f(x) = 3x^2 - 4x + \int_{-1}^{1} f(t)\,dt$

6 関数 $f(x)=\int_0^x (3t+1)(t-1)\,dt$ の極値を求め，グラフをかけ。 143 148

(極値，グラフ各8点 計16点)

7 次の曲線と直線で囲まれた図形の面積 S を求めよ。 149 151 152 (各8点 計16点)
(1) $y=|x(x-1)|$，x 軸，直線 $x=2$

(2) 放物線 $y=2x^2-3x-2$，x 軸

8 2つの放物線 $y=x^2-4$ と $y=-x^2+2x$ で囲まれた図形の面積 S を求めよ。 150 153

(10点)

第6章 数　列

1　等差数列

58 数列とは

数列の定義 ← 高校数学では，数列は実数の範囲で考える。

ある規則に従って，数を順に並べたものを**数列**という。

数列の項

数列のそれぞれの数を，**項**という。はじめから順に第1項（**初項**ともいう），第2項，第3項，…，第n項，…と呼ぶ。また，項の番号を添え字（サフィックス）に書いて

$a_1, a_2, a_3, a_4, a_5, \cdots, a_n, \cdots$

のように書く。また，数列全体を$\{a_n\}$と表すことも多い。

一般項

第n項a_nの表すnの式を，数列の**一般項**という。

有限数列・無限数列 ← 有限数列の項の数を項数という

項の数が有限である数列を**有限数列**，無限である数列を**無限数列**という。

59 等差数列

等差数列　← 公差という

初項aに次々と一定の数dを加えて得られる数列を**等差数列**という。

$a_1=a,\ a_2=a+d,\ a_3=a+2d,\ a_4=a+3d,\ \cdots$

初項a，公差dの等差数列$\{a_n\}$の一般項は　　$a_n=a+(n-1)d$

等差数列の条件

数列$\{a_n\}$が等差数列 $\iff a_n=pn+q$ （$p,\ q$は定数）

$\iff a_{n+1}=a_n+d$ （dは定数）

等差中項

3つの数$a,\ b,\ c$が等差数列 $\iff 2b=a+c$

等差数列の性質

2つの等差数列$\{a_n\}$, $\{b_n\}$と定数kに対して

① 数列$\{ka_n\}$は等差数列　　② 数列$\{a_n+b_n\}$は等差数列

調和数列

数列$\left\{\dfrac{1}{a_n}\right\}$が等差数列になるとき，数列$\{a_n\}$は**調和数列**であるという。

60 等差数列の和

等差数列の和

等差数列$\{a_n\}$の初項aから第n項lまでの和をS_nとする。

$S_n=a_1+a_2+a_3+\cdots+a_n=\dfrac{1}{2}n(a+l)$

さらに公差をdとすれば　　$S_n=\dfrac{1}{2}n\{2a+(n-1)d\}$

次の等式はよく使う。

① $1+2+3+\cdots+n=\dfrac{1}{2}n(n+1)$　　② $1+3+5+\cdots+(2n-1)=n^2$

154 [数列①] **58 数列とは**

次の数列 $\{a_n\}$ の規則を考え,一般項を n の式で表せ。

　　$1,\ -2,\ 3,\ -4,\ 5,\ \cdots$

> **ガイド**
>
> ★ヒラメキ★
> 数列
> →規則をみつける
>
> なにをする?
> $1,\ -2,\ 3,\ -4,\ 5,\ \cdots$
> を分解して規則を考える。
> 　$1,\ 2,\ 3,\ 4,\ 5,\ \cdots$
> 　$1,\ -1,\ 1,\ -1,\ 1,\ \cdots$

155 [等差数列①] **59 等差数列**

第3項が12,第10項が47である等差数列 $\{a_n\}$ の,初項と公差を求め,一般項を n の式で表せ。

> ★ヒラメキ★
> 等差数列
> →公差が一定
>
> なにをする?
> 等差数列
> 　$\{a_n\}:a,\ a+d,\ a+2d,\ \cdots$
> の一般項は
> 　$a_n=a+(n-1)d$

156 [等差数列の和①] **60 等差数列の和**

次の等差数列の和を求めよ。

(1) 初項 12,末項 -36,項数 20

(2) 初項 2,公差 $\dfrac{1}{2}$,項数 10

> ★ヒラメキ★
> 等差数列の和
> →公式は2種類
>
> なにをする?
> 順序を逆に並べて,縦に加える。
> $S_n=a+(a+d)+\cdots+(l-d)+l$
> $+)\ S_n=l+(l-d)+\cdots+(a+d)+a$
> $\overline{\ 2S_n=\underbrace{(a+l)+(a+l)+\cdots\cdots+(a+l)}_{n個}\ }$
> よって
> 　$S_n=\dfrac{1}{2}n(a+l)$
> 　　　　　$l=a+(n-1)d$ だから
> 　$S_n=\dfrac{1}{2}n\{2a+(n-1)d\}$

ガイドなしでやってみよう！

157 [数列②]

数列 $\{a_n\}$ の第 n 項 a_n が次の式で表されるとき，この数列の初項から第 5 項までを書け。

(1) $a_n = (-2)^n$

(2) $a_n = n^2 + 1$

158 [数列③]

次の数列 $\{a_n\}$ の規則を考え，第 5 項と一般項を求めよ。

(1) $\dfrac{1}{4}$, $\dfrac{1}{2}$, $\dfrac{3}{4}$, 1, $\square$, $\cdots$

(2) 1, $\dfrac{1}{3}$, $\dfrac{1}{5}$, $\dfrac{1}{7}$, $\square$, $\cdots$

159 [等差数列②]

次の等差数列 $\{a_n\}$ の一般項を求めよ。

(1) 2, 6, 10, 14, $\cdots$

(2) 8, 3, -2, -7, $\cdots$

160 [等差中項]

2, x, 10 がこの順で等差数列をなすとき，x の値を求めよ。

161 [等差数列③]

第 2 項が 10 で第 8 項が -8 の等差数列 $\{a_n\}$ の初項と公差を求め，一般項を n の式で表せ。

162 [等差数列④]

等差数列をなす 3 つの数の和が 45，積が 2640 である 3 つの数を求めよ。

163 [等差数列の和②]

初項から第 4 項までの和が 38 で，初項から第 10 項までの和が 185 である等差数列の初項から第 n 項までの和を求めよ。

164 [等差数列の和の最大値]

初項が 50，公差が -8 の等差数列 $\{a_n\}$ の初項から第 n 項までの和を S_n とするとき，S_n の最大値とそのときの n の値を求めよ。

2 等比数列と和の記号

61 等比数列

等比数列

初項 a に次々と一定の数 r を掛けて得られる数列を**等比数列**という。 ← 公比という

$$a_1=a,\ a_2=ar,\ a_3=ar^2,\ a_4=ar^3,\ \cdots$$

初項 a，公比 r の等比数列 $\{a_n\}$ の一般項は $\boldsymbol{a_n = a \cdot r^{n-1}}$

等比数列の条件

数列 $\{a_n\}$：等比数列 $\iff a_{n+1}=a_n \cdot r$ （r は定数） ← 各項が 0 でない場合，$\dfrac{a_{n+1}}{a_n}=r$ と変形できる

等比中項

3 つの数 $a,\ b,\ c$ が等比数列 $\iff \boldsymbol{b^2=ac}$ $\dfrac{b}{a}=\dfrac{c}{b}$

等比数列の性質

2 つの等比数列 $\{a_n\}$, $\{b_n\}$ と定数 k に対して
① 数列 $\{ka_n\}$ は等比数列   ② 数列 $\{a_n \cdot b_n\}$ は等比数列
③ 数列 $\left\{\dfrac{1}{a_n}\right\}$ は等比数列（ただし，数列 $\{a_n\}$ の各項は 0 ではない。）

62 等比数列の和

等比数列の和

初項が a，公比が r の等比数列 $\{a_n\}$ の初項から第 n 項までの和を S_n とすると

$$S_n = \begin{cases} na & (r=1) \\ a \cdot \dfrac{1-r^n}{1-r} = a \cdot \dfrac{r^n-1}{r-1} & (r \neq 1) \end{cases} \quad (\text{ただし}\quad a=a_1)$$

（注意） 等比数列の問題を解くときには，指数計算がよく現れる。$2 \cdot 3^n \neq 6^n$ なので，まちがえないように気をつけること。

63 和の記号 Σ

和の記号 Σ

数列の和を表すのに $a_1+a_2+a_3+\cdots+a_n$ のように書いてきた。これを新しい記号 "Σ" を用いて次のように表す。

$$a_1+a_2+a_3+\cdots+a_n = \sum_{k=1}^{n} a_k$$

※ $\displaystyle\sum_{k=1}^{n} a_k$ の k は変数のようなもの。問題文やそれまでの解答で使っていない文字ならどの文字を使ってもかまわない。

（例） $1+2+3 = \displaystyle\sum_{k=1}^{3} k = \sum_{i=1}^{3} i = \sum_{p=1}^{3} p = \sum_{n=1}^{3} n = \cdots$

165 [等比数列①] **61** 等比数列

次の等比数列 $\{a_n\}$ の第 4 項と一般項を求めよ。

(1) $1,\ 4,\ 16,\ \square,\ \cdots$

(2) $3,\ -1,\ \dfrac{1}{3},\ \square,\ \cdots$

ガイド

★ヒラメキ★
等比数列
→ $a_n = ar^{n-1}$

なにをする？
初項と公比をみつける。

公比 $r = \dfrac{a_2}{a_1} = \dfrac{a_3}{a_2}$

一般に $r = \dfrac{a_{n+1}}{a_n}$

---

166 [等比数列の和①] **62** 等比数列の和

次の等比数列の初項から第 n 項までの和 S_n を求めよ。

(1) $2,\ 6,\ 18,\ 54,\ \cdots$

(2) $1,\ -\dfrac{1}{2},\ \dfrac{1}{4},\ -\dfrac{1}{8},\ \cdots$

★ヒラメキ★
等比数列の和
→ $S_n = \dfrac{a(1-r^n)}{1-r}$
$= \dfrac{a(r^n-1)}{r-1}\ (r \neq 1)$

なにをする？
公比 r の値によって，上の公式を使い分ける。

---

167 [和の記号①] **63** 和の記号 Σ

次の和を求めよ。

(1) $\displaystyle\sum_{k=1}^{4} 2k$

(2) $\displaystyle\sum_{i=1}^{3} i^2$

(3) $\displaystyle\sum_{k=1}^{4} 3^{k-1}$

★ヒラメキ★
Σ → 和の記号

なにをする？
$\displaystyle\sum_{k=1}^{n} a_k = a_1 + a_2 + \cdots + a_n$
$k = 1,\ 2,\ 3,\ \cdots,\ n$ と順に代入して，具体的に書いてから計算する。

第6章 数列

2 等比数列と和の記号 ―― 95

168 [等比数列②]

次の等比数列 $\{a_n\}$ の第5項と一般項を求めよ。

(1) $\dfrac{1}{3}$, 1, 3, 9, □, …

(2) 8, -4, 2, -1, □, …

169 [等比数列③]

第4項が24，第7項が -192 となる等比数列 $\{a_n\}$ の一般項を求めよ。また，-3072 は第何項か答えよ。

170 [等比数列④]

等比数列をなす3つの数の和が21で，積が216であるとき，この3つの数を求めよ。

171 [等比中項]

3, x, 12 がこの順で等比数列をなすとき，x の値を求めよ。

172 [等比数列の和②]

次の等比数列の初項から第 n 項までの和を求めよ。

(1) $4, -8, 16, \cdots$

(2) $3, 1, \dfrac{1}{3}, \cdots$

173 [等比数列の和③]

第 3 項が 12 で，初項から第 3 項までの和が 21 である等比数列の初項と公比を求めよ。

174 [和の記号②]

次の和を求めよ。

(1) $\displaystyle\sum_{k=1}^{4} 3$

(2) $\displaystyle\sum_{k=1}^{3} 4k$

(3) $\displaystyle\sum_{k=1}^{8} 3\cdot 2^{k-1}$

3 いろいろな数列

64 いろいろな数列の和

自然数の累乗の和

1. $\sum_{k=1}^{n} 1 = 1+1+1+\cdots+1 = n$

2. $\sum_{k=1}^{n} k = 1+2+3+\cdots+n = \dfrac{1}{2}n(n+1)$

3. $\sum_{k=1}^{n} k^2 = 1^2+2^2+3^2+\cdots+n^2 = \dfrac{1}{6}n(n+1)(2n+1)$

4. $\sum_{k=1}^{n} k^3 = 1^3+2^3+3^3+\cdots+n^3 = \left\{\dfrac{1}{2}n(n+1)\right\}^2 = \dfrac{1}{4}n^2(n+1)^2$

等比数列の和

$$\sum_{k=1}^{n} ar^{k-1} = \begin{cases} a+a+a+\cdots+a = na & (r=1) \\ a+ar+ar^2+\cdots+ar^{n-1} = a\cdot\dfrac{r^n-1}{r-1} & (r \neq 1) \end{cases}$$

Σ の性質

5. $\sum_{k=1}^{n}(a_k+b_k) = \sum_{k=1}^{n} a_k + \sum_{k=1}^{n} b_k$ 6. $\sum_{k=1}^{n} pa_k = p\sum_{k=1}^{n} a_k$ （p は定数）

部分分数分解を利用する和

$$\dfrac{1}{1\cdot 2}+\dfrac{1}{2\cdot 3}+\dfrac{1}{3\cdot 4}+\cdots+\dfrac{1}{n(n+1)} = \left(\dfrac{1}{1}-\dfrac{1}{2}\right)+\left(\dfrac{1}{2}-\dfrac{1}{3}\right)+\left(\dfrac{1}{3}-\dfrac{1}{4}\right)+\cdots+\left(\dfrac{1}{n}-\dfrac{1}{n+1}\right)$$

ペアで0

$\dfrac{1}{k(k+1)} = \dfrac{1}{k}-\dfrac{1}{k+1}$

であるから

$$\sum_{k=1}^{n}\dfrac{1}{k(k+1)} = 1-\dfrac{1}{n+1} = \dfrac{n}{n+1}$$

65 階差数列

階差数列

数列 $\{a_n\}$ に対して，$b_n = a_{n+1}-a_n$ （$n=1, 2, 3, \cdots$）とおくとき，数列 $\{b_n\}$ を **数列 $\{a_n\}$ の階差数列** という。

階差数列の和

a_1　a_2　a_3　a_4, $\cdots$, a_{n-1}，a_n，a_{n+1}，$\cdots$
$b_1+b_2+b_3 \cdots +b_{n-1}$　b_n

数列 $\{a_n\}$ の階差数列を $\{b_n\}$ とすると

$$a_n = a_1 + \sum_{k=1}^{n-1} b_k \quad (n \geq 2)$$

数列の和と一般項

ある数列 $\{a_n\}$ の初項 a_1 から第 n 項 a_n までの和が S_n で与えられているとき

$a_1 = S_1$, $a_n = S_n - S_{n-1}$ （$n \geq 2$）

66 群に分けられた数列

群に分けられた数列 ← 群数列とよぶ

数列を，ある規則に従って群に分けて考えることがある。分けられた群を前から順に，第1群，第2群，第3群，…という。次の事柄を考えることが多い。

- 第 n 群の最初の項はもとの数列の何番目か。
- 第 n 群の最初の項を n の式で表す。

175 [Σの公式①] **64 いろいろな数列の和**

次の $\sum$ で表された和を求めよ。

(1) $\displaystyle\sum_{k=1}^{n}(2k-1)^2$

(2) $\displaystyle\sum_{k=1}^{n}2\cdot 3^{k-1}$

> ガイド
> ★ヒラメキ★
> 和の計算
> →公式を使って計算
>
> なにをする?
> (1)は，まず展開して，
> $\displaystyle\sum_{k=1}^{n}(4k^2-4k+1)$
> $=4\displaystyle\sum_{k=1}^{n}k^2-4\sum_{k=1}^{n}k+\sum_{k=1}^{n}1$
> として公式を適用する。
> (2)は $\displaystyle\sum_{k=1}^{n}2\cdot 3^{k-1}$ ← 等比数列
> 初項，公比，項数を確認する。

176 [階差数列①] **65 階差数列**

数列 $\{a_n\}$：2, 3, 5, 9, 17, …の一般項を求めよ。

> ★ヒラメキ★
> 階差数列
> →階差をとってその一般項を求める
>
> なにをする?
> ・階差数列 $\{b_n\}$ の一般項 b_n を n で表す。
> ・$n\geq 2$ のとき ← $n-1$ に注意
> $a_n=a_1+\displaystyle\sum_{k=1}^{n-1}b_k$ ← b_k に直す
> ・$n=1$ のときに成り立つかどうかを確かめる。

177 [群数列①] **66 群に分けられた数列**

第 n 群の項数が $2n-1$ となるように，自然数の列 $\{a_n\}$ を次のように分けるとき，第 n 群の最初の項を n で表せ。

1 | 2, 3, 4 | 5, 6, 7, 8, 9 | 10, …

> ★ヒラメキ★
> 群数列
> → ・もとの数の列が，数列をなす。
> ・群に分けたとき，各群に属する項数が数列をなす。
>
> なにをする?
> まず，「第 n 群の最初の項はもとの数列の何番目か」と自分に問いかける。
> この問題では
> $\underbrace{1+3+5+\cdots+(2n-3)}_{n-1\text{個}}+1$ 番目

第6章 数列

3 いろいろな数列 — 99

ガイドなしでやってみよう!

178 [Σの公式②]

次の和を求めよ。

(1) $\displaystyle\sum_{k=1}^{n} k(k+1)$

(2) $\displaystyle\sum_{k=1}^{n} k^2(k+3)$

(3) $\displaystyle\sum_{k=1}^{n} 3\cdot 4^{k-1}$

179 [いろいろな数列の和]

次の数列の和を求めよ。

(1) $5+8+11+\cdots+(3n+2)$

(2) $\dfrac{1}{2^2-1}+\dfrac{1}{4^2-1}+\dfrac{1}{6^2-1}+\cdots+\dfrac{1}{(2n)^2-1}$ （ヒント：$\dfrac{1}{(2k-1)(2k+1)}=\dfrac{1}{2}\left(\dfrac{1}{2k-1}-\dfrac{1}{2k+1}\right)$）

180 [階差数列②]

次の数列 $\{a_n\}$ の一般項を求めよ。

(1) $2,\ 4,\ 7,\ 11,\ 16,\ \cdots$

(2) $2,\ 3,\ 6,\ 15,\ 42,\ \cdots$

181 [数列の和と一般項]

ある数列 $\{a_n\}$ の初項から第 n 項までの和が $S_n = 3n^2 - 2n$ で表されるとき，一般項を求めよ。

182 [群数列②]

第 n 群の項数が $2n$ となるように，正の奇数の列を次のように分ける。

$1,\ 3\ |\ 5,\ 7,\ 9,\ 11\ |\ 13,\ 15,\ 17,\ 19,\ 21,\ 23\ |\ \cdots$

(1) 第 n 群の最初の項を求めよ。

(2) 第 n 群の $2n$ 個の項の和 S_n を求めよ。

4 漸化式と数学的帰納法

67 漸化式

帰納的定義

数列 $\{a_n\}$ を，初項 a_1 の値と，a_n と a_{n+1} の関係式によって定義することを帰納的定義という。

漸化式

帰納的定義の a_n と a_{n+1} の関係式のことを**漸化式**という。

基本的な漸化式

数列 $\{a_n\}$ について，$a_1 = a$ とする。

漸化式	漸化式を読む	一般項
① $a_{n+1} = a_n + d$	等差数列（公差一定）	$a_n = a + (n-1)d$
② $a_{n+1} = ra_n$	等比数列（公比一定）	$a_n = ar^{n-1}$
③ $a_{n+1} = a_n + b_n$	階差数列	$a_n = a + \sum_{k=1}^{n-1} b_k \ (n \geq 2)$
④ $a_{n+1} = pa_n + q \ (p \neq 0, 1, \ q \neq 0)$		

$$\underline{-) \quad \alpha = p\alpha + q} \quad \leftarrow \text{この式から } \alpha \text{ を求める}$$
$a_{n+1} - \alpha = p(a_n - \alpha)$ →数列 $\{a_n - \alpha\}$ は等比数列→ $a_n = (a - \alpha) \cdot p^{n-1} + \alpha$

68 数学的帰納法

数学的帰納法

自然数 n に関する命題 $P(n)$ が任意の自然数 n について成り立つことを証明するための方法として，**数学的帰納法**がある。

　　任意の自然数 n について $P(n)$ が成り立つ。
　　　　　⇕
　　① $n = 1$ のとき命題 $P(n)$ が成り立つ
　　② ある自然数 k に対し，$n = k$ のとき命題 $P(n)$ が成り立つことを仮定すれば，$n = k+1$ のときも $P(n)$ が成り立つ

もう少しカンタンに表現すれば
　　① 命題 $P(1)$ は正しい
　　② ある自然数 k に対し，$P(k)$ は正しいと仮定すれば $P(k+1)$ も正しい

---

183 ［漸化式と一般項①］　67 漸化式

次の漸化式で表された数列 $\{a_n\}$ の一般項を求めよ。

(1) $a_1 = 1, \ a_{n+1} = a_n + 3$

(2) $a_1 = 2, \ a_{n+1} = 3a_n$

★ヒラメキ★

漸化式
→基本パターンで解く

なにをする？

(1) $a_{n+1} = a_n + d$ →等差数列

(2) $a_{n+1} = ra_n$ →等比数列

(3) $a_1=1$, $a_{n+1}=a_n+3n+1$

ガイド

なにをする?

(3) $a_{n+1}=a_n+b_n$ →階差数列
$\sum_{k=1}^{n}k=\frac{1}{2}n(n+1)$ より
$\sum_{k=1}^{n-1}k=\frac{1}{2}(n-1)n$

(4) $\begin{array}{r}a_{n+1}=pa_n+q\\-)\quad\alpha=p\alpha+q\\\hline a_{n+1}-\alpha=p(a_n-\alpha)\end{array}$ より
数列 $\{a_n-\alpha\}$ は等比数列

(4) $a_1=2$, $a_{n+1}=2a_n+3$

184 [数学的帰納法①] **68 数学的帰納法**

n を自然数とする。

$1+2+2^2+\cdots+2^{n-1}=2^n-1$ を証明せよ。

★ヒラメキ★

n：自然数のときの証明
→**数学的帰納法**

なにをする?

[Ⅰ] $n=1$ のときに成り立つことをいう。

[Ⅱ] $n=k$ のときに成り立つと仮定して，$n=k+1$ のときに成り立つことをいう。

・数学的帰納法では証明する手順が決まっているので覚えてしまおう。

185 [漸化式と一般項②]

次の漸化式で表された数列 $\{a_n\}$ の一般項を求めよ。

(1) $a_1=2$, $a_{n+1}=a_n+4$

(2) $a_1=3$, $a_{n+1}=4a_n$

(3) $a_1=5$, $a_{n+1}=a_n+2^n$

(4) $a_1=2$, $a_{n+1}=\dfrac{1}{3}a_n+1$

186 [漸化式と一般項③]

漸化式 $a_1=1$, $a_{n+1}=3a_n+4^{n+1}$ について,次の問いに答えよ。

(1) $\dfrac{a_n}{4^n}=b_n$ とおき,数列 $\{b_n\}$ の一般項を求めよ。

(2) 数列 $\{a_n\}$ の一般項を求めよ。

187 [数学的帰納法②]

n を自然数とする。$1^3+2^3+3^3+\cdots+n^3=\dfrac{1}{4}n^2(n+1)^2$ を証明せよ。

188 [漸化式と数学的帰納法]

漸化式 $a_1=\dfrac{1}{2}$, $a_{n+1}=-\dfrac{1}{a_n-2}$ で定められる数列 $\{a_n\}$ がある。

(1) a_2, a_3, a_4 を求め，a_n を推定せよ。

(2) (1)で推定した a_n が正しいことを数学的帰納法を用いて示せ。

定期テスト対策問題

目標点　60点
制限時間　50分
点

1 初項が10，公差が2の等差数列 $\{a_n\}$ と初項が30，公差が -5 の等差数列 $\{b_n\}$ がある。また，$c_n = a_n + b_n$ を満たす数列 $\{c_n\}$ について，次の問いに答えよ。

((1)の a_n, b_n, (2), (3)各5点　計20点)

(1) 2つの等差数列 $\{a_n\}$, $\{b_n\}$ の一般項をそれぞれ n の式で表せ。

(2) 数列 $\{c_n\}$ が等差数列であることを示せ。

(3) 数列 $\{c_n\}$ の初項から第 n 項までの和を S_n とするとき，S_n の最大値とそのときの n の値を求めよ。

2 第5項が48，第8項が384である等比数列 $\{a_n\}$ について，次の問いに答えよ。

((1)の初項，公比，a_n, (2)各5点　計20点)

(1) 数列 $\{a_n\}$ の初項と公比を求め，一般項を n の式で表せ。

(2) 等比数列 $\{a_n\}$ の初項から第10項までの和を求めよ。

3 次の数列の初項から第 n 項までの和を求めよ。　　(各8点　計16点)

(1) $1 \cdot 3$, $3 \cdot 5$, $5 \cdot 7$, $\cdots$

(2) $\dfrac{2}{1 \cdot 3}$, $\dfrac{2}{3 \cdot 5}$, $\dfrac{2}{5 \cdot 7}$, $\cdots$　$\left(\text{ヒント}:\dfrac{2}{(2n-1)(2n+1)} = \dfrac{1}{2n-1} - \dfrac{1}{2n+1}\right)$

4 次の問いに答えよ。　　(各9点　計18点)

(1) 数列 $\{a_n\}$: 2, 5, 6, 5, 2, -3, … の一般項を求めよ。

(2) 数列 $\{a_n\}$ の初項から第 n 項までの和が $S_n = n^3 + 1$ となるとき一般項を求めよ。

5 自然数の列を次のように，第 n 群の項数が 2^{n-1} となるように分けるとき，次の問いに答えよ。　　(各8点　計16点)

1 | 2, 3 | 4, 5, 6, 7 | 8, 9, 10, 11, 12, 13, 14, 15 | …

(1) 第 n 群の最初の項を求めよ。

(2) 第 n 群の 2^{n-1} 個の項の和 S_n を求めよ。

6 漸化式 $a_1 = 2$, $a_{n+1} = 4a_n - 3$ で定義される数列 $\{a_n\}$ の一般項を求めよ。

(10点)

第7章 ベクトル

1 平面上のベクトル

69 ベクトルの定義

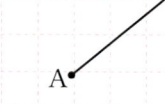

有向線分 右の図で点Aから点Bへ向かう線分のように，向きのついた線分を**有向線分**という。

ベクトル 向きと大きさをもった量。右の図では$\overrightarrow{AB}$でその大きさは$|\overrightarrow{AB}|$

ベクトルの相等 2つのベクトル$\vec{a}, \vec{b}$の向きと大きさが等しい。$\vec{a}=\vec{b}$

逆ベクトル $\vec{a}$と$\vec{b}$の大きさが等しく，向きが反対。$\vec{b}=-\vec{a}$

零ベクトル 大きさ0のベクトル。

70 ベクトルの計算

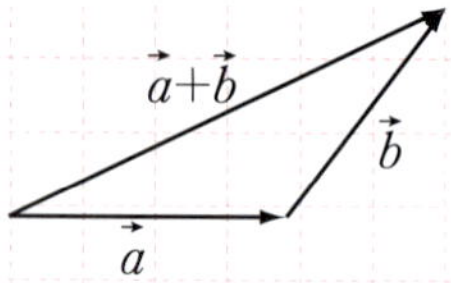

ベクトルの加法 $\vec{a}$と$\vec{b}$の和$\Rightarrow \vec{a}+\vec{b}$

ベクトルの減法 $\vec{a}$と$\vec{b}$の差$\Rightarrow \vec{a}-\vec{b}=\vec{a}+(-\vec{b})$

ベクトルの実数倍 $k\vec{a}$ （kを実数とする）

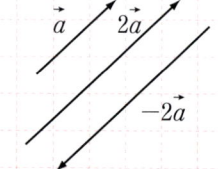

① $k>0$のとき，$\vec{a}$と**同じ向き**で，大きさは$|\vec{a}|$のk倍
② $k<0$のとき，$\vec{a}$と**逆向き**で，大きさは$|\vec{a}|$の$|k|$倍
③ $k=0$のとき，$\vec{0}$ つまり $0\vec{a}=\vec{0}$

単位ベクトル 大きさ1のベクトル

71 ベクトルの平行と分解

ベクトルの平行 $\vec{a}$と$\vec{b}$の向きが同じか逆のとき $\vec{a} \, / \! / \, \vec{b}$
このとき $\vec{b}=k\vec{a}$ （kは実数）

ベクトルの分解 平面上で，$\vec{0}$でない2つのベクトル$\vec{a}, \vec{b}$が平行でないとき，任意のベクトル$\vec{p}$は$\vec{p}=m\vec{a}+n\vec{b}$（$m, n$は実数）と表せる。
このとき，$\vec{p}=m\vec{a}+n\vec{b}=M\vec{a}+N\vec{b}$と表せたとすると，必ず$m=M, n=N$となる。これを$\vec{p}=m\vec{a}+n\vec{b}$の表現の一意性という。

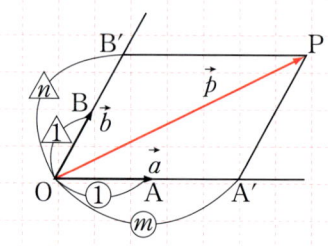

72 ベクトルの成分表示

基本ベクトル $\vec{e_1}=\overrightarrow{OE_1}=(1, 0), \vec{e_2}=\overrightarrow{OE_2}=(0, 1)$

ベクトルの成分 $\vec{a}=(a_1, a_2)$　　$\vec{a}=a_1\vec{e_1}+a_2\vec{e_2}$
　　　　　　　　$\vec{a}$の成分表示　x成分　y成分　　$\vec{a}$の基本ベクトル表示

成分表示の性質のまとめ $\vec{a}=(a_1, a_2), \vec{b}=(b_1, b_2)$のとき

① $|\vec{a}|=\sqrt{a_1{}^2+a_2{}^2}$
② $\vec{a}=\vec{b} \iff a_1=b_1$ かつ $a_2=b_2$
③ $\vec{a}+\vec{b}=(a_1+b_1, a_2+b_2)$　　$\vec{a}-\vec{b}=(a_1-b_1, a_2-b_2)$
④ $k\vec{a}=k(a_1, a_2)=(ka_1, ka_2)$

座標と成分表示 $\overrightarrow{OA}=\vec{a}=(a_1, a_2), \overrightarrow{OB}=\vec{b}=(b_1, b_2)$のとき
$\overrightarrow{AB}=\vec{b}-\vec{a}=(b_1-a_1, b_2-a_2)$　　$|\overrightarrow{AB}|=|\vec{b}-\vec{a}|=\sqrt{(b_1-a_1)^2+(b_2-a_2)^2}$

189 [ベクトル] **69** ベクトルの定義

右の図のベクトルについて，次の問いに答えよ。

(1) $\vec{a}$ と平行なベクトルをいえ。

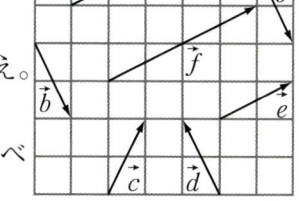

(2) $\vec{a}$ と大きさが同じであるベクトルをいえ。

(3) 等しいベクトルの組をいえ。

★ヒラメキ★
ベクトルの定義
→ベクトルは向きと大きさをもつ量

なにをする？
次の点に注意する。
(1) 平行→矢印の方向が同じ
(2) 大きさが同じ→矢印の長さが同じ
(3) 等しい→矢印の方向も大きさも同じ

190 [ベクトルの加法・減法・実数倍①] **70** ベクトルの計算

次の問いに答えよ。

(1) $5\vec{a}-3\vec{b}-3(\vec{a}-2\vec{b})$ を簡単にせよ。

(2) $3(\vec{x}+\vec{a})=5\vec{x}-2\vec{b}$ のとき，$\vec{x}$ を $\vec{a}$，$\vec{b}$ で表せ。

★ヒラメキ★
ベクトルの和，差，実数倍
→$\vec{a}$，$\vec{b}$ を文字と同じに考えれば文字式の計算と同じ

なにをする？
(1) $\vec{a}$ と $\vec{b}$ を文字と同じように扱う。
(2) $\vec{x}$ の方程式と同じように考える。

191 [中点連結定理] **71** ベクトルの平行と分解

△ABC において，辺 AB，AC の中点をそれぞれ，M，N とするとき，MN∥BC，MN＝$\frac{1}{2}$BC であることを示せ。

★ヒラメキ★
MN∥BC，MN＝$\frac{1}{2}$BC
→$\vec{MN}=\frac{1}{2}\vec{BC}$ を示す

なにをする？
$\vec{BC}=\vec{■C}-\vec{■B}$
同じ文字にすればよい

192 [成分の計算] **72** ベクトルの成分表示

$\vec{a}=(2,\ 1)$，$\vec{b}=(-1,\ 2)$ のとき，$\vec{c}=(7,\ -4)$ を $m\vec{a}+n\vec{b}$ の形で表せ。

★ヒラメキ★
ベクトルの成分
→(x 成分，y 成分)

なにをする？
$\vec{c}=m\vec{a}+n\vec{b}$ と表したとき，m，n は1通りなので，成分の比較をする。

ガイドなしでやってみよう!

193 [平行四辺形とベクトル①]

右の図のように平行四辺形 ABCD の対角線の交点を O とするとき，次の問いに答えよ。

(1) $\vec{AB}$ と等しいベクトルをいえ。

(2) $\vec{OB}$ と等しいベクトルをいえ。

(3) $\vec{OA}$ の逆ベクトルをいえ。

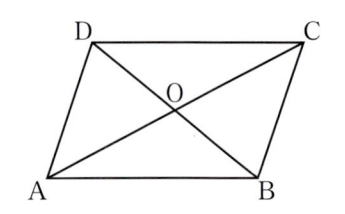

194 [平行四辺形とベクトル②]

右の図で $\vec{AB}=\vec{a}$，$\vec{AD}=\vec{b}$ とおくとき，次のベクトルを $\vec{a}$，$\vec{b}$ を使って表せ。

(1) $\vec{AC}$

(2) $\vec{BD}$

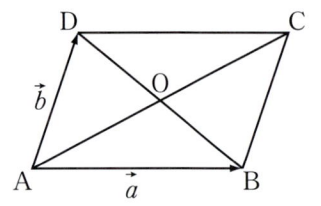

(3) $\vec{OA}$

(4) $\vec{OD}$

195 [ベクトルの加法・減法・実数倍②]

$\vec{p}=3\vec{a}-2\vec{b}$，$\vec{q}=2\vec{a}+\vec{b}$ とするとき，次のベクトルを $\vec{a}$，$\vec{b}$ で表せ。

(1) $2\vec{p}+3\vec{q}$

(2) $2(\vec{x}-\vec{p})=\vec{p}+2\vec{q}-\vec{x}$ を満たす $\vec{x}$

(3) $\begin{cases} \vec{x}+\vec{y}=\vec{p} & \cdots ① \\ \vec{x}-\vec{y}=\vec{q} & \cdots ② \end{cases}$ を満たす $\vec{x}$，$\vec{y}$

196 [正六角形とベクトル]

点 O を中心とする正六角形 ABCDEF において，$\vec{OA}=\vec{a}$，$\vec{OB}=\vec{b}$ とおくとき，次のベクトルを $\vec{a}$, $\vec{b}$ で表せ。

(1) $\vec{AB}$

(2) $\vec{CF}$

(3) $\vec{CE}$

(4) $\vec{DF}$

197 [単位ベクトル①]

$\vec{a}=(4, -3)$ のとき，次のベクトルを求めよ。

(1) 同じ向きの単位ベクトル $\vec{e}$

(2) $\vec{a}$ と逆向きで，大きさ 3 のベクトル

198 [成分表示と最小値]

$\vec{a}=(-2, 4)$，$\vec{b}=(1, -1)$ とするとき，次の問いに答えよ。

(1) $2\vec{a}+3\vec{b}$ を成分表示し，その大きさを求めよ。

(2) $\vec{x}=\vec{a}+t\vec{b}$ (t：実数) のとき，$|\vec{x}|$ の最小値を求めよ。

2 内積と位置ベクトル

73 ベクトルの内積

ベクトルのなす角　$\vec{a}=\overrightarrow{OA}$, $\vec{b}=\overrightarrow{OB}$ とするとき，
$\angle AOB=\theta$ を $\vec{a}$ と $\vec{b}$ のなす角という。$(0°\leqq\theta\leqq 180°)$

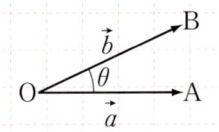

ベクトルの内積　$\vec{a}\cdot\vec{b}=|\vec{a}||\vec{b}|\cos\theta$

内積の符号となす角の関係　($\vec{a}$ と $\vec{b}$ のなす角を θ とする。)

$0°\leqq\theta<90°$ $\iff$ $\cos\theta>0$ $\iff$ $\vec{a}\cdot\vec{b}>0$
$\theta=90°$ $\iff$ $\cos\theta=0$ $\iff$ $\vec{a}\cdot\vec{b}=0$
$90°<\theta\leqq 180°$ $\iff$ $\cos\theta<0$ $\iff$ $\vec{a}\cdot\vec{b}<0$

内積の基本性質

① $\vec{a}\cdot\vec{b}=\vec{b}\cdot\vec{a}$　② $-|\vec{a}||\vec{b}|\leqq\vec{a}\cdot\vec{b}\leqq|\vec{a}||\vec{b}|$　③ $\vec{a}\cdot\vec{a}=|\vec{a}|^2$

74 内積の成分表示　$\vec{a}=(a_1, a_2)$, $\vec{b}=(b_1, b_2)$ とする。

ベクトルの内積の成分表示　$\vec{a}\cdot\vec{b}=a_1b_1+a_2b_2$

ベクトルの垂直条件・平行条件　($\vec{a}\neq\vec{0}$, $\vec{b}\neq\vec{0}$ とする。)

① 垂直条件　$\vec{a}\perp\vec{b}\iff\vec{a}\cdot\vec{b}=0\iff a_1b_1+a_2b_2=0$
② 平行条件　$\vec{a}/\!/\vec{b}\iff\vec{a}\cdot\vec{b}=\pm|\vec{a}||\vec{b}|\iff a_1b_2-a_2b_1=0$

ベクトルのなす角の余弦

$\vec{a}$ と $\vec{b}$ のなす角を θ とすると　$\cos\theta=\dfrac{\vec{a}\cdot\vec{b}}{|\vec{a}||\vec{b}|}=\dfrac{a_1b_1+a_2b_2}{\sqrt{a_1^2+a_2^2}\sqrt{b_1^2+b_2^2}}$

内積の計算

① $\vec{a}\cdot\vec{b}=\vec{b}\cdot\vec{a}$　② $k(\vec{a}\cdot\vec{b})=(k\vec{a})\cdot\vec{b}=\vec{a}\cdot(k\vec{b})$　（ただし，k は実数。）
③ $\vec{a}\cdot(\vec{b}+\vec{c})=\vec{a}\cdot\vec{b}+\vec{a}\cdot\vec{c}$,　$(\vec{a}+\vec{b})\cdot\vec{c}=\vec{a}\cdot\vec{c}+\vec{b}\cdot\vec{c}$
④ $|\vec{a}+\vec{b}|^2=|\vec{a}|^2+2\vec{a}\cdot\vec{b}+|\vec{b}|^2$　　$|\vec{a}-\vec{b}|^2=|\vec{a}|^2-2\vec{a}\cdot\vec{b}+|\vec{b}|^2$
⑤ $(\vec{a}+\vec{b})\cdot(\vec{a}-\vec{b})=|\vec{a}|^2-|\vec{b}|^2$

75 位置ベクトル

位置ベクトル　平面上で基準とする点を固定すると，平面上の任意の点 P の位置は，$\overrightarrow{OP}=\vec{p}$ によって定まる。このとき，点 $P(\vec{p})$ と表す。

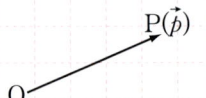

位置ベクトルと座標　座標平面上の原点 O を基準とする点 P の位置ベクトル $\vec{p}$ の成分は，点 P の座標と一致する。

位置ベクトルの性質　3点 $A(\vec{a})$, $B(\vec{b})$, $C(\vec{c})$ に対して

① $\overrightarrow{AB}=\vec{b}-\vec{a}$

② 線分 AB を $m:n$ に内分する点を $P(\vec{p})$ とすると　$\vec{p}=\dfrac{n\vec{a}+m\vec{b}}{m+n}$

　　特に点 P が線分 AB の中点のとき　$\vec{p}=\dfrac{\vec{a}+\vec{b}}{2}$

③ 線分 AB を $m:n$ に外分する点を $Q(\vec{q})$ とすると　$\vec{q}=\dfrac{-n\vec{a}+m\vec{b}}{m-n}$　$(m\neq n)$

④ △ABC の重心を $G(\vec{g})$ とすると　$\vec{g}=\dfrac{\vec{a}+\vec{b}+\vec{c}}{3}$

199 [図形と内積の計算①] **73 ベクトルの内積**

OA=AB=OD=1, OC=2 である2つの直角三角形が右の図のような位置にあるとき，次の内積を求めよ。

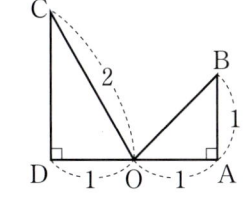

(1) $\vec{OA} \cdot \vec{OB}$

(2) $\vec{OA} \cdot \vec{OC}$

(3) $\vec{OA} \cdot \vec{OD}$

(4) $\vec{OA} \cdot \vec{AB}$

200 [成分と内積の計算①] **74 内積の成分表示**

$\vec{a}=(3, 2)$, $\vec{b}=(6, p)$ とするとき，次の条件に適するように p の値を定めよ。

(1) $\vec{a}$ と $\vec{b}$ は垂直

(2) $\vec{a}$ と $\vec{b}$ は平行

(3) $\vec{a} \cdot (2\vec{a}+\vec{b})=0$

201 [内分点・外分点①] **75 位置ベクトル**

2点 A($\vec{a}$), B($\vec{b}$) に対して，線分 AB を 1:2 に内分する点 P($\vec{p}$), 外分する点 Q($\vec{q}$) の位置ベクトルを $\vec{a}$, $\vec{b}$ で表せ。

ガイド

★ヒラメキ★

内積
→ $\vec{a} \cdot \vec{b} = |\vec{a}||\vec{b}|\cos\theta$

・△OAB は直角二等辺三角形
・△OCD は 30°, 60° の直角三角形

なにをする?

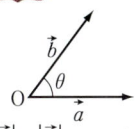

$|\vec{a}|$, $|\vec{b}|$, $\cos\theta$ を求め，計算すればよい。

★ヒラメキ★

成分による内積
$\vec{a}=(a_1, a_2)$, $\vec{b}=(b_1, b_2)$
→ $\vec{a} \cdot \vec{b} = a_1 b_1 + a_2 b_2$

なにをする?

(1) $\vec{a} \perp \vec{b}$ のとき
$\vec{a} \cdot \vec{b} = 0$

(2) $\vec{a} \parallel \vec{b}$ のとき，
$\vec{b}=k\vec{a}$ (k は実数) と表せる。

(3) $2\vec{a}+\vec{b}$ を成分表示して内積の計算をする。

★ヒラメキ★

線分 AB を $m:n$ に分ける点の位置ベクトル
→ $\dfrac{n\vec{a}+m\vec{b}}{m+n}$

なにをする?

内分 → $m>0$, $n>0$
外分 → $mn<0$

202 [図形と内積の計算②]

右の図のように，OA=$\sqrt{3}$，AB=1，OB=2 の直角三角形 OAB について，次の内積を求めよ。

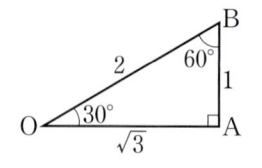

(1) $\vec{OA} \cdot \vec{OB}$

(2) $\vec{OA} \cdot \vec{AB}$

(3) $\vec{AB} \cdot \vec{BO}$

(4) $\vec{AO} \cdot \vec{OB}$

203 [成分と内積の計算②]

$\vec{a}=(-1, 2)$，$\vec{b}=(2, 3)$ のとき，次の内積を求めよ。

(1) $\vec{a} \cdot \vec{b}$

(2) $(\vec{a}+\vec{b}) \cdot (\vec{a}-2\vec{b})$

204 [内積の計算①]

次の式を計算せよ。

(1) $(\vec{a}-3\vec{b}) \cdot (\vec{a}+2\vec{c})$ (2) $|3\vec{a}-2\vec{b}|^2$

205 [単位ベクトル②]

$\vec{a}=(4, 3)$ に垂直な単位ベクトルを求めよ。

206 [なす角]

次のベクトル $\vec{a}$, $\vec{b}$ のなす角 θ を求めよ。

(1) $\vec{a}=(1,\ 2)$, $\vec{b}=(1,\ -3)$ 　　(2) $\vec{a}=(-1,\ 2)$, $\vec{b}=(4,\ 2)$

207 [内積の計算②]

$|\vec{a}|=3$, $|\vec{b}|=4$, $|\vec{a}+\vec{b}|=\sqrt{13}$ のとき，次の値を求めよ。

(1) $\vec{a}\cdot\vec{b}$

(2) $|\vec{a}+2\vec{b}|$

(3) $\vec{a}$ と $\vec{b}$ のなす角 θ

208 [重心と位置ベクトル]

△ABC の辺 BC, CA, AB を 1 : 2 に内分する点をそれぞれ D, E, F とするとき，△ABC の重心 G と △DEF の重心 G′ とは一致することを証明せよ。

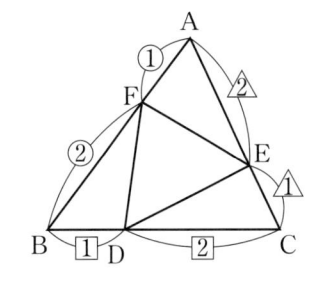

3 図形への応用・ベクトル方程式

76 位置ベクトルと共線条件

一直線上にある3点

異なる2点 $A(\vec{a})$, $B(\vec{b})$ がある。このとき点 $C(\vec{c})$ が直線 AB 上にある条件には，次のようなものがある。

① $\vec{AC} = k\vec{AB}$ （k は実数）
② $\vec{c} = (1-t)\vec{a} + t\vec{b}$ （t は実数）
③ $\vec{c} = s\vec{a} + t\vec{b}$ （$s+t=1$）

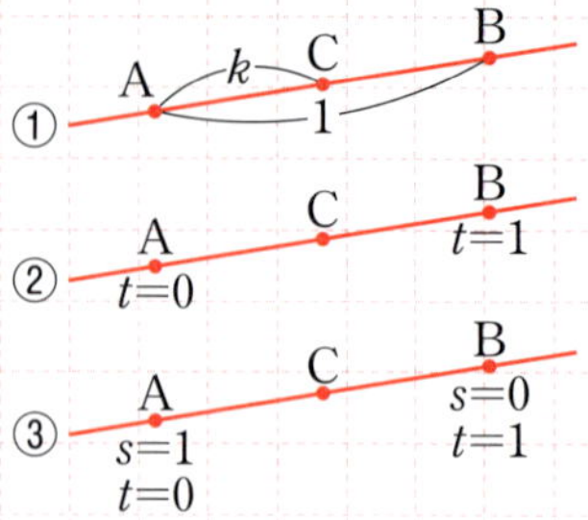

点 C が線分 AB 上にある条件

上の①〜③の k, t, (s, t) に，次のように条件を加えればよい。

① $\vec{AC} = k\vec{AB}$ k は実数かつ $0 \leq k \leq 1$
② $\vec{c} = (1-t)\vec{a} + t\vec{b}$ t は実数かつ $0 \leq t \leq 1$
③ $\vec{c} = s\vec{a} + t\vec{b}$ $s+t=1$ かつ $0 \leq s \leq 1$ かつ $0 \leq t \leq 1$

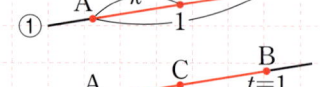

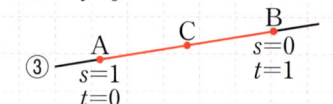

77 内積の図形への応用

三角形の面積

① $S = \dfrac{1}{2}|\vec{a}||\vec{b}|\sin\theta$ （θ：$\vec{a}$ と $\vec{b}$ のなす角）
② $S = \dfrac{1}{2}\sqrt{|\vec{a}|^2|\vec{b}|^2-(\vec{a}\cdot\vec{b})^2}$
③ $S = \dfrac{1}{2}|x_1y_2 - x_2y_1|$

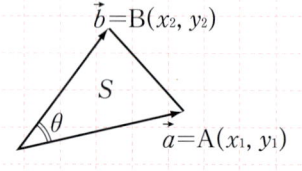

中線定理

△ABC の辺 BC の中点を M とするとき
$AB^2 + AC^2 = 2(AM^2 + BM^2)$

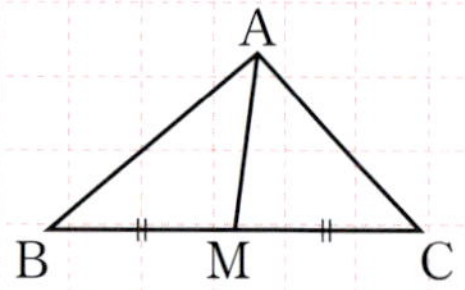

78 直線のベクトル方程式

ベクトル $\vec{u}$ に平行な直線

平面上の定点 $A(\vec{a})$ を通り，ベクトル $\vec{u}$ に平行な直線 ℓ 上の点 $P(\vec{p})$ は
$\vec{p} = \vec{a} + t\vec{u}$ （t は実数） …① 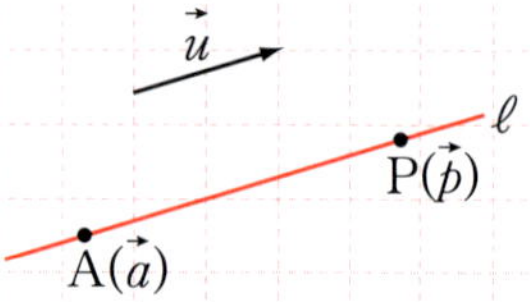
と表される。これを直線 ℓ の**ベクトル方程式**といい，$\vec{u}$ を直線 ℓ の**方向ベクトル**，実数 t を**媒介変数**（パラメータ）という。

2点 $A(\vec{a})$, $B(\vec{b})$ を通る直線

①より $\vec{p} = \vec{a} + t\vec{AB} = \vec{a} + t(\vec{b}-\vec{a}) = (1-t)\vec{a} + t\vec{b}$
また，$s = 1-t$ とおくと，$\vec{p} = s\vec{a} + t\vec{b}$ （$s+t=1$） とも表せる。

ベクトル $\vec{n}$ に垂直な直線

平面上の定点 $A(\vec{a})$ を通り，ベクトル $\vec{n}$ に垂直な直線 m のベクトル方程式は
$(\vec{p}-\vec{a}) \cdot \vec{n} = 0$
$\vec{n}$ を直線 m の**法線ベクトル**という。

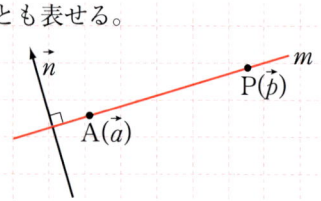

79 円のベクトル方程式

円のベクトル方程式

定点 $C(\vec{c})$ を中心とし，半径が r の円上の点を $P(\vec{p})$ とする。

① $|\vec{CP}|=r \iff |\vec{p}-\vec{c}|=r$
② $(\vec{p}-\vec{c})\cdot(\vec{p}-\vec{c})=r^2$

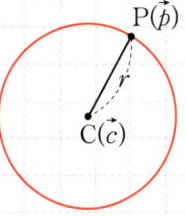

2定点を直径の両端とする円のベクトル方程式

2定点 $A(\vec{a})$，$B(\vec{b})$ を直径の両端とする円上の点を $P(\vec{p})$ とする。

・$\vec{AP} \perp \vec{BP} \iff \vec{AP}\cdot\vec{BP}=0$
$\iff (\vec{p}-\vec{a})\cdot(\vec{p}-\vec{b})=0$

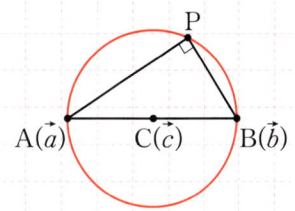

---

209 [一直線上にある条件] 76 位置ベクトルと共線条件

3点 $A(\vec{a})$，$B(\vec{b})$，$C(\vec{c})$ において $\vec{c}=4\vec{a}-3\vec{b}$ のとき，3点 A，B，C が一直線上にあることを示せ。

★ヒラメキ★
3点 A，B，C が一直線上
→ $\vec{AC}=k\vec{AB}$

なにをする？
$\vec{AC}$，$\vec{AB}$ を $\vec{a}$，$\vec{b}$，$\vec{c}$ で表す。

210 [三角形の面積①] 77 内積の図形への応用

3点 $A(1, 2)$，$B(6, 5)$，$C(5, 8)$ を頂点とする △ABC の面積を求めよ。

★ヒラメキ★
面積→公式は3つ

なにをする？
$\vec{b}=(x_2, y_2)$
$\vec{a}=(x_1, y_1)$
$S=\dfrac{1}{2}|x_1y_2-x_2y_1|$

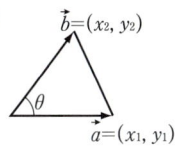

211 [媒介変数表示] 78 直線のベクトル方程式

点 $A(2, 3)$ を通り $\vec{u}=(2, 1)$ に平行な直線を，媒介変数 t を用いて表せ。

★ヒラメキ★
点 A を通り $\vec{u}$ に平行な直線
→ $\vec{OP}=\vec{OA}+t\vec{u}$

212 [円のベクトル方程式] 79 円のベクトル方程式

点 $C(\vec{c})$ を中心とする半径 2 の円のベクトル方程式を求めよ。

★ヒラメキ★
点 $C(\vec{c})$ を中心とする半径 r の円→ $|\vec{p}-\vec{c}|=r$

ガイドなしでやってみよう!

213 [一直線上にある証明]

△OABの辺OAを1:2に内分する点をP, 辺ABを3:1に外分する点をQ, 辺OBを3:2に内分する点をRとするとき, 3点P, Q, Rは一直線上にあることを証明せよ。

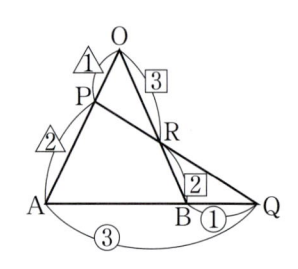

214 [線分上にある点の位置ベクトル]

△OABにおいて, 辺OAを2:3に内分する点をC, 辺OBを1:2に内分する点をDとし, ADとBCの交点をPとするとき, 次の問いに答えよ。

(1) $\overrightarrow{OA} = \vec{a}$, $\overrightarrow{OB} = \vec{b}$ とおくとき, $\overrightarrow{OP}$ を $\vec{a}$, $\vec{b}$ で表せ。

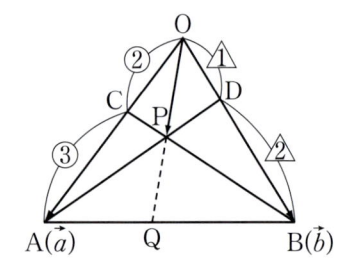

(2) 直線 OP と辺 AB の交点を Q とするとき，AQ：QB を求めよ．

215 [三角形の面積②]
$|\vec{AB}|=6$，$|\vec{AC}|=5$，$|\vec{BC}|=7$ を満たす △ABC の面積 S を求めよ．

216 [直線の媒介変数表示と方程式]
3点 A(2, 3)，B(−1, −1)，C(5, 1) があるとき，次の問いに答えよ．
(1) 点 A を通り $\vec{BC}$ に平行な直線を媒介変数 t を用いて表せ．

(2) 点 A を通り $\vec{BC}$ に垂直な直線の方程式を求めよ．

217 [ベクトル方程式による図形の特定]
平面上に異なる3点 A($\vec{a}$)，B($\vec{b}$)，C($\vec{c}$) と動点 P($\vec{p}$) がある．次のベクトル方程式で表される点 P はどのような図形上にあるか．
(1) $(\vec{p}-\vec{a})\cdot(\vec{p}-\vec{b})=0$
(2) $|3\vec{p}-\vec{a}-\vec{b}-\vec{c}|=6$

定期テスト対策問題

目標点　60点
制限時間　50分

点

1 2つのベクトル $\vec{a}$, $\vec{b}$ が与えられているとき，次のベクトルを作図せよ。

(各6点　計12点)

(1) $\vec{a}+2\vec{b}$

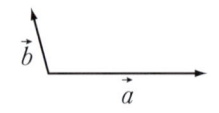

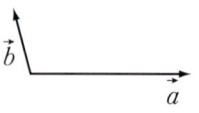

(2) $\dfrac{1}{2}\vec{a}-2\vec{b}$

2 $\vec{a}=(-1, 3)$, $\vec{b}=(1, 1)$ のとき，次の問いに答えよ。　(各6点　計12点)

(1) $\vec{c}=(-5, 7)$ を $m\vec{a}+n\vec{b}$ の形で表せ。

(2) $|\vec{a}+t\vec{b}|$ の最小値を求めよ。

3 $\vec{a}=(1, 3)$, $\vec{b}=(4, 2)$ のとき，次の問いに答えよ。　(各6点　計12点)

(1) $\vec{a}$, $\vec{b}$ のなす角 θ を求めよ。

(2) $(\vec{a}+2\vec{b}) \cdot (2\vec{a}-\vec{b})$ を求めよ。

4 2つのベクトル $\vec{a}$, $\vec{b}$ があって，$|\vec{a}|=3$, $|\vec{b}|=2$, $|\vec{a}+\vec{b}|=\sqrt{19}$ のとき，次の値を求めよ。

(各6点　計18点)

(1) $\vec{a} \cdot \vec{b}$

(2) $\vec{a}$, $\vec{b}$ のなす角 θ

(3) $|2\vec{a}+3\vec{b}|$

5 △OABにおいて，辺OAを2:1に内分する点をC，辺OBを3:2に内分する点をDとし，ADとBCの交点をPとする。　　　　　　　　　　（各7点　計14点）

(1) $\vec{OA}=\vec{a}$，$\vec{OB}=\vec{b}$とおくとき，$\vec{OP}$を$\vec{a}$，$\vec{b}$で表せ。

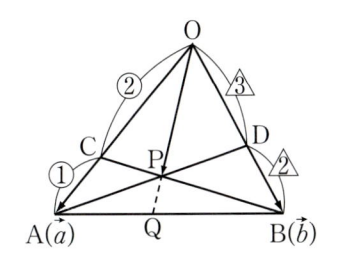

(2) 直線OPと辺ABの交点をQとするとき，AQ:QBを求めよ。

6 次の条件のとき，それぞれ△OABの面積Sを求めよ。　（各6点　計12点）

(1) $\vec{OA}=(5, 1)$，$\vec{OB}=(2, 3)$

(2) $|\vec{OA}|=5$，$|\vec{OB}|=4$，$\vec{OA}\cdot\vec{OB}=10$

7 平面上に，異なる2点A(1, 4)，B(3, 2)がある。A，Bの位置ベクトルをそれぞれ$\vec{a}$，$\vec{b}$とするとき，次の問いに答えよ。　　　　　　（各5点　計20点）

(1) 2点A，Bを通る直線のベクトル方程式を求め，媒介変数表示をせよ。

(2) A，Bを直径の両端とする円のベクトル方程式を求め，x，yの方程式で表せ。

4 空間座標とベクトル

80 空間座標

座標空間 座標が定められた空間。
点 P の座標 P(a, b, c)

座標平面に平行な平面

x 座標が a であり，y 座標，z 座標が任意の点の集合は，yz 平面に平行な平面となる。この平面は $x=a$ で表される。同様に，$y=b$, $z=c$ も考えることができる。

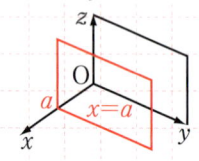

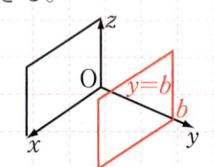

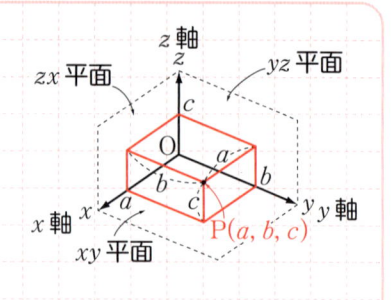

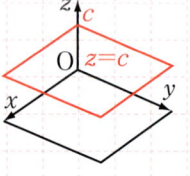

2点間の距離 2点 P(x_1, y_1, z_1), Q(x_2, y_2, z_2) に対して

$$PQ=\sqrt{(x_2-x_1)^2+(y_2-y_1)^2+(z_2-z_1)^2} \quad 特に \quad OP=\sqrt{x_1{}^2+y_1{}^2+z_1{}^2}$$

81 空間ベクトル

空間ベクトル 平面で考えたベクトル $\overrightarrow{AB}$ をそのまま空間内で考える。
このとき，平面で学んだベクトルの性質はそのまま使える。

空間ベクトルの基本ベクトル 空間座標内で3点
E$_1(1, 0, 0)$, E$_2(0, 1, 0)$, E$_3(0, 0, 1)$ を考える。
$\vec{e_1}=\overrightarrow{OE_1}$, $\vec{e_2}=\overrightarrow{OE_2}$, $\vec{e_3}=\overrightarrow{OE_3}$ を x 軸，y 軸，z 軸の**基本ベクトル**という。

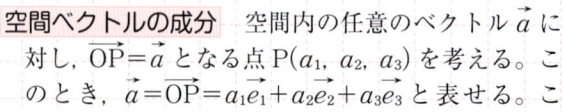

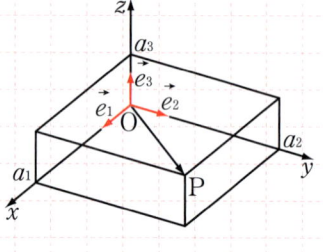

空間ベクトルの成分 空間内の任意のベクトル $\vec{a}$ に対し，$\overrightarrow{OP}=\vec{a}$ となる点 P(a_1, a_2, a_3) を考える。このとき，$\vec{a}=\overrightarrow{OP}=a_1\vec{e_1}+a_2\vec{e_2}+a_3\vec{e_3}$ と表せる。これを $\vec{a}$ の基本ベクトル表示という。そして，a_1, a_2, a_3 をそれぞれ **x 成分，y 成分，z 成分**という。また，$\vec{a}$ を $\vec{a}=(a_1, a_2, a_3)$ とかき，これを $\vec{a}$ の**成分表示**という。

82 ベクトルの内積

空間ベクトルの内積 ($\vec{a} \neq \vec{0}$, $\vec{b} \neq \vec{0}$ とする)
$\vec{a}$ と $\vec{b}$ の内積は $\vec{a} \cdot \vec{b} = |\vec{a}||\vec{b}|\cos\theta$ (ただし，θ は $\vec{a}$ と $\vec{b}$ のなす角)

内積の基本性質と計算方法
① $\vec{a} \cdot \vec{b} = \vec{b} \cdot \vec{a}$ ② $-|\vec{a}||\vec{b}| \leq \vec{a} \cdot \vec{b} \leq |\vec{a}||\vec{b}|$ ③ $\vec{a} \cdot \vec{a} = |\vec{a}|^2$
④ $\vec{a} \cdot (\vec{b}+\vec{c}) = \vec{a} \cdot \vec{b} + \vec{a} \cdot \vec{c}$, $(\vec{a}+\vec{b}) \cdot \vec{c} = \vec{a} \cdot \vec{c} + \vec{b} \cdot \vec{c}$
⑤ $k(\vec{a} \cdot \vec{b}) = (k\vec{a}) \cdot \vec{b} = \vec{a} \cdot (k\vec{b})$ (k は実数)
⑥ $|\vec{a}+\vec{b}|^2 = |\vec{a}|^2 + 2\vec{a} \cdot \vec{b} + |\vec{b}|^2$ $|\vec{a}-\vec{b}|^2 = |\vec{a}|^2 - 2\vec{a} \cdot \vec{b} + |\vec{b}|^2$
⑦ $(\vec{a}+\vec{b}) \cdot (\vec{a}-\vec{b}) = |\vec{a}|^2 - |\vec{b}|^2$

空間ベクトルの内積と成分表示 $\vec{a}=(a_1, a_2, a_3)$, $\vec{b}=(b_1, b_2, b_3)$ のとき
① $\vec{a} \cdot \vec{b} = a_1b_1 + a_2b_2 + a_3b_3$ ② $\vec{a} \perp \vec{b} \iff \vec{a} \cdot \vec{b} = a_1b_1 + a_2b_2 + a_3b_3 = 0$
③ $\cos\theta = \dfrac{\vec{a} \cdot \vec{b}}{|\vec{a}||\vec{b}|} = \dfrac{a_1b_1+a_2b_2+a_3b_3}{\sqrt{a_1{}^2+a_2{}^2+a_3{}^2}\sqrt{b_1{}^2+b_2{}^2+b_3{}^2}}$

218 [対称点] **80 空間座標**

点 P(2, 4, 3) について，次のものを求めよ。

(1) 点 P の xy 平面に関する対称点 Q の座標

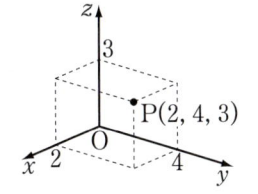

(2) 点 P の z 軸に関する対称点 R の座標

(3) 線分 QR の長さを求めよ。

---

219 [空間ベクトルの成分①] **81 空間ベクトル**

$\vec{a}=(1, 1, 0)$, $\vec{b}=(1, 0, 1)$, $\vec{c}=(0, 1, 1)$ のとき，$\vec{p}=(1, 4, -1)$ を $\vec{p}=l\vec{a}+m\vec{b}+n\vec{c}$ の形で表せ。

---

220 [内積と成分表示①] **82 ベクトルの内積**

△OAB において，$\overrightarrow{OA}=\vec{a}=(2, 2, 0)$, $\overrightarrow{OB}=\vec{b}=(1, 2, -1)$ とするとき，次の問いに答えよ。

(1) $\overrightarrow{OA}$ と $\overrightarrow{OB}$ のなす角 θ を求めよ。

(2) △OAB の面積 S を求めよ。

ガイド

なにをする？

・点 P(a, b, c) とする。
xy 平面に関して対称な点の座標は
Q$(a, b, -c)$
z 軸に関して対称な点の座標は
R$(-a, -b, c)$

・2 点 (x_1, y_1, z_1), (x_2, y_2, z_2) 間の距離は
$\sqrt{(x_2-x_1)^2+(y_2-y_1)^2+(z_2-z_1)^2}$

★ヒラメキ★

空間ベクトル
→平面ベクトルと同様。
ただ，z 成分が増えるだけ。

なにをする？

空間ベクトルの場合，$\vec{0}$ でなく，始点をそろえたとき同一平面上にない 3 つのベクトル $\vec{a}, \vec{b}, \vec{c}$ を使って，すべてのベクトル $\vec{p}$ は $\vec{p}=l\vec{a}+m\vec{b}+n\vec{c}$ の形で 1 通りに表される。

★ヒラメキ★

ベクトルの内積の性質
→空間ベクトルの性質は平面ベクトルの性質と同じ

なにをする？

$\cos\theta=\dfrac{\vec{a}\cdot\vec{b}}{|\vec{a}||\vec{b}|}$

・成分計算において，z 成分が増えていることに注意。

ガイドなしでやってみよう！

221 [2点間の距離]

3点 A(2, 4, −2), B(3, 0, 1), C(−1, 3, 2) から等距離にある xy 平面上の点 D の座標を求めよ。

222 [平行六面体とベクトル]

平行六面体 ABCD-EFGH において，$\overrightarrow{AB}=\vec{a}$，$\overrightarrow{AD}=\vec{b}$，$\overrightarrow{AE}=\vec{c}$ とするとき，次のベクトルを $\vec{a}$，$\vec{b}$，$\vec{c}$ で表せ。

(1) $\overrightarrow{AG}$
(2) $\overrightarrow{EC}$
(3) $\overrightarrow{HB}$

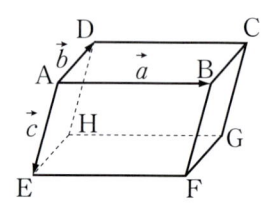

223 [空間ベクトルの成分②]

$\vec{a}=(2,\ -3,\ 4)$，$\vec{b}=(1,\ 3,\ -2)$ のとき，次の問いに答えよ。

(1) $2\vec{a}-\vec{b}$ を成分で表せ。

(2) $3\vec{x}-\vec{b}=2\vec{a}+3\vec{b}+\vec{x}$ を満たす $\vec{x}$ を成分で表せ。また，$\vec{x}$ と同じ向きの単位ベクトルを成分で表せ。

224 [空間ベクトルの成分③]

3点 A(1, 2, −1), B(3, 4, 2), C(5, 8, 4) がある。四角形 ABCD が平行四辺形となるように，点 D の座標を定めよ。

225 [空間ベクトルの内積]

1辺の長さ1の立方体 ABCD-EFGH において，次の内積を求めよ。

(1) $\vec{AC} \cdot \vec{AE}$

(2) $\vec{AC} \cdot \vec{AF}$

(3) $\vec{AC} \cdot \vec{AG}$

(4) $\vec{AB} \cdot \vec{EC}$

226 [内積と成分表示②]

$\vec{a}=(2,\ 1,\ 1)$，$\vec{b}=(-1,\ 1,\ -2)$ について，次の問いに答えよ。

(1) $\vec{a}$ と $\vec{b}$ のなす角 θ を求めよ。

(2) $\vec{OA}=\vec{a}$，$\vec{OB}=\vec{b}$ で表される △OAB の面積 S を求めよ。

(3) $\vec{a}$ と $\vec{a}+t\vec{b}$ が垂直になるような実数 t の値を求めよ。

5 空間図形とベクトル

83 空間の位置ベクトル

位置ベクトル

空間においても平面と同様に位置ベクトルを定義することができ，$P(\vec{p})$ のように表すことにすると，次のような性質をもつ。

位置ベクトルの性質

$A(\vec{a})$，$B(\vec{b})$，$C(\vec{c})$ に対して

① $\overrightarrow{AB} = \vec{b} - \vec{a}$

② 線分 AB を $m:n$ に内分する点 $P(\vec{p})$，外分する点 $Q(\vec{q})$ は

$$\vec{p} = \frac{n\vec{a} + m\vec{b}}{m+n} \qquad \vec{q} = \frac{-n\vec{a} + m\vec{b}}{m-n} \quad (\text{ただし，} m \neq n)$$

③ △ABC の重心 $G(\vec{g})$ は $\vec{g} = \dfrac{\vec{a} + \vec{b} + \vec{c}}{3}$

④ 3 点 A，B，C が一直線上にあるとき，$\overrightarrow{AC} = k\overrightarrow{AB}$ となる実数 k が存在する。

$\vec{p} = s\vec{a} + t\vec{b} + u\vec{c}$ の表現の一意性

同一平面上にない 4 点 O，A，B，C に対して，$\overrightarrow{OA} = \vec{a}$，$\overrightarrow{OB} = \vec{b}$，$\overrightarrow{OC} = \vec{c}$ とする。

① $s\vec{a} + t\vec{b} + u\vec{c} = s'\vec{a} + t'\vec{b} + u'\vec{c} \Longleftrightarrow s = s'$，$t = t'$，$u = u'$

　特に　$s\vec{a} + t\vec{b} + u\vec{c} = \vec{0} \Longleftrightarrow s = t = u = 0$

② 任意のベクトル $\vec{p}$ は $\vec{p} = s\vec{a} + t\vec{b} + u\vec{c}$（$s, t, u$：実数）とただ 1 通りに表される。

84 空間ベクトルと図形

空間ベクトルと直線

異なる 2 点 $A(\vec{a})$，$B(\vec{b})$ について，直線 AB を表すベクトル方程式
直線 AB 上の動点を $P(\vec{p})$ とすると　$\overrightarrow{AP} = t\overrightarrow{AB}$
これは，$\vec{p} - \vec{a} = t(\vec{b} - \vec{a})$ より，$\vec{p} = (1-t)\vec{a} + t\vec{b}$ ともかける。
さらに，$s = 1 - t$ とおくと　$\vec{p} = s\vec{a} + t\vec{b} \quad (s+t=1)$

空間ベクトルと平面

一直線上にない異なる 3 点 $A(\vec{a})$，$B(\vec{b})$，$C(\vec{c})$ について，平面 ABC を表すベクトル方程式
平面 ABC 上の動点を $P(\vec{p})$ とすると　$\overrightarrow{AP} = t\overrightarrow{AB} + u\overrightarrow{AC}$
これは，$\vec{p} - \vec{a} = t(\vec{b} - \vec{a}) + u(\vec{c} - \vec{a})$ より，$\vec{p} = (1-t-u)\vec{a} + t\vec{b} + u\vec{c}$ ともかける。
さらに，$s = 1 - t - u$ とおくと　$\vec{p} = s\vec{a} + t\vec{b} + u\vec{c} \quad (s+t+u=1)$

85 空間ベクトルの応用

点 $P_0(\vec{p_0})$ を通り，$\vec{u}$ に平行な直線　（$\vec{u} \neq \vec{0}$ とする。）$\vec{u}$：方向ベクトル

この直線上の動点を $P(\vec{p})$，$\vec{p} = (x, y, z)$ とする。いま，$\vec{p_0} = (x_0, y_0, z_0)$，$\vec{u} = (a, b, c)$ とすると　$\overrightarrow{P_0P} /\!/ \vec{u} \Longleftrightarrow \overrightarrow{P_0P} = t\vec{u} \Longleftrightarrow \vec{p} - \vec{p_0} = t\vec{u} \Longleftrightarrow \vec{p} = \vec{p_0} + t\vec{u}$

つまり　$\begin{cases} x = x_0 + at \\ y = y_0 + bt \\ z = z_0 + ct \end{cases}$　t：媒介変数（パラメータ）

点 $C(\vec{c})$ を中心とする半径 r（>0）の球

この球面上の点を $P(\vec{p})$，$\vec{p} = (x, y, z)$ とする。いま，$\vec{c} = (x_0, y_0, z_0)$ とすると，
$|\overrightarrow{CP}| = r \Longleftrightarrow |\overrightarrow{CP}|^2 = r^2 \Longleftrightarrow \overrightarrow{CP} \cdot \overrightarrow{CP} = r^2$
となる。$\overrightarrow{CP} = (x - x_0,\ y - y_0,\ z - z_0)$ であるので
$(x - x_0)^2 + (y - y_0)^2 + (z - z_0)^2 = r^2$

> 点 $P_0(\vec{p_0})$ を通り $\vec{n}$ に垂直な平面 （$\vec{n} \neq \vec{0}$ とする。） $\vec{n}$：法線ベクトル
> この平面上の点を $P(\vec{p})$, $\vec{p}=(x, y, z)$ とする。いま，$\vec{p_0}=(x_0, y_0, z_0)$,
> $\vec{n}=(a, b, c)$ とすると $\overrightarrow{P_0P} \perp \vec{n} \iff \overrightarrow{P_0P} \cdot \vec{n}=0 \iff (\vec{p}-\vec{p_0}) \cdot \vec{n}=0$
> つまり $a(x-x_0)+b(y-y_0)+c(z-z_0)=0$

227 ［内分点・外分点②］ **83 空間の位置ベクトル**

2点 $A(-5, -2, 3)$, $B(5, 8, -7)$ について，線分 AB を $3:2$ に内分する点 P と外分する点 Q の座標を求めよ。

★ヒラメキ★
内分・外分 → 分ける点

なにをする？
$A(\vec{a})$, $B(\vec{b})$ を $m:n$ に分ける点を表す位置ベクトルは
$$\frac{n\vec{a}+m\vec{b}}{m+n}$$
内分のとき $m>0$, $n>0$
外分のとき $mn<0$

228 ［空間ベクトルと平面①］ **84 空間ベクトルと図形**

3点 $A(1, -2, 3)$, $B(2, -1, 2)$, $C(5, -1, 1)$ がある。点 $P(x, x, x)$ が平面 ABC 上にあるとき，x を求めよ。

★ヒラメキ★
A, B, C, P が同一平面上

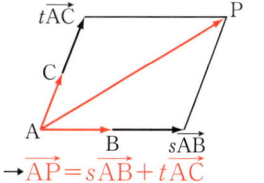

→ $\overrightarrow{AP}=s\overrightarrow{AB}+t\overrightarrow{AC}$

なにをする？
$\overrightarrow{AP}=s\overrightarrow{AB}+t\overrightarrow{AC}$ を成分で表して，x を求める。

229 ［平面の方程式］ **85 空間ベクトルの応用**

点 $A(1, 3, 4)$ を通り，法線ベクトルが $\vec{n}=(2, -3, 1)$ である平面の方程式を求めよ。

★ヒラメキ★
平面 → $\overrightarrow{AP} \cdot \vec{n}=0$

なにをする？
$\overrightarrow{AP} \cdot \vec{n}=0$ を成分で計算すればよい。

ガイドなしでやってみよう！

230 [内分・外分，成分と大きさ]
2点 A(1, 2, −3)，B(4, 5, 0) について，次の問いに答えよ。
(1) 線分 AB を 2：1 に内分する点 P，外分する点 Q の座標を求めよ。

(2) (1)で求めた2点 P，Q で，$\overrightarrow{PQ}$ の成分と大きさを求めよ。

231 [位置ベクトルの利用]
四面体 OABC において，辺 OA，AB，BC，CO の中点をそれぞれ P，Q，R，S とするとき，次の事柄を証明せよ。
(1) 四角形 PQRS は平行四辺形である。

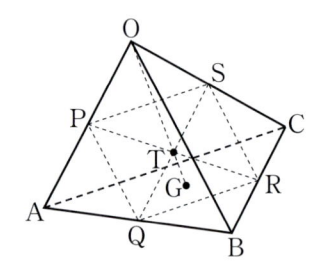

(2) 平行四辺形 PQRS の対角線の交点を T，△ABC の重心を G とするとき，3点 O，T，G は一直線上にある。

232 [空間ベクトルと平面②]

空間に4点 A, B, C, P があり，それらの位置ベクトルをそれぞれ $\vec{a}$, $\vec{b}$, $\vec{c}$, $\vec{p}$ とする。4点が $\overrightarrow{OP}+\overrightarrow{AP}+2\overrightarrow{BP}+3\overrightarrow{CP}=\vec{0}$ を満たすとき，次の問いに答えよ。

(1) $\vec{p}$ を $\vec{a}$, $\vec{b}$, $\vec{c}$ で表せ。

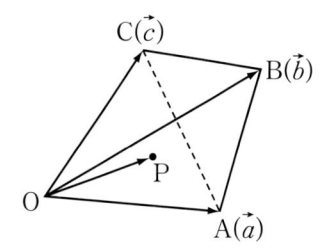

(2) OP の延長が，平面 ABC と交わる点を Q($\vec{q}$) とするとき，$\vec{q}$ を $\vec{a}$, $\vec{b}$, $\vec{c}$ で表せ。

233 [垂線の足]

3点 A(1, 0, 0), B(0, 2, 0), C(0, 0, 3) のとき，次の問いに答えよ。

(1) 平面 ABC の方程式を求めよ。

(2) 点 D(5, 5, 5) から平面 ABC に垂線 DH を下ろしたとき，点 H の座標を求めよ。

定期テスト対策問題

目標点　60点
制限時間　50分

1 $\vec{a}=(2, -3, 6)$, $\vec{b}=(1, 3, -4)$ のとき，次の問いに答えよ。

(各5点　計20点)

(1) $\vec{a}+2\vec{b}$ を成分で表せ。また，その大きさを求めよ。

(2) $\vec{a}$ と同じ向きの単位ベクトルを求めよ。

(3) $5\vec{x}-\vec{a}=2\vec{a}+3\vec{b}+2\vec{x}$ を満たす $\vec{x}$ を成分で表せ。

2 $\vec{a}=(-2, 1, -1)$, $\vec{b}=(1, 0, 1)$ について，次の問いに答えよ。

(各8点　計16点)

(1) $\vec{a}$ と $\vec{b}$ のなす角 θ を求めよ。

(2) $\overrightarrow{OA}=\vec{a}$, $\overrightarrow{OB}=\vec{b}$ とするとき，△OAB の面積 S を求めよ。

3 $\vec{a}=(-3, 5, -1)$, $\vec{b}=(2, -1, 1)$ のとき，$\vec{p}=\vec{a}+t\vec{b}$ について，次の問いに答えよ。

(各9点　計18点)

(1) $|\vec{p}|$ の最小値とそのときの t の値 t_0 を求めよ。

(2) (1)で求めた t_0 について，$\vec{a}+t_0\vec{b}$ と $\vec{b}$ が垂直であることを証明せよ。

4 空間ベクトル $\vec{a}$, $\vec{b}$ において，$|\vec{a}|=3$，$|\vec{b}|=2$，$|\vec{a}-\vec{b}|=\sqrt{19}$ のとき次の問いに答えよ。

(各6点 計18点)

(1) $\vec{a}\cdot\vec{b}$ を求めよ。

(2) $\vec{a}$ と $\vec{b}$ のなす角 θ を求めよ。

(3) $\vec{a}+t\vec{b}$ と $\vec{a}-\vec{b}$ が垂直になるように，実数 t の値を定めよ。

5 四面体 OABC と点 P が $3\overrightarrow{AP}+2\overrightarrow{BP}+\overrightarrow{CP}=\vec{0}$ を満たすとき，点 P と四面体 OABC の位置関係を調べよ。

(10点)

6 2点 A(1, −2, 3), B(3, 2, 5) について，次の問いに答えよ。

(各6点 計18点)

(1) 2点 A，B を通る直線の方程式を媒介変数 t を使って表せ。

(2) 点 A を通り $\overrightarrow{OB}$ に垂直な平面の方程式を求めよ。

(3) 2点 A，B を直径の両端とする球の方程式を求めよ。

第7章 ベクトル

定期テスト対策問題 ── 131

デザイン	FACTORY
図版	㈲Y-Yard

シグマベスト
高校 やさしくわかりやすい
問題集 数学Ⅱ＋B

本書の内容を無断で複写(コピー)・複製・転載することは，著作者および出版社の権利の侵害となり，著作権法違反となりますので，転載等を希望される場合は前もって小社あて許諾を求めてください。

Ⓒ 松田親典　2015　　Printed in Japan

著　者　松田親典
発行者　益井英郎
印刷所　NISSHA 株式会社
発行所　株式会社　文英堂

〒601-8121　京都市南区上鳥羽大物町28
〒162-0832　東京都新宿区岩戸町17
（代表）03-3269-4231

●落丁・乱丁はおとりかえします。

Σ BEST シグマベスト

高校

やさしくわかりやすい問題集

数学 II＋B

解答集

文英堂

もくじ

数学 II

第1章　式と証明・複素数と方程式

1. 整式の乗法・除法　　4
2. 分数式・式と証明　　8
- 定期テスト対策問題　　12
3. 複素数と方程式　　14
4. 高次方程式　　18
- 定期テスト対策問題　　22

第2章　図形と方程式

1. 点と直線　　24
2. 円　　28
3. 軌跡と領域　　32
- 定期テスト対策問題　　36

第3章　三角関数

1. 三角関数　　38
2. 三角関数のグラフ　　42
3. 加法定理　　46
- 定期テスト対策問題　　50

第4章　指数関数・対数関数

1. 指数関数　　52
2. 対数関数　　56
- 定期テスト対策問題　　60

第5章　微分と積分

1. 微分係数と導関数(1)　　62
2. 微分係数と導関数(2)　　66
3. 導関数の応用(1)　　70
4. 導関数の応用(2)　　74
- 定期テスト対策問題　　78
5. 積分(1)　　80
6. 積分(2)　　84
- 定期テスト対策問題　　88

数学 B

第6章　数　列

1. 等差数列　　90
2. 等比数列と和の記号　　94
3. いろいろな数列　　98
4. 漸化式と数学的帰納法　　102
- 定期テスト対策問題　　106

第7章　ベクトル

1. 平面上のベクトル　　108
2. 内積と位置ベクトル　　112
3. 図形への応用・ベクトル方程式　　116
- 定期テスト対策問題　　120
4. 空間座標とベクトル　　122
5. 空間図形とベクトル　　126
- 定期テスト対策問題　　130

解答集の構成

　この解答集は，本冊の問題に解答を書きこんだように作ってあります。ページは本冊にそろえています。問題も掲載して，使いやすくしました。基本的に，解答に当たる部分は赤文字にしてあります。

ガイド には解答の手順を示す内容が書いてあるので，解答集にも載せてあります。解答と照らし合わせながら読み返すと，解答の流れがよくわかり，復習になります。

Point! には重要事項が書いてあるので，解答集にも載せてあります。解答を確認しているときに，公式を忘れたり，何の操作をしているのかな？と，まよったときには参考にしてください。

解答部分は赤字で示しました。答案のように書いてあります。

最終解答の部分は太くしました。答えだけを解答する問題では，この部分だけ書けばいいことになります。しかし，数学の問題は解答を導くまでの過程がとても大切です。そのことを忘れないようにしてください。

---

3 軌跡と領域

19 軌　跡

軌跡
平面上において，ある条件を満たしながら動く点 P の描く図形を，P の軌跡という。条件 C を満たす点の軌跡が図形 F である。

$\Longleftrightarrow$ ① 条件 C を満たすすべての点は図形 F 上にある。
② 図形 F 上のすべての点は，条件 C を満たす。

20 領　域

領域
x, y についての不等式を満たす点 (x, y) 全体の集合を，その不等式の表す領域という。

連立不等式の表す領域
連立不等式の表す領域は，それぞれの不等式の表す領域の共通部分である。

21 領域のいろいろな問題

領域と最大・最小
領域内の点 $P(x, y)$ に対して，x, y の式の最大値，最小値を求めるとき，y の式を k とおき，図形を使って考える。

---

75 ［2点から等距離にある点］ **19 軌　跡**
2点 $A(-2, 1)$，$B(3, 4)$ からの距離が等しい点 P の軌跡を求めよ。

点 $P(x, y)$ とおくと，P の満たす条件は　$AP = BP$
両辺は負でないので，両辺を 2 乗して　$AP^2 = BP^2$
$(x+2)^2 + (y-1)^2 = (x-3)^2 + (y-4)^2$
整理して，$10x + 6y = 20$ より　$5x + 3y = 10$
求める軌跡は，**直線 $5x + 3y = 10$** …圏

76 ［2点からの距離の比が一定である点］ **19 軌　跡**
原点 O と点 $A(6, 0)$ に対して，$OP : AP = 2 : 1$ となる点 P の軌跡を求めよ。

点 $P(x, y)$ とおく。
$OP : AP = 2 : 1$ より　$2AP = OP$
両辺は負でないので，両辺を 2 乗して　$4AP^2 = OP^2$
$4\{(x-6)^2 + y^2\} = x^2 + y^2$
整理して　$x^2 - 16x + y^2 + 48 = 0$
よって　$(x-8)^2 + y^2 = 16$
したがって，求める軌跡は**点 $(8, 0)$ を中心とする半径 4 の円**である。…圏

ガイド

★ヒラメキ★
軌跡 → 条件に適する x, y の方程式を求める

なにをする？
・$P(x, y)$ とおく。
・与えられた条件を x, y で表す。
・式を整理して，表す図形を読み取る。
・移動条件は $AP = BP$

なにをする？
・与えられた条件より
　$OP : AP = 2 : 1$

32 ── 第 2 章　図形と方程式

ガイドなしでやってみよう！

5 [展開の公式②]
次の式を展開せよ。
(1) $(3x+2y)^3$ ← $(a+b)^3=a^3+3a^2b+3ab^2+b^3$
$=(3x)^3+3(3x)^2(2y)+3(3x)\cdot(2y)^2+(2y)^3$
$=27x^3+54x^2y+36xy^2+8y^3$ …答

(2) $(2x-3y)(4x^2+6xy+9y^2)$ ← $(a-b)(a^2+ab+b^2)=a^3-b^3$
$=(2x-3y)\{(2x)^2+(2x)\cdot(3y)+(3y)^2\}$ ← 公式にあてはまっている
$=(2x)^3-(3y)^3$
$=8x^3-27y^3$ …答

(3) $(x+2)(x+3)(x\quad\;)$ ← $(x+a)(x+b)(x+c)=x^3+(a+b+c)x^2+(ab$
$=x^3+(2+3-\quad$
$=x^3+x^2-14x$

6 [因数分解]
次の式を因数分解
(1) x^3-64
$=x^3-4^3$
$=(x-4)(x^2+$

(2) $54x^3+16y^3$
$=2(27x^3+8y^3$
$=2(3x+2y)\{($
$=2(3x+2y)(9$

(3) $8a^3-12a^2b+$
$=(2a)^3-3\cdot(2a$
$=(2a-b)^3$ …

ガイドなしでやってみよう！

定期テスト対策問題

これらには，Point やガイドがないので，解答の補注をたくさんつけました。解答を見直しているときにわからないところが出てきたら，参考にしてください。

補注で示した部分には，その問題の解答に関することだけではなく，一般的な内容や公式も書いてありますので，ぜひ他の問題を解くときにも参考にしてください。

定期テスト対策問題

目標点 60点
制限時間 50分

1 次の問いに答えよ。 ← 19 22 23 24 （各7点 計21点）

(1) $\dfrac{1+i}{2-i}+\dfrac{1-i}{2+i}$ を計算せよ。

$\dfrac{1+i}{2-i}+\dfrac{1-i}{2+i}=\dfrac{(1+i)(2+i)}{(2-i)(2+i)}+\dfrac{(1-i)(2-i)}{(2+i)(2-i)}=\dfrac{2+3i+i^2}{4-i^2}+\dfrac{2-3i+i^2}{4-i^2}=$ …答

(2) $(2+3i)x+(2-i)y=4+2i$ を満たす実数 x, y を求めよ。
$(2+3i)x+(2-i)y=4+2i$ より $(2x+2y)+(3x-y)i=4+2i$
$2x+2y$, $3x-y$ は実数なので $2x+2y=4$, $3x-y=2$
これを解いて $x=1$, $y=1$ …答

(3) $\alpha=1+2i$ のとき，$\alpha^2+(\overline{\alpha})^2$ の値を求めよ。
$\alpha^2+(\overline{\alpha})^2=(1+2i)^2+(1-2i)^2$
$=(1+4i+4i^2)+(1-4i+4i^2)=(-3+4i)+(-3-4i)=-6$ …答

2 2次方程式 $x^2-kx+k=0$ （k は実数）の解を判別せよ。 ← 25 26 （8点）

この2次方程式の判別式を D とすると
$D=k^2-4k=k(k-4)$

答 $\begin{cases} k<0, \; 4<k \text{ のとき，異なる2つの実数解} & ← D>0 \\ k=0, \; 4 \text{ のとき，重解} & ← D=0 \\ 0<k<4 \text{ のとき，異なる2つの虚数解} & ← D<0 \end{cases}$

3 2次方程式 $x^2-3x+4=0$ の2つの解を α, β とするとき，次の値を求めよ。 ← 21 27 （各7点 計28点）
$x^2-(\alpha+\beta)x+\alpha\beta=0$

(1) $\alpha+\beta$
$=3$ …答

(2) $\alpha\beta$
$=4$ …答

(3) $\alpha^2+\beta^2$
$=(\alpha+\beta)^2-2\alpha\beta=3^2-2\cdot4=1$ …答

(4) $\alpha^4+\beta^4$
$=(\alpha^2+\beta^2)^2-2\alpha^2\beta^2$
$=1^2-2\cdot4^2=-31$ …答

4 2次方程式 $x^2-2x+4=0$ の2つの解を α, β とするとき，2つの数 $\alpha+1$, $\beta+1$ を解にもつ2次方程式を1つ作れ。 ← 28 （8点）
解と係数の関係により $\alpha+\beta=2$, $\alpha\beta=4$
（2数の和）$=(\alpha+1)+(\beta+1)=\alpha+\beta+2=4$
（2数の積）$=(\alpha+1)(\beta+1)=\alpha\beta+\alpha+\beta+1=7$
よって，求める2次方程式の1つは $x^2-4x+7=0$ …答

22 —— 第1章 式と証明・複素数と方程式

第1章 式と証明・複素数と方程式

1 整式の乗法・除法

1 整式の乗法

↓左右を見比べて覚えよう→

(数学Ⅰで学んだ) 2次の乗法公式

① $(a+b)^2 = a^2+2ab+b^2$
  $(a-b)^2 = a^2-2ab+b^2$
② $(a+b)(a-b) = a^2-b^2$
③ $(x+a)(x+b) = x^2+(a+b)x+ab$
④ $(ax+b)(cx+d)$
  $= acx^2+(ad+bc)x+bd$
⑤ $(a+b+c)^2$
  $= a^2+b^2+c^2+2ab+2bc+2ca$

3次の乗法公式

⑥ $(a+b)^3 = a^3+3a^2b+3ab^2+b^3$
  $(a-b)^3 = a^3-3a^2b+3ab^2-b^3$
⑦ $(a+b)(a^2-ab+b^2) = a^3+b^3$
⑧ $(a-b)(a^2+ab+b^2) = a^3-b^3$
○ $(x+a)(x+b)(x+c)$
  $= x^3+(a+b+c)x^2$
  $+(ab+bc+ca)x+abc$

2 整式の因数分解

(数学Ⅰで学んだ) 因数分解

○ $ma+mb = m(a+b)$
① $a^2+2ab+b^2 = (a+b)^2$
  $a^2-2ab+b^2 = (a-b)^2$
② $a^2-b^2 = (a+b)(a-b)$
③ $x^2+(a+b)x+ab = (x+a)(x+b)$
④ $acx^2+(ad+bc)x+bd$
  $= (ax+b)(cx+d)$
⑤ $a^2+b^2+c^2+2ab+2bc+2ca$
  $= (a+b+c)^2$

3次式の因数分解

⑥ $a^3+3a^2b+3ab^2+b^3 = (a+b)^3$
  $a^3-3a^2b+3ab^2-b^3 = (a-b)^3$
⑦ $a^3+b^3 = (a+b)(a^2-ab+b^2)$
⑧ $a^3-b^3 = (a-b)(a^2+ab+b^2)$
○ $a^3+b^3+c^3-3abc$
  $= (a+b+c)$
  $\times(a^2+b^2+c^2-ab-bc-ca)$

3 二項定理

パスカルの三角形

$n=1, 2, 3, 4, \cdots$ のとき，$(a+b)^n$ を展開すると

$(a+b)^0 = 1$　　　　　　　　　　$n=0$　　　　　1
$(a+b)^1 = a+b$　　　　　　　　 $n=1$　　　　 1　1
$(a+b)^2 = a^2+2ab+b^2$　　　　　$n=2$　　　 1　2　1
$(a+b)^3 = a^3+3a^2b+3ab^2+b^3$　$n=3$　　1　3　3　1
$(a+b)^4 = a^4+4a^3b+6a^2b^2+4ab^3+b^4$　$n=4$　1　4　6　4　1
　　　　　⋮　　　　　　　　　　　　　　　⋮　　　　　⋮

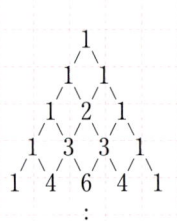

二項定理

$(a+b)^n = {}_nC_0 a^n + {}_nC_1 a^{n-1}b + {}_nC_2 a^{n-2}b^2 + \cdots$
$\qquad + {}_nC_r a^{n-r}b^r + \cdots + {}_nC_{n-1} ab^{n-1} + {}_nC_n b^n$

4 整式の除法

整式 A を整式 B で割ったときの，商を Q，余りを R とすると
　$A = B \times Q + R$　（R の次数 $<$ B の次数，または $R=0$）
特に，$R=0$ のとき，$A = B \times Q$ となり，A は B で割り切れるという。

1 [展開の公式①] ❶整式の乗法

次の式を展開せよ。

(1) $(x-1)^3$
$= x^3 - 3x^2 + 3x - 1$ …答

(2) $(x-2y)(x^2+2xy+4y^2)$
$= (x-2y)\{x^2 + x(2y) + (2y)^2\}$
$= x^3 - (2y)^3 = x^3 - 8y^3$ …答

(3) $(x+2y)^3$
$= x^3 + 3x^2(2y) + 3x(2y)^2 + (2y)^3$
$= x^3 + 6x^2y + 12xy^2 + 8y^3$ …答

2 [因数分解の公式] ❷整式の因数分解

次の式を因数分解せよ。

(1) $x^3 + 8y^3$
$= x^3 + (2y)^3 = (x+2y)\{x^2 - x(2y) + (2y)^2\}$
$= (x+2y)(x^2 - 2xy + 4y^2)$ …答

(2) $x^3 + 9x^2 + 27x + 27$
$= x^3 + 3x^2 \cdot 3 + 3x \cdot 3^2 + 3^3$
$= (x+3)^3$ …答

3 [1次式の4乗の展開] ❸二項定理

$(x+2)^4$ を展開せよ。
$= x^4 + 4x^3 \cdot 2 + 6x^2 \cdot 2^2 + 4x \cdot 2^3 + 2^4$
$= x^4 + 8x^3 + 24x^2 + 32x + 16$ …答

4 [整式の除法①] ❹整式の除法

$(x^3 - 6x^2 + 9x - 7) \div (x^2 - 2x + 3)$ の商と余りを求めよ。

$$
\begin{array}{r}
x - 4 \\
x^2-2x+3 \overline{\smash{)}\, x^3 - 6x^2 + 9x - 7} \\
\underline{x^3 - 2x^2 + 3x} \\
-4x^2 + 6x - 7 \\
\underline{-4x^2 + 8x - 12} \\
-2x + 5
\end{array}
$$

よって　商 $x-4$，余り $-2x+5$ …答

ガイド

★ヒラメキ★
整式の乗法
→公式による展開

なにをする？
どの公式にあてはまるか考える。
(1) $(a-b)^3$
$= a^3 - 3a^2b + 3ab^2 - b^3$
(2) $(a-b)(a^2+ab+b^2)$
$= a^3 - b^3$
(3) $(a+b)^3$
$= a^3 + 3a^2b + 3ab^2 + b^3$

★ヒラメキ★
整式の因数分解
→公式による因数分解

なにをする？
・どの公式にあてはまるか考える。
・乗法の公式の逆が，因数分解の公式。

★ヒラメキ★
$(a+b)^n$ の展開
→パスカルの三角形

なにをする？
パスカルの三角形をかいてみる。

★ヒラメキ★
整式の除法
→割り算を実行

なにをする？
数の割り算と同じようだが，整式の場合は次数の高いところから割り算をする。

第1章 式と証明・複素数と方程式

ガイドなしでやってみよう！

5 [展開の公式②]

次の式を展開せよ。

(1) $(3x+2y)^3$ ← $(a+b)^3=a^3+3a^2b+3ab^2+b^3$
 $=(3x)^3+3(3x)^2(2y)+3(3x)\cdot(2y)^2+(2y)^3$
 $=\boldsymbol{27x^3+54x^2y+36xy^2+8y^3}$ …答

(2) $(2x-3y)(4x^2+6xy+9y^2)$ ← $(a-b)(a^2+ab+b^2)=a^3-b^3$
 $=(2x-3y)\{(2x)^2+(2x)\cdot(3y)+(3y)^2\}$ ← 公式にあてはまっているか確かめよう
 $=(2x)^3-(3y)^3$
 $=\boldsymbol{8x^3-27y^3}$ …答

(3) $(x+2)(x+3)(x-4)$ ← $(x+a)(x+b)(x+c)=x^3+(a+b+c)x^2+(ab+bc+ca)x+abc$
 $=x^3+(2+3-4)x^2+\{2\cdot3+3\cdot(-4)+(-4)\cdot2\}x+2\cdot3\cdot(-4)$
 $=\boldsymbol{x^3+x^2-14x-24}$ …答

6 [因数分解]

次の式を因数分解せよ。

(1) x^3-64 ← $a^3-b^3=(a-b)(a^2+ab+b^2)$
 $=x^3-4^3$
 $=\boldsymbol{(x-4)(x^2+4x+16)}$ …答

(2) $54x^3+16y^3$ ← まずは共通因数でくくる
 $=2(27x^3+8y^3)=2\{(3x)^3+(2y)^3\}$ ← $a^3+b^3=(a+b)(a^2-ab+b^2)$
 $=2(3x+2y)\{(3x)^2-(3x)(2y)+(2y)^2\}$
 $=\boldsymbol{2(3x+2y)(9x^2-6xy+4y^2)}$ …答

(3) $8a^3-12a^2b+6ab^2-b^3$
 $=(2a)^3-3\cdot(2a)^2\cdot b+3(2a)\cdot b^2-b^3$ ← $a^3-3a^2b+3ab^2-b^3=(a-b)^3$
 $=\boldsymbol{(2a-b)^3}$ …答

(4) x^6-64
 $=(x^3)^2-(2^3)^2$ ← $A^2-B^2=(A+B)(A-B)$
 $=(x^3+2^3)(x^3-2^3)$
 $=(x+2)(x^2-x\cdot2+2^2)(x-2)(x^2+x\cdot2+2^2)$
 $=(x+2)(x^2-2x+4)(x-2)(x^2+2x+4)$
 $=\boldsymbol{(x+2)(x-2)(x^2-2x+4)(x^2+2x+4)}$ …答

7 [パスカルの三角形による展開]

次の式を展開せよ。

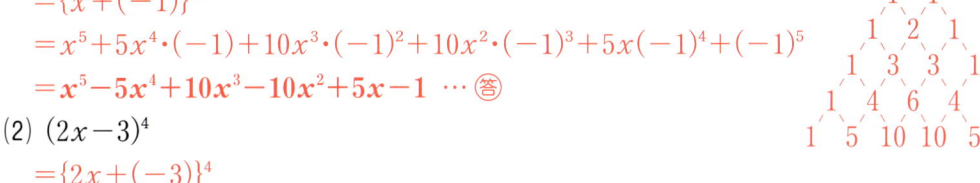

(1) $(x-1)^5$ ← パスカルの三角形

$= \{x+(-1)\}^5$
$= x^5+5x^4\cdot(-1)+10x^3\cdot(-1)^2+10x^2\cdot(-1)^3+5x(-1)^4+(-1)^5$
$= \boldsymbol{x^5-5x^4+10x^3-10x^2+5x-1}$ …㈎

```
        1
       1 1
      1 2 1
     1 3 3 1
    1 4 6 4 1
   1 5 10 10 5 1
```

(2) $(2x-3)^4$

$= \{2x+(-3)\}^4$
$= (2x)^4+4(2x)^3\cdot(-3)+6(2x)^2\cdot(-3)^2+4(2x)\cdot(-3)^3+(-3)^4$
$= \boldsymbol{16x^4-96x^3+216x^2-216x+81}$ …㈎

8 [二項定理] ← $(a+b)^n = {}_nC_0 a^n + {}_nC_1 a^{n-1}b + {}_nC_2 a^{n-2}b^2 + \cdots + {}_nC_r a^{n-r}b^r + \cdots + {}_nC_n b^n$

次の式の展開式における，[ ]内の項の係数を求めよ。

(1) $(3x-2y)^6$ $[x^2y^4]$

$(3x-2y)^6$ の展開式の一般項は ← ${}_nC_r a^{n-r}b^r$

${}_6C_r(3x)^{6-r}\cdot(-2y)^r = {}_6C_r\cdot 3^{6-r}\cdot(-2)^r\cdot x^{6-r}y^r$ ← $a=3x,\ b=-2y$

x^2y^4 の項は，$r=4$ のときであるので，その係数は

${}_6C_4\cdot 3^2\cdot(-2)^4 = {}_6C_2\cdot 3^2\cdot(-2)^4 = \dfrac{6\cdot 5}{2\cdot 1}\cdot 9\cdot 16 = \boldsymbol{2160}$ …㈎

↑ ${}_nC_r = {}_nC_{n-r}$

(2) $\left(x^2-\dfrac{1}{x}\right)^7$ $[x^2]$

x の累乗の部分は $\dfrac{x^{14-2r}}{x^r}=x^{14-3r}$

$\left(x^2-\dfrac{1}{x}\right)^7$ の展開式の一般項は ${}_7C_r(x^2)^{7-r}\cdot\left(-\dfrac{1}{x}\right)^r = (-1)^r\cdot{}_7C_r\cdot x^{14-3r}$

x^{14-3r} が x^2 となるのは，$14-3r=2$ より，$r=4$ のときである。

よって，x^2 の係数は

$(-1)^4\cdot{}_7C_4 = {}_7C_3 = \dfrac{7\cdot 6\cdot 5}{3\cdot 2\cdot 1} = \boldsymbol{35}$ …㈎

↑ ${}_nC_r = {}_nC_{n-r}$

9 [整式の除法②]

$A=2x^3+3x^2-4x-5,\ B=x^2+2x-3$ について，$A\div B$ の商を Q，余りを R とするとき，$A=BQ+R$ の等式で表せ。

$$
\begin{array}{r}
2x-1 \\
x^2+2x-3\overline{)2x^3+3x^2-4x-5} \\
\underline{2x^3+4x^2-6x} \\
-x^2+2x-5 \\
\underline{-x^2-2x+3} \\
4x-8
\end{array}
$$

したがって $\boldsymbol{2x^3+3x^2-4x-5 = (x^2+2x-3)(2x-1)+4x-8}$ …㈎

2 分数式・式と証明

5 分数式の計算

分数式の計算と約分

① $\dfrac{A}{B} = \dfrac{AC}{BC}$ $(C \neq 0)$ ② $\dfrac{AD}{BD} = \dfrac{A}{B}$ （約分）

分数式の四則計算

① $\dfrac{A}{B} \times \dfrac{C}{D} = \dfrac{AC}{BD}$ ② $\dfrac{A}{B} \div \dfrac{C}{D} = \dfrac{A}{B} \times \dfrac{D}{C} = \dfrac{AD}{BC}$

③ $\dfrac{A}{B} + \dfrac{C}{D} = \dfrac{AD+BC}{BD}$　$\dfrac{A}{B} - \dfrac{C}{D} = \dfrac{AD-BC}{BD}$

6 恒等式

等式 $\begin{cases} 方程式 \cdots 特定の値に対して成立する等式 \\ 恒等式 \cdots どのような値に対しても成立する等式 \end{cases}$

恒等式の性質

① $ax^2 + bx + c = a'x^2 + b'x + c'$ が x の恒等式である $\iff a=a'$, $b=b'$, $c=c'$
② $ax^2 + bx + c = 0$ が x の恒等式である $\iff a=0$, $b=0$, $c=0$

7 等式の証明

等式の証明の方法（$A = B$ の証明）

① A か B を変形して，他方を導く。
② A を変形して C を導き，B を変形して同じく C を導く。
③ $A - B$ を変形して 0 であることを示す。

ある条件の下での証明方法（$A = B$ の証明）

④ 条件式を使って文字を減らす。
⑤ 条件 $C = 0$ のもとで，$A - B$ を変形し C を因数にもつことを示す。
⑥ 条件式が比例式のとき，比例式 $= k$ などとおく。

8 不等式の証明

大小関係の基本性質

① $a > b$, $b > c \implies a > c$
② $a > b \implies a + c > b + c$, $a - c > b - c$
③ $a > b$, $c > 0 \implies ac > bc$, $\dfrac{a}{c} > \dfrac{b}{c}$　④ $a > b$, $c < 0 \implies ac < bc$, $\dfrac{a}{c} < \dfrac{b}{c}$
⑤ $a > b \iff a - b > 0$　　$a < b \iff a - b < 0$

相加平均と相乗平均の大小関係

$a > 0$, $b > 0$ のとき, $\dfrac{a+b}{2} \geqq \sqrt{ab}$　　等号は $a = b$ のとき成立する。

（相加平均）　　（相乗平均）

不等式の証明の方法

① 平方完成をして，（実数）$^2 \geqq 0$ を用いる。
　　　（A が実数のとき　$A^2 \geqq 0$　　等号成立は $A = 0$ のとき。）
② 差を計算し，正であることを示す。（$A > B \iff A - B > 0$）
③ 両辺とも正または 0 のときは，平方したものどうしを比べてもよい。
　　　（$A > 0$, $B > 0$ で $A > B \iff A^2 > B^2$）

10 [分数式の和] 5 分数式の計算

分数式 $\dfrac{2}{x^2-3x+2}+\dfrac{1}{x^2-4}$ を計算せよ。

(与式) $=\dfrac{2}{(x-1)(x-2)}+\dfrac{1}{(x+2)(x-2)}$

$=\dfrac{2(x+2)+(x-1)}{(x-1)(x-2)(x+2)}=\dfrac{3x+3}{(x-1)(x-2)(x+2)}$

$=\dfrac{3(x+1)}{(x-1)(x-2)(x+2)}$ …答

★ヒラメキ★
分数式の和
→ 通分する

なにをする?
分母を因数分解して, 分母の最小公倍数で通分する。

11 [係数の決定①] 6 恒等式

等式 $x^2=a(x-2)^2+b(x-2)+c$ …①

が x についての恒等式となるように, 定数 a, b, c の値を定めよ。

等式①の両辺に, $x=1$, 2, 3 を代入して

$1=a-b+c$, $4=c$, $9=a+b+c$

この連立方程式を解いて $a=1$, $b=4$, $c=4$ …答

このとき, ①は恒等式となる。

数値を代入する方法を用いたときは, 成立することを確かめておく。

★ヒラメキ★
恒等式
→ どのような x の値に対しても成立する

なにをする?
両辺の x に計算しやすい値を3つ代入する。

12 [等式の証明] 7 等式の証明

等式 $(a^2+b^2)(c^2+d^2)=(ac+bd)^2+(ad-bc)^2$ を証明せよ。

[証明] (左辺) $=a^2c^2+a^2d^2+b^2c^2+b^2d^2$

(右辺) $=a^2c^2+2abcd+b^2d^2+a^2d^2-2abcd+b^2c^2$

$=a^2c^2+a^2d^2+b^2c^2+b^2d^2$

よって, (左辺)=(右辺) である。[証明終わり]

★ヒラメキ★
等式の証明
→ (左辺)=(右辺) を示す

なにをする?
(左辺)=C, (右辺)=C を示す。

13 [不等式の証明] 8 不等式の証明

不等式 $a^2+b^2 \geqq 2a+2b-2$ を証明せよ。また, 等号が成り立つ場合を求めよ。

[証明] (左辺)-(右辺)

$=a^2+b^2-2a-2b+2$

$=(a^2-2a+1)+(b^2-2b+1)$

$=(a-1)^2+(b-1)^2 \geqq 0$

したがって, $a^2+b^2 \geqq 2a+2b-2$ である。

等号は $a=1$, $b=1$ のとき成立する。[証明終わり]

★ヒラメキ★
不等式の証明
→ (左辺)-(右辺)$\geqq 0$ を示す

なにをする?
(実数)$^2 \geqq 0$ を作る。

第1章 式と証明・複素数と方程式

ガイドなしでやってみよう！

14 [分数式の計算]

次の分数式を計算せよ。

(1) $\dfrac{x^2+3x+2}{x^2+x+1} \div \dfrac{x^2+x-2}{x^3-1}$ ← $\dfrac{A}{B} \div \dfrac{C}{D} = \dfrac{A}{B} \times \dfrac{D}{C} = \dfrac{AD}{BC}$

$= \dfrac{x^2+3x+2}{x^2+x+1} \times \dfrac{x^3-1}{x^2+x-2} = \dfrac{(x+2)(x+1)}{x^2+x+1} \times \dfrac{(x-1)(x^2+x+1)}{(x+2)(x-1)} = \boldsymbol{x+1}$ …⑧

(2) $\dfrac{5}{x^2+x-6} - \dfrac{1}{x^2+5x+6}$ ← 通分する（分母は最小公倍数になる）

$= \dfrac{5}{(x+3)(x-2)} - \dfrac{1}{(x+3)(x+2)} = \dfrac{5(x+2)}{(x+3)(x-2)(x+2)} - \dfrac{x-2}{(x+3)(x+2)(x-2)}$

$= \dfrac{5x+10-(x-2)}{(x+3)(x-2)(x+2)} = \dfrac{4x+12}{(x+3)(x-2)(x+2)}$

$= \dfrac{4(x+3)}{(x+3)(x-2)(x+2)} = \dfrac{\boldsymbol{4}}{\boldsymbol{(x+2)(x-2)}}$ …⑧

(3) $1 - \dfrac{1}{1-\dfrac{1}{x}}$ 　　$\dfrac{1}{1-\dfrac{1}{x}} = \dfrac{1}{\dfrac{x-1}{x}} = 1 \div \dfrac{x-1}{x} = \dfrac{x}{x-1}$

$= 1 - \dfrac{x}{x-1} = \dfrac{x-1}{x-1} - \dfrac{x}{x-1} = \dfrac{-1}{x-1} = \boldsymbol{-\dfrac{1}{x-1}}$ …⑧

15 [係数の決定②]

次の等式が x についての恒等式になるように，定数 a，b，c の値を定めよ。

(1) $2x^2 - 2x - 2 = ax(x-1) + b(x-1)(x-2) + cx(x-2)$

等式の両辺に，$x = 0, 1, 2$ を代入して ← 数値を代入する方法

$-2 = 2b$，$-2 = -c$，$2 = 2a$　　これを解いて　$\boldsymbol{a=1, \ b=-1, \ c=2}$ …⑧

このとき，与えられた等式は恒等式になる。← 数値を代入する方法を用いたときは成立することを確かめておく

[別解]　（右辺）$= (a+b+c)x^2 + (-a-3b-2c)x + 2b$
係数を比較して　$a+b+c = 2$，$-a-3b-2c = -2$，$2b = -2$
これを解いて　$a=1, b=-1, c=2$

(2) $\dfrac{1}{(x+1)(x+2)^2} = \dfrac{a}{x+1} + \dfrac{b}{x+2} + \dfrac{c}{(x+2)^2}$

右辺を通分して ← 係数を比較する方法

$\dfrac{1}{(x+1)(x+2)^2} = \dfrac{a(x+2)^2 + b(x+1)(x+2) + c(x+1)}{(x+1)(x+2)^2}$

$\dfrac{1}{(x+1)(x+2)^2} = \dfrac{(a+b)x^2 + (4a+3b+c)x + 4a+2b+c}{(x+1)(x+2)^2}$

両辺の分子の係数を比較して

$a+b = 0$ …①　　$4a+3b+c = 0$ …②　　$4a+2b+c = 1$ …③

②−③より　$b = -1$　①に代入して　$a = 1$　②に代入して　$c = -1$

したがって　$\boldsymbol{a=1, \ b=-1, \ c=-1}$ …⑧

10 ── 第1章 式と証明・複素数と方程式

16 [条件の付いた等式の証明]

$a+b+c=0$ のとき，等式 $a^2-bc=b^2-ca$ が成り立つことを証明せよ。

[証明] 条件式 $a+b+c=0$ から $c=-a-b$

(左辺)$=a^2-bc=a^2-b(-a-b)=a^2+ab+b^2$

(右辺)$=b^2-ca=b^2-(-a-b)a=a^2+ab+b^2$

したがって，$a^2-bc=b^2-ca$ が成り立つ。[証明終わり]

17 [比例式と等式の証明]

$\dfrac{a}{b}=\dfrac{c}{d}$ のとき，$\dfrac{a^2+b^2}{ab}=\dfrac{c^2+d^2}{cd}$ が成り立つことを証明せよ。

[証明] $\dfrac{a}{b}=\dfrac{c}{d}=k$ とおくと，$a=bk$，$c=dk$ となる。 ← 比例式$=k$ とおく

(左辺)$=\dfrac{a^2+b^2}{ab}=\dfrac{(bk)^2+b^2}{bk\cdot b}=\dfrac{b^2(k^2+1)}{b^2k}=\dfrac{k^2+1}{k}$

(右辺)$=\dfrac{c^2+d^2}{cd}=\dfrac{(dk)^2+d^2}{dk\cdot d}=\dfrac{d^2(k^2+1)}{d^2k}=\dfrac{k^2+1}{k}$

したがって，$\dfrac{a^2+b^2}{ab}=\dfrac{c^2+d^2}{cd}$ が成り立つ。[証明終わり]

18 [不等式の証明と相加平均・相乗平均の利用]

次の不等式を証明せよ。また，等号が成立する条件を求めよ。

(1) $x^2+y^2 \geqq xy$

[証明] (左辺)－(右辺)$=x^2+y^2-xy=x^2-xy+y^2$

$=\left(x-\dfrac{1}{2}y\right)^2-\left(\dfrac{1}{2}y\right)^2+y^2=\left(x-\dfrac{1}{2}y\right)^2+\dfrac{3}{4}y^2 \geqq 0$ ← (実数)$^2 \geqq 0$

ゆえに，$x^2+y^2 \geqq xy$ が成り立つ。

等号が成立するのは，$\left(x-\dfrac{1}{2}y\right)^2=0$ かつ $\dfrac{3}{4}y^2=0$ より，**$x=0$, $y=0$** のとき。

[証明終わり]

(2) $a>0$, $b>0$ のとき $(a+b)\left(\dfrac{1}{a}+\dfrac{1}{b}\right) \geqq 4$

[証明] (左辺)$=(a+b)\left(\dfrac{1}{a}+\dfrac{1}{b}\right)=\dfrac{a}{a}+\dfrac{a}{b}+\dfrac{b}{a}+\dfrac{b}{b}=\dfrac{a}{b}+\dfrac{b}{a}+2$ …①

$\dfrac{a}{b}>0$，$\dfrac{b}{a}>0$ だから，この2つの数で (相加平均)$\geqq$(相乗平均) を使う。

$\dfrac{\dfrac{a}{b}+\dfrac{b}{a}}{2} \geqq \sqrt{\dfrac{a}{b}\cdot\dfrac{b}{a}}=1$ より，$\dfrac{a}{b}+\dfrac{b}{a} \geqq 2$ だから，①は $\dfrac{a}{b}+\dfrac{b}{a}+2 \geqq 4$ となる。

したがって，$(a+b)\left(\dfrac{1}{a}+\dfrac{1}{b}\right) \geqq 4$ が成り立つ。

また，等号が成立するのは，$\dfrac{a}{b}=\dfrac{b}{a}$ より $a^2=b^2$ で，$a>0$，$b>0$ であるから，

$a=b$ のとき。 [証明終わり]

定期テスト対策問題

目標点　60点
制限時間　50分

　　　　　点

1 次の問いに答えよ。　⬅ 1 2 3 5 6 8 10 14　　　　　（各8点　計40点）

(1) $(x+2)^3+(x-2)^3$ を簡単にせよ。

(与式)$=(x^3+3x^2\cdot2+3x\cdot2^2+2^3)+(x^3-3x^2\cdot2+3x\cdot2^2-2^3)$
$\qquad\quad=(x^3+6x^2+12x+8)+(x^3-6x^2+12x-8)$
$\qquad\quad=\boldsymbol{2x^3+24x}$ …㊐

[別解]　$A=x+2$, $B=x-2$ とおくと　$A+B=2x$, $AB=x^2-4$
(与式)$=A^3+B^3=(A+B)^3-3AB(A+B)=(2x)^3-3\cdot2x(x^2-4)=\boldsymbol{2x^3+24x}$

(2) x^4y+xy^4 を因数分解せよ。　⬅ まずは共通因数でくくる

(与式)$=xy(x^3+y^3)$　⬅ $a^3+b^3=(a+b)(a^2-ab+b^2)$ が使える
$\qquad\quad=\boldsymbol{xy(x+y)(x^2-xy+y^2)}$ …㊐

(3) $\left(x^2+\dfrac{2}{x}\right)^6$ の展開式で x^3 の係数を求めよ。

$\left(x^2+\dfrac{2}{x}\right)^6$ の展開式の一般項は　${}_6\mathrm{C}_r(x^2)^{6-r}\cdot\left(\dfrac{2}{x}\right)^r={}_6\mathrm{C}_r\cdot2^r\cdot x^{12-3r}$　⬅ $\dfrac{x^{12-2r}}{x^r}=x^{12-3r}$

x^{12-3r} が x^3 となるのは，$12-3r=3$ より，$r=3$ のときである。

よって，x^3 の係数は　${}_6\mathrm{C}_3\cdot2^3=\dfrac{6\cdot5\cdot4}{3\cdot2\cdot1}\cdot8=\boldsymbol{160}$ …㊐

(4) $\dfrac{x^3+2x^2}{2x^2-7x+3}\div\dfrac{x^2+2x}{x^2-4x+3}$ を計算せよ。　⬅ $\dfrac{A}{B}\div\dfrac{C}{D}=\dfrac{A}{B}\times\dfrac{D}{C}=\dfrac{AD}{BC}$

(与式)$=\dfrac{x^2(x+2)}{(2x-1)(x-3)}\times\dfrac{(x-3)(x-1)}{x(x+2)}=\boldsymbol{\dfrac{x(x-1)}{2x-1}}$ …㊐

(5) $\dfrac{x+4}{x^2+3x+2}+\dfrac{x-4}{x^2+x-2}$ を計算せよ。　⬅ 通分する（分母は最小公倍数）

(与式)$=\dfrac{x+4}{(x+2)(x+1)}+\dfrac{x-4}{(x+2)(x-1)}=\dfrac{(x+4)(x-1)}{(x+2)(x+1)(x-1)}+\dfrac{(x-4)(x+1)}{(x+2)(x+1)(x-1)}$

$\qquad\quad=\dfrac{(x^2+3x-4)+(x^2-3x-4)}{(x+2)(x+1)(x-1)}=\dfrac{2x^2-8}{(x+2)(x+1)(x-1)}$

$\qquad\quad=\dfrac{2(x+2)(x-2)}{(x+2)(x+1)(x-1)}=\boldsymbol{\dfrac{2(x-2)}{(x+1)(x-1)}}$ …㊐

2 次の等式が x についての恒等式になるように，定数 a，b，c の値を定めよ。　⬅ 11 15
　　　　　　　　　　　　　　　　　　　　　　　　　　　　　　　　　　　　（各10点　計20点）

(1) $x^2+5x+6=ax(x+1)+b(x+1)(x-1)+cx(x-1)$

等式の両辺に，$x=0$，1，-1 を代入して　⬅ 数値を代入する方法
$6=-b$，$12=2a$，$2=2c$ より　$\boldsymbol{a=6}$，$\boldsymbol{b=-6}$，$\boldsymbol{c=1}$ …㊐

このとき，与えられた等式は恒等式になる。　⬅ 成立することを確かめておく

12 ── 第1章　式と証明・複素数と方程式

(2) $\dfrac{3}{x^3+1}=\dfrac{a}{x+1}+\dfrac{bx+c}{x^2-x+1}$

右辺を通分して ← 係数を比較する方法

$\dfrac{a(x^2-x+1)+(bx+c)(x+1)}{x^3+1}=\dfrac{(a+b)x^2+(-a+b+c)x+a+c}{x^3+1}$

よって $\dfrac{3}{x^3+1}=\dfrac{(a+b)x^2+(-a+b+c)x+a+c}{x^3+1}$

両辺の分子の係数を比較して

$a+b=0$ …① $\quad -a+b+c=0$ …② $\quad a+c=3$ …③

①+③-②より $3a=3$ よって $a=1$

①に代入して $b=-1$ ③に代入して $c=2$

したがって $a=1,\ b=-1,\ c=2$ …㊥

3 次の等式を証明せよ。 ← 16 17 （各13点 計26点）

(1) $a+b+c=0$ のとき，$(a+b)(b+c)(c+a)=-abc$

［証明］ 条件式 $a+b+c=0$ から $c=-a-b$

（左辺）$=(a+b)(b+c)(c+a)=(a+b)(-a)(-b)=ab(a+b)$

（右辺）$=-abc=-ab(-a-b)=ab(a+b)$

したがって，$(a+b)(b+c)(c+a)=-abc$ が成り立つ。［証明終わり］

［別解］ 条件式から $a+b=-c,\ b+c=-a,\ c+a=-b$
　　　　よって （左辺）$=(-c)(-a)(-b)=-abc$

(2) $\dfrac{a}{b}=\dfrac{c}{d}$ のとき，$(a^2+c^2)(b^2+d^2)=(ab+cd)^2$

［証明］ $\dfrac{a}{b}=\dfrac{c}{d}=k$ とおくと，$a=bk,\ c=dk$ となる。 ← 比例式$=k$とおく

（左辺）$=(a^2+c^2)(b^2+d^2)=\{(bk)^2+(dk)^2\}(b^2+d^2)=k^2(b^2+d^2)^2$

（右辺）$=(ab+cd)^2=(bk\cdot b+dk\cdot d)^2=k^2(b^2+d^2)^2$

したがって，$(a^2+c^2)(b^2+d^2)=(ab+cd)^2$ が成り立つ。［証明終わり］

4 次の不等式を証明せよ。また，等号が成立する条件を求めよ。 ← 13 18 （14点）

$a\geqq 0,\ b\geqq 0$ のとき $\sqrt{2(a+b)}\geqq\sqrt{a}+\sqrt{b}$

［証明］ $a\geqq 0,\ b\geqq 0$ なので，比較している両辺とも正または0である。

よって，（左辺）$^2-$（右辺）$^2\geqq 0$ を示せばよい。

（左辺）$^2-$（右辺）$^2=\{\sqrt{2(a+b)}\}^2-(\sqrt{a}+\sqrt{b})^2$
$\qquad\qquad\qquad\quad =2(a+b)-(a+2\sqrt{ab}+b)$
$\qquad\qquad\qquad\quad =a-2\sqrt{ab}+b=(\sqrt{a}-\sqrt{b})^2\geqq 0$

したがって $\sqrt{2(a+b)}\geqq\sqrt{a}+\sqrt{b}$

なお，等号が成り立つのは $\sqrt{a}-\sqrt{b}=0$ のときだから，等号は $a=b$ のとき成立する。

［証明終わり］

3 複素数と方程式

⑨ 複素数

虚数単位
平方して -1 となる数を i と表す（$i^2=-1$）。
この i を虚数単位という。

複素数
実数 a, b を用いて，$a+bi$ の形で表される数を複素数という。

複素数 $\begin{cases} b=0 \text{ のとき} \quad a+0i=a \cdots \text{実数} \\ b \neq 0 \text{ のとき} \quad a+bi \quad \cdots \text{虚数} \end{cases}$

特に，$a=0$ のとき $\quad 0+bi=bi \cdots$ 純虚数

複素数の相等
$a+bi=c+di \Longleftrightarrow a=c$ かつ $b=d$

特に，$a+bi=0 \Longleftrightarrow a=0$ かつ $b=0$

複素数の計算
i を文字として計算し，i^2 が現れたら -1 におき換える。

共役な複素数
$\alpha=a+bi$ に対して，$\overline{\alpha}=a-bi$ を α の共役な複素数という。

負の数の平方根
$a>0$ のとき $\quad \sqrt{-a}=\sqrt{a}\,i$

⑩ 2次方程式

2次方程式の解の公式
$ax^2+bx+c=0$ $(a \neq 0)$ の解は
$$x=\frac{-b \pm \sqrt{D}}{2a} \quad (D=b^2-4ac)$$

実数解と虚数解（解の判別）
$D=b^2-4ac>0$ のとき…異なる2つの実数解 $\Big\}$ 実数解
$D=b^2-4ac=0$ のとき…重解
$D=b^2-4ac<0$ のとき…異なる2つの虚数解

2次方程式 $ax^2+bx+c=0$ の虚数解の性質
この方程式が虚数解をもつとき，その2つの虚数解は互いに共役な複素数である。
つまり，一方の虚数解が $\alpha=p+qi$ なら他方の解は $\overline{\alpha}=p-qi$ である。

⑪ 解と係数の関係

2次方程式 $ax^2+bx+c=0$ の2つの解を α, β とするとき
$$\alpha+\beta=-\frac{b}{a}, \quad \alpha\beta=\frac{c}{a}$$

2次方程式 $ax^2+bx+c=0$ の2つの解が α, β であるとき
$ax^2+bx+c=a(x-\alpha)(x-\beta)$

2つの数 α, β を解にもつ x の2次方程式の1つは
$x^2-(\alpha+\beta)x+\alpha\beta=0$

19 [分母の実数化] ❾ 複素数

$\dfrac{1+2i}{3-i}+\dfrac{1-2i}{3+i}$ を計算せよ。

$$\dfrac{1+2i}{3-i}+\dfrac{1-2i}{3+i}=\dfrac{(1+2i)(3+i)}{(3-i)(3+i)}+\dfrac{(1-2i)(3-i)}{(3+i)(3-i)}$$

$$=\dfrac{3+7i+2i^2}{9-i^2}+\dfrac{3-7i+2i^2}{9-i^2} \quad \leftarrow i^2=-1$$

$$=\dfrac{1+7i}{10}+\dfrac{1-7i}{10}=\dfrac{2}{10}=\dfrac{1}{5} \ \cdots \text{答}$$

ガイド

★ヒラメキ★

複素数の商
→ 分母を実数にする

なにをする？

分母の実数化
・分母の共役な複素数を分母と分子に掛ける。
・$i^2=-1$（実数）を使う。

---

20 [2次方程式を解く] ❿ 2次方程式

次の2次方程式を解け。

(1) $9x^2-6x+1=0$

$(3x-1)^2=0 \quad x=\dfrac{1}{3} \ \cdots \text{答}$

(2) $3x^2-4x-2=0$

$x=\dfrac{-(-4)\pm\sqrt{(-4)^2-4\cdot 3\cdot(-2)}}{2\cdot 3}=\dfrac{4\pm 2\sqrt{10}}{6}$

$=\dfrac{2\pm\sqrt{10}}{3} \ \cdots \text{答}$

(3) $3x^2-4x+2=0$

$x=\dfrac{-(-4)\pm\sqrt{(-4)^2-4\cdot 3\cdot 2}}{2\cdot 3}=\dfrac{4\pm\sqrt{-8}}{6}$

$=\dfrac{4\pm 2\sqrt{2}i}{6}=\dfrac{2\pm\sqrt{2}i}{3} \ \cdots \text{答}$

★ヒラメキ★

2次方程式 $ax^2+bx+c=0$ の解法
→ ・因数分解
　・解の公式

なにをする？

(1) 因数分解を使って, ( )²=0 の形を作る。
　解は重解。
(2) 解の公式を使う。
　$D>0$ の場合なので, 解は異なる2つの実数解。
(3) 解の公式を使い, $a>0$ のとき $\sqrt{-a}=\sqrt{a}i$ となることを用いて計算する。
　解は異なる2つの虚数解。

---

21 [値の計算] ⓫ 解と係数の関係

2次方程式 $x^2-2x+6=0$ の2つの解を α, β とするとき, 次の値を求めよ。

(1) $\alpha+\beta$

$=-\dfrac{-2}{1}=2 \ \cdots \text{答}$

(2) $\alpha\beta$

$=\dfrac{6}{1}=6 \ \cdots \text{答}$

(3) $\alpha^2+\beta^2$

$=(\alpha+\beta)^2-2\alpha\beta=2^2-2\cdot 6=-8 \ \cdots \text{答}$

★ヒラメキ★

2次方程式 $ax^2+bx+c=0$ の解と係数の関係
→ $\alpha+\beta=-\dfrac{b}{a}$, $\alpha\beta=\dfrac{c}{a}$

なにをする？

(3) $\alpha^2+\beta^2$ のように α と β を入れ替えても変わらない式を対称式という。対称式は, $\alpha+\beta$, $\alpha\beta$（これを基本対称式という）で表せる。

ガイドなしでやってみよう！

22 [複素数の計算]

次の計算をせよ。

(1) $\sqrt{-2} \cdot \sqrt{-3}$

$= \sqrt{2}i \cdot \sqrt{3}i = \sqrt{6}i^2 = -\sqrt{6}$ …答 ← $\sqrt{-1}$ は i に，i^2 は -1 におき換える

(注意) $\sqrt{a} \cdot \sqrt{b} = \sqrt{ab}$ は a, b が負の数のときは成り立たない。$\sqrt{-2} \cdot \sqrt{-3} \neq \sqrt{(-2)(-3)} = \sqrt{6}$

(2) $\dfrac{\sqrt{5}}{\sqrt{-2}}$

$= \dfrac{\sqrt{5}}{\sqrt{2}i} = \dfrac{\sqrt{5}i}{\sqrt{2}i^2} = \dfrac{\sqrt{5}i}{-\sqrt{2}} = -\dfrac{\sqrt{10}}{2}i$ …答 ← $\sqrt{-1}$ は i に，i^2 は -1 におき換える

(3) $\dfrac{2+3i}{3-2i} - \dfrac{2-3i}{3+2i}$

$= \dfrac{(2+3i)(3+2i)}{(3-2i)(3+2i)} - \dfrac{(2-3i)(3-2i)}{(3+2i)(3-2i)} = \dfrac{6+13i+6i^2}{9-4i^2} - \dfrac{6-13i+6i^2}{9-4i^2}$

$= \dfrac{13i}{13} - \dfrac{-13i}{13} = 2i$ …答

23 [複素数と恒等式]

$(1-2i)x + (2+3i)y = 4-i$ を満たす実数 x, y を求めよ。

$(1-2i)x + (2+3i)y = 4-i$ より $(x+2y) + (-2x+3y)i = 4-i$

$x+2y$, $-2x+3y$ は実数なので $x+2y=4$, $-2x+3y=-1$

これを解いて $x=2$, $y=1$ …答

24 [式の値①]

$\alpha = 2-i$ のとき，$\alpha^2 + \alpha\overline{\alpha} + (\overline{\alpha})^2$ の値を求めよ。

$\overline{\alpha} = 2+i$ だから

(与式) $= (2-i)^2 + (2-i)(2+i) + (2+i)^2$

$= (4-4i+i^2) + (4-i^2) + (4+4i+i^2)$

$= 3-4i+5+3+4i = 11$ …答

[別解] $\alpha + \overline{\alpha} = 4$, $\alpha\overline{\alpha} = 5$ であるから $\alpha^2 + \alpha\overline{\alpha} + (\overline{\alpha})^2 = (\alpha + \overline{\alpha})^2 - \alpha\overline{\alpha} = 4^2 - 5 = 11$

25 [2次方程式の解の判別①]

次の2次方程式の解を判別せよ。

(1) $2x^2 + 5x - 2 = 0$

$D = 5^2 - 4 \cdot 2 \cdot (-2) = 41 > 0$ より **異なる2つの実数解** …答

(2) $x^2 - 4x + 4 = 0$

$D = (-4)^2 - 4 \cdot 4 = 0$ より **重解** …答

(3) $2x^2 - 3x + 2 = 0$

$D = (-3)^2 - 4 \cdot 2 \cdot 2 = -7 < 0$ より **異なる2つの虚数解** …答

26 ［2次方程式の解の判別②］
次の問いに答えよ。
(1) 2次方程式 $x^2-kx+2k=0$ が重解をもつように実数 k の値を定めよ。また，その重解を求めよ。

$x^2-kx+2k=0$ …① の判別式を D とすると，$D=(-k)^2-4\cdot 2k=0$ より，
$k(k-8)=0$ だから　$k=0, 8$
$k=0$ のとき，①より，$x^2=0$ を解いて　$x=0$
$k=8$ のとき，①より，$x^2-8x+16=0$　$(x-4)^2=0$ を解いて　$x=4$
したがって，**$k=0$ のとき，重解は $x=0$，$k=8$ のとき，重解は $x=4$** …答

(2) 2次方程式 $x^2-2kx+k+2=0$（k は実数）の解を判別せよ。

この2次方程式の判別式を D とすると
$D=(-2k)^2-4(k+2)=4(k^2-k-2)$
　　$=4(k-2)(k+1)$

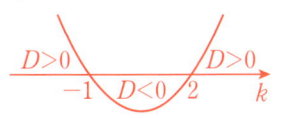

答 $\begin{cases} k<-1, 2<k \text{ のとき，異なる2つの実数解} & \Leftarrow D>0 \\ k=2, -1 \text{ のとき，重解} & \Leftarrow D=0 \\ -1<k<2 \text{ のとき，異なる2つの虚数解} & \Leftarrow D<0 \end{cases}$

27 ［式の値②］
2次方程式 $x^2-2x+3=0$ の2つの解を α, β とするとき，次の値を求めよ。

(1) $\alpha+\beta$
$=-\dfrac{-2}{1}=\boldsymbol{2}$ …答

(2) $\alpha\beta$
$=\dfrac{3}{1}=\boldsymbol{3}$ …答

(3) $(\alpha-\beta)^2$
$=\alpha^2-2\alpha\beta+\beta^2$
$=(\alpha+\beta)^2-4\alpha\beta$
$=2^2-4\cdot 3=\boldsymbol{-8}$ …答

(4) $\alpha^3+\beta^3$
$=(\alpha+\beta)(\alpha^2-\alpha\beta+\beta^2)$
$=(\alpha+\beta)\{(\alpha+\beta)^2-3\alpha\beta\}$
$=2\cdot(2^2-3\cdot 3)=\boldsymbol{-10}$ …答
［別解］　(与式)$=(\alpha+\beta)^3-3\alpha\beta(\alpha+\beta)$
　　　　　　　$=2^3-3\cdot 3\cdot 2=\boldsymbol{-10}$

28 ［2次方程式の解と係数の関係の利用］
2次方程式 $x^2-2kx+2k-1=0$ の2つの解の比が $1:4$ であるとき，定数 k の値と2つの解を求めよ。

解の比が $1:4$ であるから，$x^2-2kx+2k-1=0$ の解を $\alpha, 4\alpha$ とおくと，解と係数の関係により
　$\alpha+4\alpha=2k$ …①　　$\alpha\cdot 4\alpha=2k-1$ …②
①，②より，k を消去して整理すると，$4\alpha^2-5\alpha+1=0$ だから　$(4\alpha-1)(\alpha-1)=0$
よって　$\alpha=\dfrac{1}{4}, 1$　　①より，$\alpha=\dfrac{1}{4}$ のとき $k=\dfrac{5}{8}$，$\alpha=1$ のとき $k=\dfrac{5}{2}$
したがって，**$k=\dfrac{5}{8}$ のとき，解は $\dfrac{1}{4}$ と 1，$k=\dfrac{5}{2}$ のとき，解は 1 と 4** …答

4 高次方程式

12 剰余の定理・因数定理

整式の表し方
x の整式を $P(x)$ とかく。また，$P(x)$ に $x=a$ を代入した値を $P(a)$ とかく。

整式の剰余
整式 $P(x)$ を整式 $A(x)$ で割ったときの商を $Q(x)$，余りを $R(x)$ とすると
$$P(x)=A(x)\cdot Q(x)+R(x)$$
ただし $(R(x)\text{の次数})<(A(x)\text{の次数})$ または $R(x)=0$

剰余の定理
$P(x)$ を 1 次式 $x-\alpha$ で割った余りは $P(\alpha)$

（解説） 整式 $P(x)$ を 1 次式 $x-\alpha$ で割ったときの商を $Q(x)$，余りを R（定数となる）とすると
$$P(x)=(x-\alpha)Q(x)+R \quad \cdots ①$$
①の両辺に $x=\alpha$ を代入すると $P(\alpha)=(\alpha-\alpha)Q(\alpha)+R=R$

因数定理
$P(\alpha)=0 \iff P(x)$ は $x-\alpha$ を因数にもつ

（解説） $P(\alpha)=0$ なら①で $R=0$ だから，$P(x)$ は $x-\alpha$ で割り切れる。

13 高次方程式

高次方程式
x の整式 $P(x)$ が n 次式のとき，方程式 $P(x)=0$ を x の **n 次方程式**という。
3 次以上の方程式を **高次方程式** という。

高次方程式の解の個数
高次方程式の解の個数について，2 重解を 2 個，3 重解を 3 個と数えることにすると，n 次方程式は常に n 個の解をもつ。

高次方程式と虚数解
実数を係数とする方程式が，虚数解 $\alpha=a+bi$ を解にもつとき，α の共役な複素数 $\bar{\alpha}=a-bi$ も解である。つまり，実数を係数とする方程式が虚数解をもつときは，必ず共役な複素数とペアで解となっている。

---

29 ［係数の決定］ **12** 剰余の定理・因数定理

整式 $P(x)=2x^3+3x^2-mx-4$ を $x+1$ で割ると 4 余るという。定数 m の値を求めよ。

剰余の定理により，$P(x)$ を $x+1$ で割った余りは
$$P(-1)=2\cdot(-1)^3+3\cdot(-1)^2-m\cdot(-1)-4$$
$$=-2+3+m-4=m-3$$
余りが 4 であることから $m-3=4$
したがって $m=7$ …答

★ヒラメキ★

剰余の定理
→ $P(x)$ を $x-\alpha$ で割った余りは $P(\alpha)$

なにをする？

$x+1$ で割った余りは $P(-1)$ を計算すれば求められる。

30 [剰余の定理の利用①] **1,2 剰余の定理・因数定理**

整式 $P(x)$ を $x-2$ で割ったときの余りは1で，$x+3$ で割ったときの余りは6であるという。$P(x)$ を $(x-2)(x+3)$ で割ったときの余りを求めよ。

$P(x)$ を2次式 $(x-2)(x+3)$ で割ったときの余りは1次式または定数である。その余りを $ax+b$ とおく。
3つの整式 $Q_1(x)$，$Q_2(x)$，$Q_3(x)$ を用いて
　　$P(x)=(x-2)Q_1(x)+1$　…①
　　$P(x)=(x+3)Q_2(x)+6$　…②
　　$P(x)=(x-2)(x+3)Q_3(x)+ax+b$　…③
③と①で $P(2)$ を考えて　　$2a+b=1$
③と②で $P(-3)$ を考えて　　$-3a+b=6$
この連立方程式を解いて　　$a=-1$，$b=3$
よって，余りは　　$-x+3$　…答

（注意）　①の式は「$P(x)$ を $x-2$ で割ったときの余りが1」を表しているので，剰余の定理を使って　$P(2)=1$　…①'
同様に②を　$P(-3)=6$　…②' としてもよい。

31 [因数定理の利用] **1,2 剰余の定理・因数定理**

整式 $P(x)=2x^3-3x^2+m$ が $x-2$ を因数にもつという。定数 m の値を求めよ。

$x-2$ を因数にもつから，因数定理により　　$P(2)=0$
また　$P(2)=2\cdot 2^3-3\cdot 2^2+m=16-12+m=m+4$
$m+4=0$ を解いて　　$m=-4$　…答

32 [3次方程式] **1,3 高次方程式**

次の3次方程式を解け。
(1) $x^3-8=0$
　　$(x-2)(x^2+2x+4)=0$　　$x-2=0$ より　$x=2$
　　$x^2+2x+4=0$ より
　　　$x=\dfrac{-2\pm\sqrt{2^2-4\cdot 4}}{2}=\dfrac{-2\pm\sqrt{-12}}{2}=-1\pm\sqrt{3}i$
　　よって　$x=2$，$-1\pm\sqrt{3}i$　…答

(2) $x^3-3x^2+2=0$
　　$P(x)=x^3-3x^2+2$ とおくと
　　　$P(1)=1^3-3\cdot 1^2+2=0$
　　より，$P(x)$ は $x-1$ で割り切れる。
　　商は x^2-2x-2 なので
　　　$P(x)=(x-1)(x^2-2x-2)$
　　よって　$x-1=0$ または　$x^2-2x-2=0$
　　したがって　$x=1$，$1\pm\sqrt{3}$　…答

ガイド

★ヒラメキ★
剰余の定理
→$P(x)$ を $A(x)$ で割ったときの商が $Q(x)$，余りが $R(x)$ のとき
　$P(x)=A(x)Q(x)+R(x)$

なにをする？
$x-2$，$x+3$，$(x-2)(x+3)$ のそれぞれで割ったときの商，余りを考えて恒等式を作り，数値を代入する。

★ヒラメキ★
因数定理
→$P(x)$ は $x-\alpha$ を因数にもつ $\iff P(\alpha)=0$

なにをする？
$P(x)$ は $x-2$ を因数にもつから　$P(2)=0$

★ヒラメキ★
高次方程式
→2次以下の積に分解する

なにをする？
(1) 因数分解の公式を使う。
　　x^3-a^3
　　$=(x-a)(x^2+ax+a^2)$
(2) 因数定理を使う。
　　$P(\alpha)=0$ を満たす α を見つけて，$x-\alpha$ で割る。
　　割り算は「**4 整式の除法**」を参照。

第1章　式と証明・複素数と方程式

4　高次方程式 — 19

ガイドなしでやってみよう！

33 [剰余の定理の利用②]
整式 $P(x) = 2x^3 + x^2 - 3x - 4$ について，次の問いに答えよ。
(1) $P(x)$ を $x+1$ で割ったときの余りを求めよ。
　　剰余の定理により，$P(x)$ を $x+1$ で割ったときの余りは
　　　　$P(-1) = 2 \cdot (-1)^3 + (-1)^2 - 3 \cdot (-1) - 4 = -2 + 1 + 3 - 4 = \boldsymbol{-2}$ …答

(2) $P(x)$ を $2x-1$ で割ったときの余りを求めよ。
　　剰余の定理により，$P(x)$ を $2x-1$ で割ったときの余りは
　　　　$P\left(\dfrac{1}{2}\right) = 2 \cdot \left(\dfrac{1}{2}\right)^3 + \left(\dfrac{1}{2}\right)^2 - 3 \cdot \dfrac{1}{2} - 4 = \dfrac{1}{4} + \dfrac{1}{4} - \dfrac{3}{2} - 4 = \boldsymbol{-5}$ …答

34 [剰余の定理の利用③]
整式 $P(x) = x^3 + 3x^2 + ax + b$ を $x+2$ で割ると -6 余り，$x-1$ で割ると割り切れるという。このとき，定数 a，b の値を求めよ。
剰余の定理により，$P(x)$ を $x+2$ で割ったときの余りは
　　$P(-2) = (-2)^3 + 3(-2)^2 + a(-2) + b = -2a + b + 4$
余りが -6 だから　$-2a + b + 4 = -6$
よって　$2a - b = 10$　…①
同様に，$x-1$ で割ったときの余りが 0 だから
　　$P(1) = 1^3 + 3 \cdot 1^2 + a \cdot 1 + b = a + b + 4 = 0$
よって　$a + b = -4$　…②
①，②を解いて　$\boldsymbol{a = 2, \ b = -6}$　…答

35 [余りの決定]
整式 $P(x)$ を $x+2$ で割ると余りは 1 で，$x+3$ で割ると余りは 3 であるという。$P(x)$ を $x^2 + 5x + 6$ で割ったときの余りを求めよ。
$P(x)$ を 2 次式 $x^2 + 5x + 6$ で割ったときの余りは 1 次式または定数である。その余りを $ax + b$ とおく。
題意より，3 つの整式 $Q_1(x)$，$Q_2(x)$，$Q_3(x)$ を用いて
　　$P(x) = (x+2)Q_1(x) + 1$　…①　← 剰余の定理から，$P(-2) = 1$　…①としてもよい
　　$P(x) = (x+3)Q_2(x) + 3$　…②　← 剰余の定理から，$P(-3) = 3$　…②としてもよい
　　$P(x) = (x^2 + 5x + 6)Q_3(x) + ax + b = (x+2)(x+3)Q_3(x) + ax + b$　…③
③と①で $P(-2)$ を考えて　$-2a + b = 1$
③と②で $P(-3)$ を考えて　$-3a + b = 3$
この連立方程式を解いて　$a = -2, \ b = -3$
よって，余りは　$\boldsymbol{-2x - 3}$　…答

36 [高次方程式の解]

次の方程式を解け。

(1) $x^4-1=0$

$(x^2-1)(x^2+1)=0$

$(x-1)(x+1)(x^2+1)=0$

よって $x=1, -1, i, -i$ …答

← 2次以下の整式の積に因数分解する
$A(x) \cdot B(x)=0 \iff A(x)=0$ または $B(x)=0$

(2) $x^3-x^2+x-6=0$

$P(x)=x^3-x^2+x-6$ とおく。

$P(2)=2^3-2^2+2-6=8-4+2-6=0$

$P(x)=(x-\alpha)(x-\beta)(x-\gamma)$ と因数分解できたとすると
$x^3-(\alpha+\beta+\gamma)x^2+(\alpha\beta+\beta\gamma+\gamma\alpha)x-\alpha\beta\gamma$
$=x^3-x^2+x-6$
定数項を比較して，$\alpha\beta\gamma=6$ より，α の可能性は，$\pm1, \pm2, \pm3, \pm6$ である

因数定理により，$P(x)$ は $x-2$ を因数にもつ。

右のように割り算を実行して，商は x^2+x+3

$P(x)$ を因数分解すると $P(x)=(x-2)(x^2+x+3)$

$x-2=0$ より $x=2$

$x^2+x+3=0$ より $x=\dfrac{-1\pm\sqrt{1-12}}{2}$

よって $x=2, \dfrac{-1\pm\sqrt{11}i}{2}$ …答

$$\begin{array}{r} x^2+x+3 \\ x-2\overline{\smash{\big)}x^3-x^2+x-6} \\ \underline{x^3-2x^2} \\ x^2+x \\ \underline{x^2-2x} \\ 3x-6 \\ \underline{3x-6} \\ 0 \end{array}$$

37 [高次方程式の決定]

方程式 $x^3-3x^2+ax+b=0$ の1つの解が $1+2i$ のとき，実数の定数 a, b の値と他の解を求めよ。

$x=1+2i$ が解だから，この方程式に代入して ← 方程式は解を代入したとき等式が成立する

$(1+2i)^3-3(1+2i)^2+a(1+2i)+b=0$

$1^3+3\cdot1^2\cdot2i+3\cdot1\cdot(2i)^2+(2i)^3-3(1+4i+4i^2)+a+2ai+b=0$

$1+6i-12-8i-3-12i+12+a+2ai+b=0$

$(a+b-2)+2(a-7)i=0$ …①

ここで，a, b は実数なので，$a+b-2, a-7$ も実数。

よって，①が成り立つのは，$a+b-2=0, a-7=0$ のときである。

この連立方程式を解いて $a=7, b=-5$

したがって，もとの方程式は，$x^3-3x^2+7x-5=0$ である。

$P(x)=x^3-3x^2+7x-5$ とおく。

$P(1)=1-3+7-5=0$ だから，因数定理により，$P(x)$ は $x-1$ を因数にもつ。

割り算を実行して，$P(x)=(x-1)(x^2-2x+5)$ と因数分解できる。

よって，$(x-1)(x^2-2x+5)=0$ の解は $x=1, x=\dfrac{2\pm\sqrt{-16}}{2}=1\pm2i$

したがって，$a=7, b=-5$，他の解は $x=1, 1-2i$ …答

[参考] $1+2i$ が解だから $1-2i$ も解である。
$(1+2i)+(1-2i)=2, (1+2i)(1-2i)=5$ だから，この2つの数を解とする2次方程式は $x^2-2x+5=0$ である。
よって，x^3-3x^2+ax+b は x^2-2x+5 を因数にもつ。
x^3-3x^2+ax+b を x^2-2x+5 で割ったときの余りを計算すると $(a-7)x+b+5$
これが0になるので $a=7, b=-5$

定期テスト対策問題

目標点　60点
制限時間　50分
点

1 次の問いに答えよ。　19 22 23 24　　　　　　　　　　　　　　　（各7点 計21点）

(1) $\dfrac{1+i}{2-i}+\dfrac{1-i}{2+i}$ を計算せよ。

$\dfrac{1+i}{2-i}+\dfrac{1-i}{2+i}=\dfrac{(1+i)(2+i)}{(2-i)(2+i)}+\dfrac{(1-i)(2-i)}{(2+i)(2-i)}=\dfrac{2+3i+i^2}{4-i^2}+\dfrac{2-3i+i^2}{4-i^2}=\dfrac{2}{5}$ …㊓

(2) $(2+3i)x+(2-i)y=4+2i$ を満たす実数 x, y を求めよ。

$(2+3i)x+(2-i)y=4+2i$ より　$(2x+2y)+(3x-y)i=4+2i$
$2x+2y$, $3x-y$ は実数なので　$2x+2y=4$, $3x-y=2$
これを解いて　$x=1$, $y=1$ …㊓

(3) $\alpha=1+2i$ のとき，$\alpha^2+(\overline{\alpha})^2$ の値を求めよ。

$\alpha^2+(\overline{\alpha})^2=(1+2i)^2+(1-2i)^2$
$=(1+4i+4i^2)+(1-4i+4i^2)=(-3+4i)+(-3-4i)=-6$ …㊓

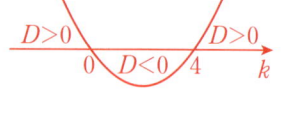

2 2次方程式 $x^2-kx+k=0$（k は実数）の解を判別せよ。　25 26　　　（8点）

この2次方程式の判別式を D とすると
$D=k^2-4k=k(k-4)$

㊓ $\begin{cases} k<0,\ 4<k \text{ のとき，異なる2つの実数解} \Longleftarrow D>0 \\ k=0,\ 4 \text{ のとき，重解} \Longleftarrow D=0 \\ 0<k<4 \text{ のとき，異なる2つの虚数解} \Longleftarrow D<0 \end{cases}$

3 2次方程式 $x^2-3x+4=0$ の2つの解を α, β とするとき，次の値を求めよ。　21 27
（各7点 計28点）
$x^2-(\alpha+\beta)x+\alpha\beta=0$

(1) $\alpha+\beta$
$=3$ …㊓

(2) $\alpha\beta$
$=4$ …㊓

(3) $\alpha^2+\beta^2$
$=(\alpha+\beta)^2-2\alpha\beta=3^2-2\cdot4=1$ …㊓

(4) $\alpha^4+\beta^4$
$=(\alpha^2+\beta^2)^2-2\alpha^2\beta^2$
$=1^2-2\cdot4^2=-31$ …㊓

4 2次方程式 $x^2-2x+4=0$ の2つの解を α, β とするとき，2つの数 $\alpha+1$, $\beta+1$ を解にもつ2次方程式を1つ作れ。　28　　　　　　　　　　　　　　　　　　（8点）

解と係数の関係により　$\alpha+\beta=2$, $\alpha\beta=4$
　（2数の和）$=(\alpha+1)+(\beta+1)=\alpha+\beta+2=4$
　（2数の積）$=(\alpha+1)(\beta+1)=\alpha\beta+\alpha+\beta+1=7$
よって，求める2次方程式の1つは　$x^2-4x+7=0$ …㊓

5 整式 $P(x)=x^3+2ax+a-1$ について，次の条件に適する a の値を求めよ。

（各8点 計16点）

(1) $P(x)$ を $x-2$ で割ったときの余りが 2

剰余の定理により $P(2)=2$

$P(2)=2^3+2a\cdot2+a-1=5a+7=2$ より $\boldsymbol{a=-1}$ …㊣

(2) $P(x)$ が $x+1$ で割り切れる

因数定理により $P(-1)=0$

$P(-1)=(-1)^3+2a\cdot(-1)+a-1=-a-2=0$ より $\boldsymbol{a=-2}$ …㊣

6 整式 $P(x)$ を $(x-1)(x+2)$ で割ったときの余りは $-2x+7$ で，$(x+1)(x-2)$ で割ったときの余りは $-2x+11$ であるという。$P(x)$ を $(x-1)(x-2)$ で割ったときの余りを求めよ。

(9点)

$P(x)$ を2次式 $(x-1)(x-2)$ で割ったときの余りは1次式または定数である。その余りを $ax+b$ とおく。題意より，3つの整式 $Q_1(x)$，$Q_2(x)$，$Q_3(x)$ を用いて

$P(x)=(x-1)(x+2)Q_1(x)-2x+7$ …①

$P(x)=(x+1)(x-2)Q_2(x)-2x+11$ …②

$P(x)=(x-1)(x-2)Q_3(x)+ax+b$ …③ と表すことができる。

①において $x=1$ とすると $P(1)=5$

また，③において $x=1$ とすると $P(1)=a+b$ だから $a+b=5$ …④

②において $x=2$ とすると $P(2)=7$

また，③において $x=2$ とすると $P(2)=2a+b$ だから $2a+b=7$ …⑤

④，⑤の連立方程式を解いて $a=2$，$b=3$ よって，余りは $\boldsymbol{2x+3}$ …㊣

7 方程式 $x^3-4x^2+ax+b=0$ の1つの解が $1-i$ のとき，実数の定数 a，b の値と他の解を求めよ。

(10点)

$x=1-i$ が解だから，この方程式に代入して ← 方程式は解を代入したとき等式が成立する

$(1-i)^3-4\cdot(1-i)^2+a(1-i)+b=0$ より $(1-3i+3i^2-i^3)-4(1-2i+i^2)+a-ai+b=0$

$(a+b-2)-(a-6)i=0$ …①

ここで，a，b は実数なので，$a+b-2$，$a-6$ も実数である。

よって，①が成り立つのは，$a+b-2=0$，$a-6=0$ のときである。

この連立方程式を解いて $a=6$，$b=-4$

したがって，もとの方程式は，$x^3-4x^2+6x-4=0$ である。

$P(x)=x^3-4x^2+6x-4$ とおく。

$P(2)=8-16+12-4=0$ だから，因数定理により，$P(x)$ は $x-2$ を因数にもつ。

割り算を実行して，$P(x)=(x-2)(x^2-2x+2)$ と因数分解できる。

よって，$(x-2)(x^2-2x+2)=0$ の解は $x=2$，$x=\dfrac{2\pm\sqrt{-4}}{2}=1\pm i$

したがって $\boldsymbol{a=6}$，$\boldsymbol{b=-4}$，他の解は $\boldsymbol{x=2}$，$\boldsymbol{1+i}$ …㊣

[参考] $1-i$ が解なので $1+i$ も解である。

$(1-i)+(1+i)=2$，$(1+i)(1-i)=2$ より，この2つの数を解にもつ2次方程式は $x^2-2x+2=0$ となる。

$x^3-4x^2+ax+b=0$ が x^2-2x+2 を因数にもつので，$x^3-4x^2+ax+b=0$ を x^2-2x+2 で割った余りを計算して

$(a-6)x+b+4$ これが0になるので $a=6$，$b=-4$

第2章 図形と方程式

1 点と直線

14 点の座標

2点間の距離
- 数直線上の2点 $A(a)$, $B(b)$ の間の距離は $AB=|b-a|$
- 平面上の2点 $A(x_1, y_1)$, $B(x_2, y_2)$ の間の距離は $AB=\sqrt{(x_2-x_1)^2+(y_2-y_1)^2}$
  特に，原点 O と点 $P(x, y)$ の間の距離は $OP=\sqrt{x^2+y^2}$

内分点と外分点，中点と重心の座標
2点 $A(x_1, y_1)$, $B(x_2, y_2)$ を結ぶ線分 AB を，$m:n$ に内分する点を P，外分する点を Q，線分 AB の中点を M，2点 A，B と点 $C(x_3, y_3)$ を頂点とする三角形の重心を G とすれば

$$P\left(\frac{nx_1+mx_2}{m+n}, \frac{ny_1+my_2}{m+n}\right), \quad Q\left(\frac{-nx_1+mx_2}{m-n}, \frac{-ny_1+my_2}{m-n}\right)$$

←外分の場合は $m \neq n$

分子計算の係数の覚え方

$$M\left(\frac{x_1+x_2}{2}, \frac{y_1+y_2}{2}\right), \quad G\left(\frac{x_1+x_2+x_3}{3}, \frac{y_1+y_2+y_3}{3}\right)$$

15 直線

直線の方程式
① 傾きが m，y 切片が n の直線の方程式は $y=mx+n$
② 点 (x_1, y_1) を通り，傾きが m の直線の方程式は $y-y_1=m(x-x_1)$
③ 2点 $A(x_1, y_1)$, $B(x_2, y_2)$ を通る直線の方程式は
　　$x_1 \neq x_2$ のとき $y-y_1=\dfrac{y_2-y_1}{x_2-x_1}(x-x_1)$, $x_1=x_2$ のとき $x=x_1$
④ 直線の方程式の一般形 $ax+by+c=0$

2直線の位置関係
2直線 $\ell: ax+by+c=0$ …①, $m: px+qy+r=0$ …②
の位置関係，共有点，連立方程式①，②の解は，次のようになる。

	位置関係	共有点	連立方程式の解
(1)	平行でない	1つ	1個
(2)	平行	なし	0個
(3)	一致	無数	無数

←①を満たすすべての x，y の組
←直線上のすべての点

16 2直線の平行・垂直

2直線の平行条件・垂直条件
① 2直線 $\ell_1: y=m_1x+n_1$, $\ell_2: y=m_2x+n_2$ について
　　$\ell_1 \parallel \ell_2 \iff m_1=m_2$ 　　$\ell_1 \perp \ell_2 \iff m_1 \cdot m_2=-1$
② 2直線 $\ell_1: a_1x+b_1y+c_1=0$, $\ell_2: a_2x+b_2y+c_2=0$ について
　　$\ell_1 \parallel \ell_2 \iff a_1b_2-a_2b_1=0$ 　　$\ell_1 \perp \ell_2 \iff a_1a_2+b_1b_2=0$
③ 点 (x_0, y_0) を通り，直線 $ax+by+c=0$ に
　　平行な直線の方程式は $a(x-x_0)+b(y-y_0)=0$
　　垂直な直線の方程式は $b(x-x_0)-a(y-y_0)=0$

> **点と直線の距離**
>
> 点 (x_1, y_1) と直線 $\ell: ax+by+c=0$ の距離 d は　$d = \dfrac{|ax_1+by_1+c|}{\sqrt{a^2+b^2}}$
>
> 特に，原点 O と直線 ℓ の距離 d は　$d = \dfrac{|c|}{\sqrt{a^2+b^2}}$

38 [中点の座標と線分の長さ]　**14 点の座標**

座標平面上の 2 点 $A(-2, -3)$，$B(4, 3)$ について，線分 AB の中点 M の座標と線分 AB の長さを求めよ。

$M\left(\dfrac{-2+4}{2}, \dfrac{-3+3}{2}\right)$ より　$M(1, 0)$ …答

$AB = \sqrt{\{4-(-2)\}^2 + \{3-(-3)\}^2} = 6\sqrt{2}$ …答

★ヒラメキ★
中点の座標，線分の長さ
→公式の活用

なにをする？
公式を適用する。

39 [交点を通る直線の方程式]　**15 直　線**

2 直線 $x-3y+1=0$，$x+2y-4=0$ の交点の座標を求めよ。また，その交点と点 $(4, 5)$ を通る直線の方程式を求めよ。

$x-3y+1=0$ …①，$x+2y-4=0$ …②

①，②を解くと，交点の座標は $(2, 1)$ …答

点 $(2, 1)$ と点 $(4, 5)$ を通る直線の方程式は

$y-1 = \dfrac{5-1}{4-2}(x-2)$ より　$y=2x-3$ …答

★ヒラメキ★
2 直線の交点の座標
→連立方程式の解

なにをする？
2 点 (x_1, y_1)，(x_2, y_2) を通る直線の方程式は
$y-y_1 = \dfrac{y_2-y_1}{x_2-x_1}(x-x_1)$

40 [2 直線の位置関係①]　**16 2 直線の平行・垂直**

点 $A(4, 1)$ を通り，直線 $3x-2y=5$ …①に平行な直線と垂直な直線の方程式を求めよ。また，点 A と直線①の距離を求めよ。

直線①の傾きは $\dfrac{3}{2}$ である。

平行な直線は傾きが $\dfrac{3}{2}$ だから，その方程式は

$y-1 = \dfrac{3}{2}(x-4)$ より　$y = \dfrac{3}{2}x-5$ …答

垂直な直線は傾きが $-\dfrac{2}{3}$ だから，その方程式は

$y-1 = -\dfrac{2}{3}(x-4)$ より　$y = -\dfrac{2}{3}x + \dfrac{11}{3}$ …答

点 A と直線①の距離は

$\dfrac{|3 \times 4 - 2 \times 1 - 5|}{\sqrt{3^2 + (-2)^2}} = \dfrac{5}{\sqrt{13}} = \dfrac{5\sqrt{13}}{13}$ …答

★ヒラメキ★
平行→傾きが等しい
垂直→傾きの積が -1

なにをする？
点 (x_1, y_1) を通り，傾きが m の直線の方程式は
$\iff y-y_1 = m(x-x_1)$
点 (x_1, y_1) と
直線 $\ell: ax+by+c=0$ の距離 d は
$d = \dfrac{|ax_1+by_1+c|}{\sqrt{a^2+b^2}}$

ガイドなしでやってみよう!

41 [内分点の座標①]

座標平面上の2点 A(-2, 1), B(6, 5) について,線分 AB の中点を M,線分 AB を $3:1$ に内分する点を P,$3:1$ に外分する点を Q とするとき,点 M, P, Q の座標を求めよ。

M(x_0, y_0), P(x_1, y_1), Q(x_2, y_2) とすると

$x_0 = \dfrac{-2+6}{2} = 2$, $y_0 = \dfrac{1+5}{2} = 3$ より **M(2, 3)** …答

$x_1 = \dfrac{1 \times (-2) + 3 \times 6}{3+1} = 4$, $y_1 = \dfrac{1 \times 1 + 3 \times 5}{3+1} = 4$ より **P(4, 4)** …答

$x_2 = \dfrac{(-1) \times (-2) + 3 \times 6}{3-1} = 10$, $y_2 = \dfrac{(-1) \times 1 + 3 \times 5}{3-1} = 7$ より **Q(10, 7)** …答

42 [内分点の座標②]

座標平面上の3点 A(4, 6), B(-3, -1), C(5, 1) について,次の点の座標を求めよ。

(1) 線分 BC の中点 M

M(x_0, y_0) とすると

$x_0 = \dfrac{-3+5}{2} = 1$

$y_0 = \dfrac{-1+1}{2} = 0$

よって **M(1, 0)** …答

(2) 線分 AM を $2:1$ に内分する点 E

E(x_1, y_1) とすると

$x_1 = \dfrac{1 \times 4 + 2 \times 1}{2+1} = 2$

$y_1 = \dfrac{1 \times 6 + 2 \times 0}{2+1} = 2$

よって **E(2, 2)** …答

(3) 点 M に関する点 A の対称点 D

D(x_2, y_2) とする。
AD の中点が M

だから,$\dfrac{4+x_2}{2} = 1$, $\dfrac{6+y_2}{2} = 0$ より

$x_2 = -2$, $y_2 = -6$

よって **D(-2, -6)** …答

平行四辺形の対角線はそれぞれの中点で交わるから,点 D は平行四辺形 ABDC の1つの頂点だよ。

(4) 三角形 ABC の重心 G

G(x_3, y_3) とすると

$x_3 = \dfrac{4+(-3)+5}{3} = 2$

$y_3 = \dfrac{6+(-1)+1}{3} = 2$

よって **G(2, 2)** …答

三角形の重心は中線 AM を $2:1$ に内分した点だから,点 E と点 G は一致しますね。

43 [1直線上に並ぶ3点]

3点 A(-1, 1), B(3, 5), C(a, $2a+1$) が1直線上にあるとき,定数 a の値を求めよ。

2点 A, B を通る直線の方程式は $y - 1 = \dfrac{5-1}{3-(-1)}\{x-(-1)\}$ より $y = x + 2$

この直線上に点 C があるので $2a+1 = a+2$ ← $x = a$, $y = 2a+1$ を代入

これを解いて **$a = 1$** …答

44 [直線の方程式]

2直線 $x-y+1=0$, $2x+3y-8=0$ の交点を A とするとき，次の問いに答えよ。

(1) 点 A の座標を求めよ。

$x-y+1=0$ …①　　$2x+3y-8=0$ …②

①，②の連立方程式を解くと　$x=1$, $y=2$　　←①×3+② を計算する

したがって　**A(1, 2)** …答

(2) 次の直線の方程式を求めよ。

(i) 点 A を通り，傾きが -2 の直線

$y-2=-2(x-1)$

よって　$y=-2x+4$ …答

(ii) 点 A と点 $(4, -1)$ を通る直線

$y-2=\dfrac{-1-2}{4-1}(x-1)$

よって　$y=-x+3$ …答

45 [2直線の位置関係②]

点 P(1, 7) と直線 $\ell : 2x-3y+6=0$ があるとき，次の問いに答えよ。

(1) 点 P から直線 ℓ に下ろした垂線と ℓ との交点を H とするとき，直線 PH の方程式と点 H の座標を求めよ。

$2x-3y+6=0$ より　$y=\dfrac{2}{3}x+2$ …①

直線 PH の傾きを m とすると，PH⊥ℓ だから，$\dfrac{2}{3}\times m=-1$ より　$m=-\dfrac{3}{2}$

よって，直線 PH の方程式は，$y-7=-\dfrac{3}{2}(x-1)$ より

$y=-\dfrac{3}{2}x+\dfrac{17}{2}$ …② …答

①，②から，$\dfrac{2}{3}x+2=-\dfrac{3}{2}x+\dfrac{17}{2}$ より　$x=3$, $y=4$

したがって　**H(3, 4)** …答

(2) 直線 ℓ に関する点 P の対称点 Q の座標を求めよ。

点 Q(a, b) とすると，PQ の中点が H だから，

$\left(\dfrac{1+a}{2}, \dfrac{7+b}{2}\right)=(3, 4)$

より，$a=5$, $b=1$ だから　**Q(5, 1)** …答

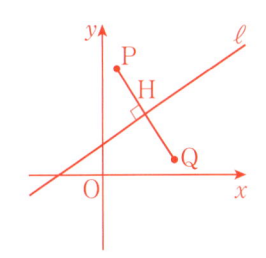

(3) 線分 PH の長さを求めよ。

点 P と直線 ℓ との距離だから　$\dfrac{|2\times 1-3\times 7+6|}{\sqrt{2^2+(-3)^2}}=\dfrac{13}{\sqrt{13}}=\sqrt{13}$ …答

[別解]　P(1, 7), H(3, 4) 間の距離だから　$PH=\sqrt{(3-1)^2+(4-7)^2}=\sqrt{13}$

2 円

17 円

円の方程式
点 (a, b) を中心とする半径 r の円の方程式は $(x-a)^2+(y-b)^2=r^2$
特に，原点を中心とする半径 r の円の方程式は $x^2+y^2=r^2$

円の方程式の一般形
$x^2+y^2+lx+my+n=0$ （$l^2+m^2>4n$ のとき，円を表す）

18 円と直線の位置関係

円と直線の位置関係
円と直線の方程式を連立方程式として解くことで共有点の座標がわかる。2つの方程式から x または y を消去して得られる2次方程式の判別式を D，円の中心と直線の距離を d，半径を r とすると，円と直線の位置関係は，下の図のようになる。

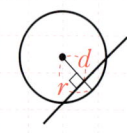

(ア) 2点で交わる　　(イ) 接する　　(ウ) 離れている
$D>0$, $r>d$　　$D=0$, $r=d$　　$D<0$, $r<d$

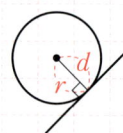

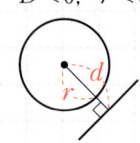

円の接線
円 $x^2+y^2=r^2$ 上の点 $P(x_1, y_1)$ における接線の方程式は $x_1x+y_1y=r^2$

2円の位置関係
2つの円 O, O' の半径をそれぞれ r, r' ($r>r'$)，中心間の距離を d とすると，2つの円の位置関係は，下の図のようになる。

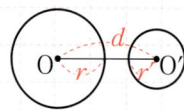

(ア) 離れている　　(イ) 外接する　　(ウ) 2点で交わる
$r+r'<d$　　$r+r'=d$　　$r-r'<d<r+r'$

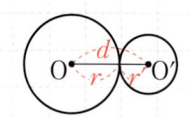

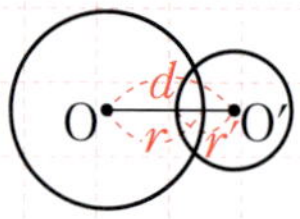

(エ) 内接する　　(オ) 一方が他方に含まれる
$r-r'=d$　　$0 \leq d < r-r'$

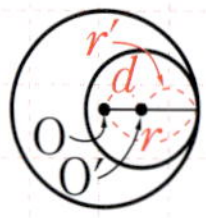

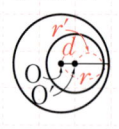

46 [円の中心と半径] **17** 円

円 $x^2+y^2+4x-2y-4=0$ の中心の座標と半径を求めよ。

x, y それぞれについて平方完成すると
$(x+2)^2+(y-1)^2=3^2$
したがって　中心 $(-2, 1)$，半径 3 …答

ガイド

★ヒラメキ★
$(x-a)^2+(y-b)^2=r^2$
→中心 (a, b)，半径 r の円

なにをする?
x, y それぞれについて平方完成する。

47 [円の方程式] 17 円

点 $(2, 1)$ を通り，x 軸，y 軸の両方に接する円の方程式を求めよ。

点 $(2, 1)$ を通り，x 軸，y 軸の両方に接するから，中心 (r, r)，半径 r の円であることがわかる。
よって　$(x-r)^2+(y-r)^2=r^2$　…①
円①が点 $(2, 1)$ を通るから　$(2-r)^2+(1-r)^2=r^2$
$(4-4r+r^2)+(1-2r+r^2)=r^2$ より　$r^2-6r+5=0$
$(r-1)(r-5)=0$ だから　$r=1, 5$
したがって，求める円の方程式は
$(x-1)^2+(y-1)^2=1$，$(x-5)^2+(y-5)^2=25$　…答

ガイド
★ヒラメキ★
x 軸，y 軸に接する円で点 $(2, 1)$ を通る
→中心 (r, r)，半径 r $(r>0)$

なにをする？
$(x-r)^2+(y-r)^2=r^2$
が点 $(2, 1)$ を通るときの r を求める。

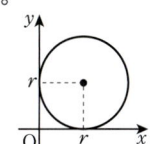

48 [円の接線①] 18 円と直線の位置関係

次の接線の方程式を求めよ。

(1) 円 $x^2+y^2=10$ 上の点 $(3, 1)$ における接線

　公式より　$3x+y=10$　…答

(2) 円 $(x-2)^2+(y+1)^2=10$ 上の点 $(1, 2)$ における接線

　この円の中心 $(2, -1)$ と点 $(1, 2)$ を通る直線の傾きは $\dfrac{-1-2}{2-1}=-3$ で，求める直線はこの直線と垂直で点 $(1, 2)$ を通るから　$y-2=\dfrac{1}{3}(x-1)$

　よって　$-x+3y=5$　…答

(3) 点 $(6, 3)$ から円 $x^2+y^2=9$ に引いた接線

　接点の座標を $P(x_0, y_0)$ とおく。
　これは円上の点なので　$x_0^2+y_0^2=9$　…①
　P における接線の方程式は $x_0 x+y_0 y=9$ で，これが点 $(6, 3)$ を通ることから　$6x_0+3y_0=9$
　すなわち　$y_0=3-2x_0$　…②
　②を①に代入して　$x_0^2+(3-2x_0)^2=9$
　整理して　$5x_0^2-12x_0=0$　よって　$x_0=0, \dfrac{12}{5}$
　接点の座標は　$(x_0, y_0)=(0, 3), \left(\dfrac{12}{5}, -\dfrac{9}{5}\right)$
　接線の方程式は　$0 \cdot x+3y=9$，$\dfrac{12}{5}x-\dfrac{9}{5}y=9$
　すなわち　$y=3$，$4x-3y=15$　…答

★ヒラメキ★
円の接線→公式

なにをする？
円 $x^2+y^2=r^2$ 上の点 $P(x_1, y_1)$ における接線の方程式は
$x_1 x+y_1 y=r^2$

(3)は次のような解法もある。
求める直線の方程式を
$y-3=m(x-6)$
とおく。円の中心 $(0, 0)$ とこの直線の距離が円の半径 3 に等しい。
直線の方程式は
$mx-y-6m+3=0$
と変形できるので
$\dfrac{|-6m+3|}{\sqrt{m^2+(-1)^2}}=3$
これを解いて m を求める。
また，$x=6$ は求める接線でないことも確認しておく。

ガイドなしでやってみよう!

49 [直径の両端と円]

2点 A$(-1, 2)$, B$(5, 4)$ を直径の両端とする円の方程式を求めよ。

求める円の中心を C とする。

C は線分 AB の中点だから，$\left(\dfrac{-1+5}{2}, \dfrac{2+4}{2}\right)$ より　C$(2, 3)$

半径は線分 BC の長さだから　$\sqrt{(5-2)^2+(4-3)^2}=\sqrt{10}$

したがって　$(x-2)^2+(y-3)^2=10$　…answer

50 [3点を通る円]

3点 A$(4, 2)$, B$(-1, 1)$, C$(5, -3)$ を通る円の方程式を求めよ。

求める円の方程式を $x^2+y^2+lx+my+n=0$ とおく。

点 A を通るから，$4^2+2^2+4l+2m+n=0$ より　$4l+2m+n=-20$　…①

点 B を通るから，$(-1)^2+1^2-l+m+n=0$ より　$-l+m+n=-2$　…②

点 C を通るから，$5^2+(-3)^2+5l-3m+n=0$ より　$5l-3m+n=-34$　…③

①－② より　$5l+m=-18$　…④

②－③ より，$-6l+4m=32$ となり　$3l-2m=-16$　…⑤

④×2＋⑤ より，$13l=-52$ だから　$l=-4$

④より　$m=2$　②より　$n=-8$

したがって　$x^2+y^2-4x+2y-8=0$　…answer

51 [交点の座標]

円 $x^2+y^2=5$ と直線 $y=x+1$ の交点の座標を求めよ。

$y=x+1$ を $x^2+y^2=5$ に代入して　←交点の座標は連立方程式の解

$x^2+(x+1)^2=5$ より，$2x^2+2x-4=0$ だから　$x^2+x-2=0$

$(x+2)(x-1)=0$ より　$x=-2, 1$

$x=-2$ のとき $y=-1$，$x=1$ のとき $y=2$

したがって，交点の座標は　$(-2, -1), (1, 2)$　…answer

52 [円の接線②]

円 $x^2+y^2=10$ に接する傾き -3 の直線の方程式を求めよ。

傾き -3 の直線の方程式を $y=-3x+k$ とおく。

円と直線の方程式から y を消去すると　$x^2+(-3x+k)^2=10$

これを整理して　$10x^2-6kx+k^2-10=0$

円と直線が接することから，判別式 $D=0$

よって，$D=(-6k)^2-4\cdot 10(k^2-10)=0$ を整理して　$k^2-100=0$

ゆえに　$k=\pm 10$

したがって，接線の方程式は　$y=-3x+10, y=-3x-10$　…answer

30 ── 第2章　図形と方程式

53 [円に接する円]

点 $(4, 3)$ を中心とし，円 $x^2+y^2=1$ に接する円の方程式を求めよ。

<u>2円が接する問題では中心間の距離と半径を考える</u>

円 $x^2+y^2=1$ は中心 $O(0, 0)$，半径 1 の円である。
求める円の中心を点 $C(4, 3)$，半径を r とする。
2つの円の中心間の距離は $OC=\sqrt{16+9}=5$ だから

(i) 2円が外接するとき $r=5-1=4$
    よって $(x-4)^2+(y-3)^2=4^2$ …答

(ii) 2円が内接するとき $r=5+1=6$
    よって $(x-4)^2+(y-3)^2=6^2$ …答

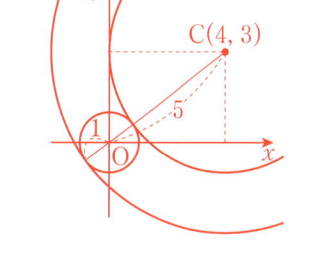

54 [円と直線の位置関係]

円 $x^2+y^2=5$ と直線 $y=2x+k$ との共有点の個数を次の方法で調べよ。

(1) 判別式 D を活用する方法 ← **18** 円と直線の位置関係を参考に

直線と円の方程式から y を消去して $x^2+(2x+k)^2=5$
これを整理して $5x^2+4kx+k^2-5=0$
判別式 $D=(4k)^2-4 \cdot 5(k^2-5)=-4(k^2-25)=-4(k+5)(k-5)$
$D>0$ のとき，$(k+5)(k-5)<0$ より $-5<k<5$
$D=0$ のとき，$(k+5)(k-5)=0$ より $k=5, -5$
$D<0$ のとき，$(k+5)(k-5)>0$ より $k<-5, 5<k$

答 $\begin{cases} -5<k<5 \text{ のとき} & \text{共有点2個} \\ k=5, -5 \text{ のとき} & \text{共有点1個} \\ k<-5, 5<k \text{ のとき} & \text{共有点0個} \end{cases}$

$f(k)=(k+5)(k-5)$

(2) 点と直線の距離を活用する方法

円の中心 $(0, 0)$ と直線 $2x-y+k=0$ の距離 d は
$$d=\frac{|k|}{\sqrt{2^2+(-1)^2}}=\frac{|k|}{\sqrt{5}}$$

円の半径 $\sqrt{5}$ と d を比較して，

$d<\sqrt{5}$ のとき，$\frac{|k|}{\sqrt{5}}<\sqrt{5}$ より，$|k|<5$ だから $-5<k<5$

$d=\sqrt{5}$ のとき，$\frac{|k|}{\sqrt{5}}=\sqrt{5}$ より，$|k|=5$ だから $k=5, -5$ ← このときは接している

$d>\sqrt{5}$ のとき，$\frac{|k|}{\sqrt{5}}>\sqrt{5}$ より，$|k|>5$ だから $k<-5, 5<k$

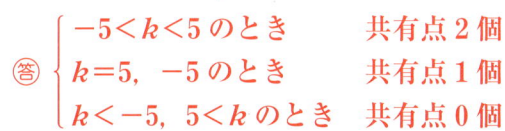

答 $\begin{cases} -5<k<5 \text{ のとき} & \text{共有点2個} \\ k=5, -5 \text{ のとき} & \text{共有点1個} \\ k<-5, 5<k \text{ のとき} & \text{共有点0個} \end{cases}$

(1)，(2)のどちらかで解けるように復習しよう。

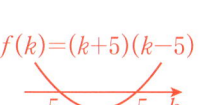

3 軌跡と領域

Point! 19 軌 跡

軌跡

平面上において，ある条件を満たしながら動く点Pの描く図形を，Pの軌跡という。条件 C を満たす点の軌跡が図形 F である。

$\iff \begin{cases} ① 条件 C を満たすすべての点は図形 F 上にある。\\ ② 図形 F 上のすべての点は，条件 C を満たす。\end{cases}$

20 領 域

領域

x, y についての不等式を満たす点 (x, y) 全体の集合を，その不等式の表す領域という。

連立不等式の表す領域

連立不等式の表す領域は，それぞれの不等式の表す領域の共通部分である。

21 領域のいろいろな問題

領域と最大・最小

領域内の点 $P(x, y)$ に対して，x, y の式の最大値，最小値を求めるとき，x, y の式を k とおき，図形を使って考える。

---

55 [2点から等距離にある点] 19 軌 跡

2点 $A(-2, 1)$, $B(3, 4)$ からの距離が等しい点 P の軌跡を求めよ。

点 $P(x, y)$ とおくと，P の満たす条件は $AP=BP$
両辺は負でないので，両辺を2乗して $AP^2=BP^2$
$(x+2)^2+(y-1)^2=(x-3)^2+(y-4)^2$
整理して，$10x+6y=20$ より $5x+3y=10$
求める軌跡は，**直線 $5x+3y=10$** …⟨答⟩

56 [2点からの距離の比が一定である点] 19 軌 跡

原点 O と点 $A(6, 0)$ に対して，$OP:AP=2:1$ となる点 P の軌跡を求めよ。

点 $P(x, y)$ とおく。
$OP:AP=2:1$ より $2AP=OP$
両辺は負でないので，両辺を2乗して $4AP^2=OP^2$
$4\{(x-6)^2+y^2\}=x^2+y^2$
整理して $x^2-16x+y^2+48=0$
よって $(x-8)^2+y^2=16$
したがって，求める軌跡は，**点 $(8, 0)$ を中心とする半径4の円である。** …⟨答⟩

ガイド

★ヒラメキ★

軌跡 → 条件に適する x, y の方程式を求める

なにをする?
・$P(x, y)$ とおく。
・与えられた条件を x, y で表す。
・式を整理して，表す図形を読み取る。
・移動条件は $AP=BP$

なにをする?
・与えられた条件より
 $OP:AP=2:1$

57 [領域の図示①] 20 領 域

次の不等式の表す領域を図示せよ。

(1) $y < -\dfrac{1}{2}x+1$

下の図の斜線部分。境界線は含まない。

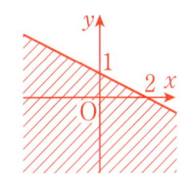

(2) $(x-1)^2+(y+1)^2 \geqq 2$

下の図の斜線部分。境界線を含む。

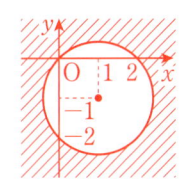

(3) $\begin{cases} x+y \geqq 0 & \cdots ① \\ x^2+y^2 \leqq 4 & \cdots ② \end{cases}$

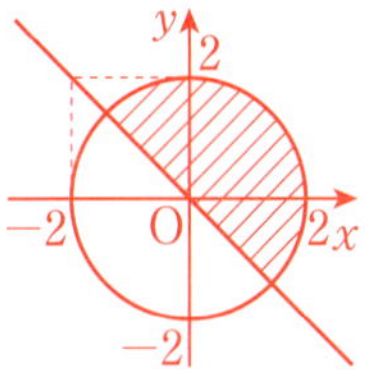

①は $y \geqq -x$ だから直線 $y=-x$ の上側。②は $x^2+y^2 \leqq 4$ だから円 $x^2+y^2=4$ の周および内部。
2つの領域の共通部分だから，右の図の斜線部分で境界線を含む。

ガイド

★ヒラメキ★

領域→不等式に適する点 $P(x, y)$ を図示する。境界については記述する。

なにをする？

次の点に注意して領域を考える。
$y > ax+b$
→直線 $y=ax+b$ の上側
$y < ax+b$
→直線 $y=ax+b$ の下側
$x^2+y^2 > r^2$
→円 $x^2+y^2=r^2$ の外部
$x^2+y^2 < r^2$
→円 $x^2+y^2=r^2$ の内部
連立不等式の表す領域
→各領域の共通部分

58 [領域と最大・最小①] 21 領域のいろいろな問題

x, y が不等式 $x \geqq 0$，$y \geqq 0$，$2x+y \leqq 12$，$x+2y \leqq 12$ を満たすとき，$3x+4y$ の最大値，最小値と，そのときの x, y の値を求めよ。

4つの不等式を満たす領域 D を図示する。
$x \geqq 0$ より，y 軸の右側。$y \geqq 0$ より，x 軸の上側。
$y \leqq -2x+12$ より，$y=-2x+12$ の下側。
$y \leqq -\dfrac{1}{2}x+6$ より，$y=-\dfrac{1}{2}x+6$ の下側。

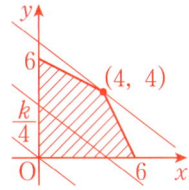

よって，領域 D は右の図の斜線部分で境界線を含む。$3x+4y=k$ とおくと，$y=-\dfrac{3}{4}x+\dfrac{k}{4}$ となり，傾き $-\dfrac{3}{4}$，y 切片 $\dfrac{k}{4}$ の直線を表す。この直線が領域 D と共有点をもつように平行移動する。

k が最大となるのは点 $(4, 4)$ を通るときで
　$k=3 \cdot 4+4 \cdot 4=28$
k が最小となるのは点 $(0, 0)$ を通るときで
　$k=3 \cdot 0+4 \cdot 0=0$

答 $\begin{cases} \text{最大値 } 28 \ (x=4, y=4 \text{ のとき}) \\ \text{最小値 } 0 \ \ (x=0, y=0 \text{ のとき}) \end{cases}$

★ヒラメキ★

領域と最大・最小
→$y=-\dfrac{3}{4}x+\dfrac{k}{4}$ を領域内で平行移動させる。

なにをする？

① 領域（各領域の共通部分）を図示する。
② $3x+4y=k$ とおくと
　　$y=-\dfrac{3}{4}x+\dfrac{k}{4}$
③ ②の直線を平行移動する。
　　y 切片 $\dfrac{k}{4}$ が大きいほど，k は大きくなり，小さいほど k は小さくなる。

ガイドなしでやってみよう！

59 [軌跡]

2点 A$(-1, -2)$, B$(3, 2)$ のとき，AP^2－BP^2＝8 を満たす点 P の軌跡を求めよ。

点 P(x, y) とする。AP^2－BP^2＝8 だから，
$\{(x+1)^2+(y+2)^2\}-\{(x-3)^2+(y-2)^2\}=8$ を整理して
$x^2+2x+1+y^2+4y+4-(x^2-6x+9+y^2-4y+4)=8$
$8x+8y=16$ より $x+y=2$
したがって，点 P の軌跡は，**直線 $x+y=2$** …答

60 [中点の軌跡]

円 $x^2+y^2=4$ と点 P$(4, 0)$ がある。点 Q がこの円周上を動くとき，線分 PQ の中点 M の軌跡を求めよ。

点 Q(s, t) とする。点 Q は円周上の点だから
$s^2+t^2=4$ …①
点 M(x, y) とする。点 M は線分 PQ の中点だから
$x=\dfrac{s+4}{2}$, $y=\dfrac{t}{2}$
より $s=2x-4$ …② $t=2y$ …③
②，③を①に代入して $(2x-4)^2+(2y)^2=4$
両辺を 4 で割って $(x-2)^2+y^2=1$
したがって，点 M の軌跡は，**中心が $(2, 0)$，半径 1 の円。** …答

61 [領域の図示②]

次の不等式の表す領域を図示せよ。

(1) $x>2$

下の図の斜線部分。
境界線は含まない。

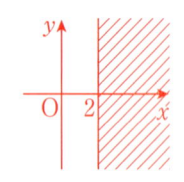

(2) $y>x^2-1$

下の図の斜線部分。
境界線は含まない。

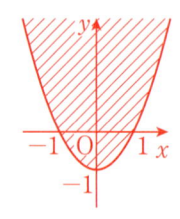

(3) $\begin{cases} 2x+y-1\leqq 0 & \cdots① \\ x^2-2x+y^2\leqq 0 & \cdots② \end{cases}$

①は $y\leqq -2x+1$ だから，直線 $y=-2x+1$ の下側。
②は $(x-1)^2+y^2\leqq 1$ だから，円 $(x-1)^2+y^2=1$ の周および内部。
2つの領域の共通部分だから右の図の斜線部分。
ただし，境界線を含む。

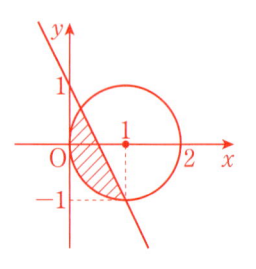

62 [領域の図示③]

不等式 $(x+y)(2x-y-3)>0$ の表す領域を図示せよ。

積が正だから，2式は同符号である。 ← $AB>0$ のとき $A>0$, $B>0$ または $A<0$, $B<0$

(i) $\begin{cases} x+y>0 & \cdots ① \\ 2x-y-3>0 & \cdots ② \end{cases}$ のとき

①は $y>-x$ と変形できるので，直線 $y=-x$ の上側を表す。
②は $y<2x-3$ と変形できるので，直線 $y=2x-3$ の下側を表す。よって，(i)が表す領域は右の図1の斜線部分。ただし，境界線は含まない。

(ii) $\begin{cases} x+y<0 & \cdots ③ \\ 2x-y-3<0 & \cdots ④ \end{cases}$ のとき

③は $y<-x$ と変形できるので，直線 $y=-x$ の下側を表す。
④は $y>2x-3$ と変形できるので，直線 $y=2x-3$ の上側を表す。よって，(ii)が表す領域は右の図2の斜線部分。ただし，境界線は含まない。

したがって，求める領域は，(i)，(ii)の和集合で，右の図3の斜線部分。ただし，境界線は含まない。

図1
図2
図3

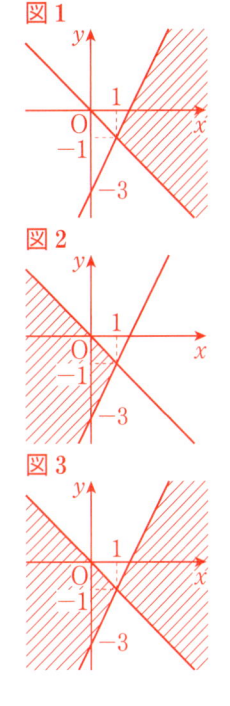

63 [領域と最大・最小②]

3つの不等式 $x-2y\leqq 0$, $2x-y\geqq 0$, $y\leqq 2$ で表される領域を D とする。

(1) D を図示せよ。

$x-2y\leqq 0$ より，$y\geqq \dfrac{1}{2}x$ で，直線 $y=\dfrac{1}{2}x$ の上側。

$2x-y\geqq 0$ より，$y\leqq 2x$ で，直線 $y=2x$ の下側。

$y\leqq 2$ より，直線 $y=2$ の下側。

したがって，領域 D は右の斜線部分で境界線を含む。

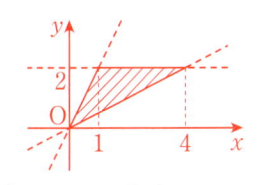

(2) D 内の点 (x, y) について，$x+y$ の最大値，最小値とそのときの x, y を求めよ。

$x+y=k$ とおくと，$y=-x+k$ となり，傾き -1 の直線を表す。この直線を，領域 D と共有点をもつように平行移動する。y 切片が k だから切片が上に上がるほど，k の値が大きくなる。よって，k が最大となるのは点 A(4, 2) を通るときで，最小となるのは点 O(0, 0) を通るときであるから，
最大値 6 ($x=4$, $y=2$)，最小値 0 ($x=0$, $y=0$) …答

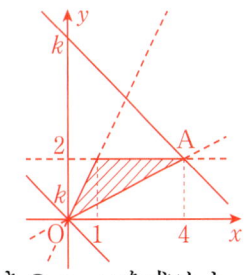

(3) D 内の点 (x, y) について，$x-y$ の最大値，最小値とそのときの x, y を求めよ。

$x-y=l$ とおくと，$y=x-l$ となり，傾き 1 の直線を表す。この直線を，領域 D と共有点をもつように平行移動する。y 切片が $-l$ だから y 切片が上に上がるほど，l の値が小さくなる。よって，l が最大となるのは点 A(4, 2) を通るときで，最小となるのは点 B(1, 2) を通るときであるから，
最大値 2 ($x=4$, $y=2$)，最小値 -1 ($x=1$, $y=2$) …答

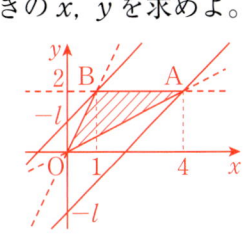

定期テスト対策問題

目標点　60点
制限時間　50分
点

1 2点 A(-2, -3)，B(3, 7) について，次の点の座標を求めよ。
（各8点 計16点）

(1) 線分 AB を $3:2$ に内分する点 P
P(x_1, y_1) とすると
$$x_1 = \frac{2\cdot(-2)+3\cdot 3}{3+2} = 1$$
$$y_1 = \frac{2\cdot(-3)+3\cdot 7}{3+2} = 3$$
したがって　**P(1, 3)** …答

(2) 線分 AB を $3:2$ に外分する点 Q
Q(x_2, y_2) とすると
$$x_2 = \frac{(-2)\cdot(-2)+3\cdot 3}{3-2} = 13$$
$$y_2 = \frac{(-2)\cdot(-3)+3\cdot 7}{3-2} = 27$$
したがって　**Q(13, 27)** …答

2 座標平面上の3点 A(-3, -1)，B(2, 9)，C(3, 6) について，次のものを求めよ。
（各8点 計32点）

(1) 直線 AB の方程式
$y+1 = \dfrac{9-(-1)}{2-(-3)}(x+3)$ より
$y = 2x+5$ …答

(2) 点 C を通り AB に垂直な直線の方程式
$y-6 = -\dfrac{1}{2}(x-3)$ より
$y = -\dfrac{1}{2}x + \dfrac{15}{2}$ …答

← AB に垂直なので傾きは $-\dfrac{1}{2}$

(3) (1), (2)で求めた2直線の交点 H の座標
連立方程式 $\begin{cases} y = 2x+5 \\ y = -\dfrac{1}{2}x + \dfrac{15}{2} \end{cases}$
を解く。
$2x+5 = -\dfrac{1}{2}x + \dfrac{15}{2}$
$4x+10 = -x+15$ より　$x=1$, $y=7$
よって　**H(1, 7)** …答

(4) 直線 AB に関する点 C の対称点 D の座標
D(x_1, y_1) とする。
CD の中点が H なので
$\left(\dfrac{3+x_1}{2}, \dfrac{6+y_1}{2}\right) = (1, 7)$
より，$x_1 = -1$, $y_1 = 8$ だから
D(-1, 8) …答

3 3点 A(1, 2)，B(2, 3)，C(5, 3) を通る円の方程式を求めよ。（10点）
求める円の方程式を $x^2+y^2+lx+my+n=0$ とおく。
A を通るから，$1^2+2^2+l+2m+n=0$ より　$l+2m+n = -5$ …①
B を通るから，$2^2+3^2+2l+3m+n=0$ より　$2l+3m+n = -13$ …②
C を通るから，$5^2+3^2+5l+3m+n=0$ より　$5l+3m+n = -34$ …③
③－② より，$3l = -21$ だから　$l = -7$
②－① より，$l+m = -8$ だから　$m = -1$
① に代入して，$-7-2+n = -5$ より　$n = 4$
したがって　**$x^2+y^2-7x-y+4=0$** …答

36 ── 第2章　図形と方程式

4 点$(4, 2)$から円$x^2+y^2=4$に引いた接線の方程式を求めよ。　(12点)

接点の座標を$P(x_0, y_0)$とおく。これは円上の点なので
$$x_0^2+y_0^2=4 \quad \cdots ①$$
点Pにおける接線の方程式は，$x_0x+y_0y=4$で，これが点$(4, 2)$を通るので，$4x_0+2y_0=4$より
$$y_0=2-2x_0 \quad \cdots ②$$
②を①に代入して　$x_0^2+(2-2x_0)^2=4$　整理して　$5x_0^2-8x_0=0$

$x_0(5x_0-8)=0$より　$x_0=0, \dfrac{8}{5}$

よって，接点の座標は　$(x_0, y_0)=(0, 2), \left(\dfrac{8}{5}, -\dfrac{6}{5}\right)$

接線の方程式は$0 \cdot x+2y=4$，$\dfrac{8}{5}x-\dfrac{6}{5}y=4$より　**$y=2$, $4x-3y=10$** …答

5 2点$A(2, 5)$, $B(4, 1)$がある。円$x^2+y^2=9$の周上の動点Pに対して，△ABPの重心Gの軌跡を求めよ。　(15点)

点$P(s, t)$とおくと，$s^2+t^2=9$　…①であり，$G(x, y)$とおくと，△ABPの重心がGであるので
$$x=\dfrac{2+4+s}{3}, \quad y=\dfrac{5+1+t}{3}$$
より　$s=3x-6$, $t=3y-6$

これを①に代入して　$(3x-6)^2+(3y-6)^2=9$

これより　$\{3(x-2)\}^2+\{3(y-2)\}^2=9$

$9(x-2)^2+9(y-2)^2=9$の両辺を9で割って　$(x-2)^2+(y-2)^2=1$

よって，求める軌跡は**点$(2, 2)$を中心とする半径1の円である**。…答

6 2種類の薬品P, Qがある。これら1gあたりのA成分の含有量, B成分の含有量, 価格は右の表の通りである。いま，A成分を10mg以上, B成分を15mg以上とる必要があるとき，その費用を最小にするためには，P, Qをそれぞれ何gとればよいか。　(15点)

	A成分 (mg)	B成分 (mg)	価格 (円)
P	2	1	5
Q	1	3	6

薬品Pをxg，薬品Qをygとるとすると
$$x \geq 0, \quad y \geq 0 \quad \cdots ①$$
このとき，A成分は$(2x+y)$mg，B成分は$(x+3y)$mg
必要量から　$2x+y \geq 10$　…②　　$x+3y \geq 15$　…③

費用は$(5x+6y)$円となる。不等式①，②，③を満たす領域Dで$5x+6y=k$の最小値を求めればよい。領域Dは右の図のようになる。

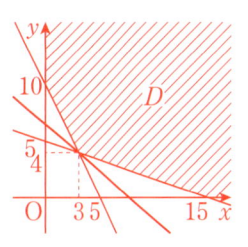

$y=-\dfrac{5}{6}x+\dfrac{k}{6}$より，傾き$-\dfrac{5}{6}$の直線が領域$D$と共有点をもち，かつ$y$切片が最小となるのは，点$(3, 4)$を通るときである。

したがって，**薬品Pを3g, 薬品Qを4gとればよい**。…答

第3章 三角関数

1 三角関数

22 一般角と弧度法

動径の回転

半直線 OX は固定されているものとする。点 O のまわりを回転する半直線 OP が，はじめ OX の位置にあったものとし，その回転した角度を考える。このとき，OX を**始線**，OP を**動径**という。

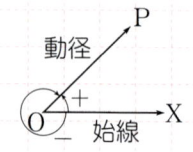

一般角

動径の角度は，回転の向きで正と負の角を考えることができる。また，正の向きにも負の向きにも 360° を超える回転を考えることができる。このように，角の大きさの範囲を拡げて考える角のことを**一般角**といい，$\alpha + 360° \times n$（n は整数）と表す。

弧度法

定義 $\theta = \dfrac{l}{r}$（扇形の半径を r，弧の長さを l としたときの中心角が θ）

扇形の弧の長さと面積

半径 r，中心角 θ の扇形の弧の長さ l，面積 S は

$$l = r\theta, \quad S = \frac{1}{2}r^2\theta = \frac{1}{2}lr$$

23 三角関数

三角関数の定義

xy 平面上で原点を中心とする半径 r の円 O を考える。x 軸の正の部分を始線とし，角 θ の定める動径と円 O との交点を P とする。点 P の座標を (x, y) とおくとき，角 θ の三角関数を次のように定める。

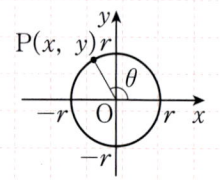

$$\sin\theta = \frac{y}{r}, \quad \cos\theta = \frac{x}{r}, \quad \tan\theta = \frac{y}{x}$$
（正弦）　　　（余弦）　　　（正接）

三角関数の値域

$-1 \leq \sin\theta \leq 1$，$-1 \leq \cos\theta \leq 1$，$\tan\theta$ の値域は実数全体。

24 三角関数の相互関係

三角関数と単位円

xy 平面上で原点を中心とする半径 1 の円を**単位円**という。$r = 1$ のときの三角関数の定義は

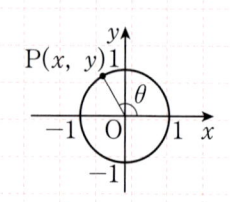

$$\sin\theta = y, \quad \cos\theta = x, \quad \tan\theta = \frac{y}{x}$$

三角関数の相互関係

① $\sin^2\theta + \cos^2\theta = 1$　　② $\tan\theta = \dfrac{\sin\theta}{\cos\theta}$　　③ $1 + \tan^2\theta = \dfrac{1}{\cos^2\theta}$

25 三角関数の性質

三角関数の性質 n は整数とする。
① $\sin(\theta+2n\pi)=\sin\theta$, $\cos(\theta+2n\pi)=\cos\theta$, $\tan(\theta+2n\pi)=\tan\theta$
② $\sin(-\theta)=-\sin\theta$, $\cos(-\theta)=\cos\theta$, $\tan(-\theta)=-\tan\theta$
③ $\sin(\theta+\pi)=-\sin\theta$, $\cos(\theta+\pi)=-\cos\theta$, $\tan(\theta+\pi)=\tan\theta$
④ $\sin(\pi-\theta)=\sin\theta$, $\cos(\pi-\theta)=-\cos\theta$, $\tan(\pi-\theta)=-\tan\theta$
⑤ $\sin\left(\dfrac{\pi}{2}-\theta\right)=\cos\theta$, $\cos\left(\dfrac{\pi}{2}-\theta\right)=\sin\theta$, $\tan\left(\dfrac{\pi}{2}-\theta\right)=\dfrac{1}{\tan\theta}$

---

64 [扇形の弧の長さと面積①] **22** 一般角と弧度法

半径 4,中心角 60° の扇形の弧の長さ l と面積 S を求めよ。

中心角 $60°=\dfrac{\pi}{3}$(ラジアン)だから

$l=4\cdot\dfrac{\pi}{3}=\dfrac{4}{3}\pi$ …答 $S=\dfrac{1}{2}\cdot\dfrac{4}{3}\pi\cdot 4=\dfrac{8}{3}\pi$ …答

★ヒラメキ★
中心角→ラジアンで表す

なにをする?
$l=r\theta$, $S=\dfrac{1}{2}r^2\theta=\dfrac{1}{2}lr$

---

65 [三角関数の定義] **23** 三角関数

θ は第 3 象限の角で $\cos\theta=-\dfrac{1}{3}$ のとき,定義に従って,$\sin\theta$, $\tan\theta$ の値を求めよ。

半径 3 の円を考える。右の図より

$\sin\theta=-\dfrac{2\sqrt{2}}{3}$ …答

$\tan\theta=\dfrac{-2\sqrt{2}}{-1}=2\sqrt{2}$ …答

★ヒラメキ★
三角関数の値→図をかく

なにをする?
定義を考えることにより,円の半径として適当な値を考える。

---

66 [三角関数の値の決定①] **24** 三角関数の相互関係

θ は第 3 象限の角で,$\cos\theta=-\dfrac{1}{2}$ のとき,$\sin\theta$, $\tan\theta$ の値を求めよ。

$\sin^2\theta+\cos^2\theta=1$ より $\sin^2\theta=1-\cos^2\theta=\dfrac{3}{4}$

θ は第 3 象限の角だから $\sin\theta=-\dfrac{\sqrt{3}}{2}$ …答

$\tan\theta=\dfrac{\sin\theta}{\cos\theta}$ より $\tan\theta=\sqrt{3}$ …答

★ヒラメキ★
三角関数の値が1つわかる
→他の三角関数の値もわかる

なにをする?
三角関数の相互関係
$\sin^2\theta+\cos^2\theta=1$
などを使う。

---

67 [式の値] **25** 三角関数の性質

$\sin\left(\dfrac{\pi}{2}-\theta\right)+\sin(\pi-\theta)+\sin(\pi+\theta)$ を簡単にせよ。

(与式)$=\cos\theta+\sin\theta-\sin\theta=\cos\theta$ …答

★ヒラメキ★
三角関数の性質→公式を使う

なにをする?
公式の覚え方→いつでも図から作れるように

ガイドなしでやってみよう！

68 [弧度法と度数法]

次の角を，弧度法は度数法で，度数法は弧度法で表せ。

(1) $\dfrac{3}{2}\pi$ ← $\dfrac{180°}{\pi}$ を掛ける

$\dfrac{3}{2}\pi \times \dfrac{180°}{\pi} = 270°$ …答

(2) $\dfrac{11}{6}\pi$ ← $\dfrac{180°}{\pi}$ を掛ける

$\dfrac{11}{6}\pi \times \dfrac{180°}{\pi} = 330°$ …答

(3) $150°$ ← $\dfrac{\pi}{180°}$ を掛ける

$150° \times \dfrac{\pi}{180°} = \dfrac{5}{6}\pi$ …答

(4) $135°$ ← $\dfrac{\pi}{180°}$ を掛ける

$135° \times \dfrac{\pi}{180°} = \dfrac{3}{4}\pi$ …答

69 [扇形の弧の長さと面積②]

半径 3，中心角 $90°$ の扇形の弧の長さ l と面積 S を求めよ。

中心角 $90°$ は $\dfrac{\pi}{2}$ だから

$l = r\theta = 3 \cdot \dfrac{\pi}{2} = \dfrac{3}{2}\pi$ …答　　$S = \dfrac{1}{2}lr = \dfrac{1}{2} \cdot \dfrac{3}{2}\pi \cdot 3 = \dfrac{9}{4}\pi$ …答

70 [三角関数の値]

次の角 θ に対応する $\sin\theta$，$\cos\theta$，$\tan\theta$ の値を求めよ。

θ	0	$\dfrac{\pi}{6}$	$\dfrac{\pi}{4}$	$\dfrac{\pi}{3}$	$\dfrac{\pi}{2}$	$\dfrac{2}{3}\pi$	$\dfrac{3}{4}\pi$	$\dfrac{5}{6}\pi$	π
$\sin\theta$	0	$\dfrac{1}{2}$	$\dfrac{\sqrt{2}}{2}$	$\dfrac{\sqrt{3}}{2}$	1	$\dfrac{\sqrt{3}}{2}$	$\dfrac{\sqrt{2}}{2}$	$\dfrac{1}{2}$	0
$\cos\theta$	1	$\dfrac{\sqrt{3}}{2}$	$\dfrac{\sqrt{2}}{2}$	$\dfrac{1}{2}$	0	$-\dfrac{1}{2}$	$-\dfrac{\sqrt{2}}{2}$	$-\dfrac{\sqrt{3}}{2}$	-1
$\tan\theta$	0	$\dfrac{\sqrt{3}}{3}$	1	$\sqrt{3}$	/	$-\sqrt{3}$	-1	$-\dfrac{\sqrt{3}}{3}$	0

θ	π	$\dfrac{7}{6}\pi$	$\dfrac{5}{4}\pi$	$\dfrac{4}{3}\pi$	$\dfrac{3}{2}\pi$	$\dfrac{5}{3}\pi$	$\dfrac{7}{4}\pi$	$\dfrac{11}{6}\pi$	2π
$\sin\theta$	0	$-\dfrac{1}{2}$	$-\dfrac{\sqrt{2}}{2}$	$-\dfrac{\sqrt{3}}{2}$	-1	$-\dfrac{\sqrt{3}}{2}$	$-\dfrac{\sqrt{2}}{2}$	$-\dfrac{1}{2}$	0
$\cos\theta$	-1	$-\dfrac{\sqrt{3}}{2}$	$-\dfrac{\sqrt{2}}{2}$	$-\dfrac{1}{2}$	0	$\dfrac{1}{2}$	$\dfrac{\sqrt{2}}{2}$	$\dfrac{\sqrt{3}}{2}$	1
$\tan\theta$	0	$\dfrac{\sqrt{3}}{3}$	1	$\sqrt{3}$	/	$-\sqrt{3}$	-1	$-\dfrac{\sqrt{3}}{3}$	0

71 [三角関数の値の決定②]

θ は第3象限の角で，$\tan\theta=2$ のとき，$\sin\theta$, $\cos\theta$ の値を求めよ。

$1+\tan^2\theta=\dfrac{1}{\cos^2\theta}$ だから $\cos^2\theta=\dfrac{1}{5}$

よって $\cos\theta=\pm\dfrac{\sqrt{5}}{5}$

θ は第3象限の角だから $\cos\theta<0$

よって $\boldsymbol{\cos\theta=-\dfrac{\sqrt{5}}{5}}$ …答

次に，$\tan\theta=\dfrac{\sin\theta}{\cos\theta}$ より $\boldsymbol{\sin\theta}=\tan\theta\cdot\cos\theta=2\cdot\left(-\dfrac{\sqrt{5}}{5}\right)=\boldsymbol{-\dfrac{2\sqrt{5}}{5}}$ …答

72 [等式の証明]

次の等式を証明せよ。

$$\dfrac{1+\cos\theta}{1-\sin\theta}-\dfrac{1-\cos\theta}{1+\sin\theta}=\dfrac{2(1+\tan\theta)}{\cos\theta}$$

[証明]

$(左辺)=\dfrac{1+\cos\theta}{1-\sin\theta}-\dfrac{1-\cos\theta}{1+\sin\theta}=\dfrac{(1+\cos\theta)(1+\sin\theta)-(1-\cos\theta)(1-\sin\theta)}{1-\sin^2\theta}$

$=\dfrac{(1+\sin\theta+\cos\theta+\cos\theta\sin\theta)-(1-\sin\theta-\cos\theta+\cos\theta\sin\theta)}{\cos^2\theta}$

↙ 分子，分母を $\cos\theta$ で割る

$=\dfrac{2(\cos\theta+\sin\theta)}{\cos^2\theta}=\dfrac{2(1+\tan\theta)}{\cos\theta}=(右辺)$

したがって $\dfrac{1+\cos\theta}{1-\sin\theta}-\dfrac{1-\cos\theta}{1+\sin\theta}=\dfrac{2(1+\tan\theta)}{\cos\theta}$ ［証明終わり］

[参考] $(左辺)=\dfrac{2(\cos\theta+\sin\theta)}{\cos^2\theta}$ まで変形した後，右辺を次のように変形して (左辺)=(右辺) を証明してもよい。

$(右辺)=\dfrac{2(1+\tan\theta)}{\cos\theta}=\dfrac{2\cos\theta(1+\tan\theta)}{\cos^2\theta}=\dfrac{2\left(\cos\theta+\cos\theta\cdot\dfrac{\sin\theta}{\cos\theta}\right)}{\cos^2\theta}=\dfrac{2(\cos\theta+\sin\theta)}{\cos^2\theta}$

73 [三角関数の計算]

次の式を簡単にせよ。

$$\cos\left(\dfrac{\pi}{2}+\theta\right)+\cos(\pi+\theta)+\cos\left(\dfrac{3}{2}\pi+\theta\right)+\cos(2\pi+\theta)$$

公式より

$\cos(\pi+\theta)=-\cos\theta$, $\cos(2\pi+\theta)=\cos\theta$

右の単位円より

$\cos\left(\dfrac{\pi}{2}+\theta\right)=-\sin\theta$, $\cos\left(\dfrac{3}{2}\pi+\theta\right)=\sin\theta$

したがって 与式$=-\sin\theta-\cos\theta+\sin\theta+\cos\theta=\boldsymbol{0}$ …答

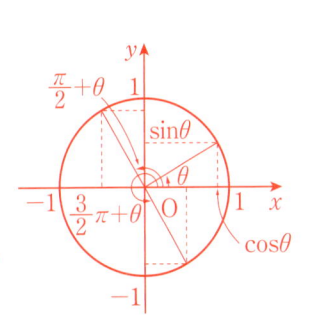

2 三角関数のグラフ

Point! 26 三角関数のグラフ

$y=\sin\theta$, $y=\cos\theta$ のグラフ

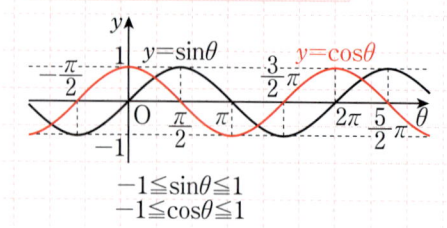

$-1 \leq \sin\theta \leq 1$
$-1 \leq \cos\theta \leq 1$

$y=\tan\theta$ のグラフ

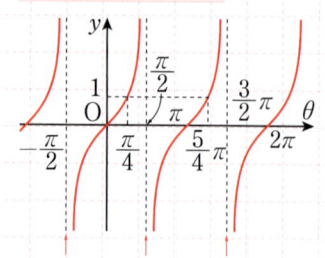

このように,グラフが限りなく近づく直線を漸近線という

周期

関数 $f(\theta)$ において,すべての実数 θ に対して,$f(\theta+p)=f(\theta)$ を満たす 0 でない実数 p が存在するとき,関数 $f(\theta)$ を**周期関数**,p を**周期**という。
周期は,普通正で最小のものをいう。
($\sin\theta$, $\cos\theta$ の周期は 2π,$\tan\theta$ の周期は π である。)

27 三角方程式

三角方程式を単位円を使って解く方法

(1) $\sin\theta=a$ ($-1 \leq a \leq 1$) の解法
単位円と直線 $y=a$ の交点から得られる動径の角を読む。

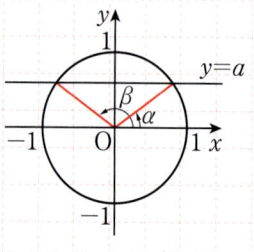

(2) $\cos\theta=b$ ($-1 \leq b \leq 1$) の解法
単位円と直線 $x=b$ の交点から得られる動径の角を読む。

$0 \leq \theta < 2\pi$ での解 $\theta=\alpha, \beta$

一般解　$\theta=\alpha+2n\pi$
　　　　$\theta=\beta+2n\pi$ （n は整数）

↑ θ を $0 \leq \theta < 2\pi$ の範囲に制限しないときの解

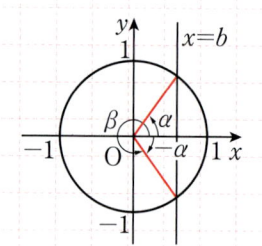

$\theta=\alpha, \beta$
$\theta=2n\pi+\alpha$
$\theta=2n\pi+\beta$ （n は整数）

28 三角不等式

$\sin\theta \geq a$ ($-1 \leq a \leq 1$) の解法

三角方程式と同じ図をかいて,$y \geq a$ の部分の動径の角の範囲を答える。
$0 \leq \theta < 2\pi$ での解 $\alpha \leq \theta \leq \beta$
一般解　$\alpha+2n\pi \leq \theta \leq \beta+2n\pi$ （n は整数）

74 [グラフの平行移動①] 26 三角関数のグラフ

関数 $y=\cos\left(\theta-\dfrac{\pi}{4}\right)$ のグラフをかけ。

$y=\cos\theta$ のグラフを θ 軸の方向に $\dfrac{\pi}{4}$ だけ平行移動したグラフで，下の図の実線のようになる。

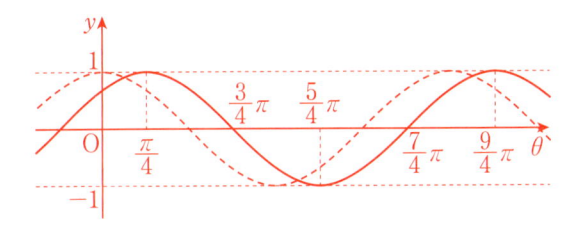

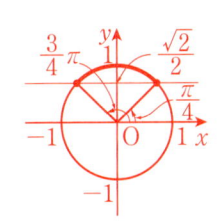

ガイド

★ヒラメキ★
関数 $y=\cos\theta$ のグラフ
→ 周期 2π，まず $-1\leqq y\leqq 1$ の基本形をかく。

なにをする？
$\theta-\dfrac{\pi}{4}$ だから，θ 軸の方向に $\dfrac{\pi}{4}$ だけ平行移動する。

75 [三角方程式①] 27 三角方程式

次の三角方程式を（　）内の範囲で解け。
$\tan\theta=\sqrt{3}$ $(0\leqq\theta<2\pi)$

単位円と原点を通る傾き $\sqrt{3}$ の直線との交点の動径の角を $0\leqq\theta<2\pi$ の範囲で読む。
右の図より
$\theta=\dfrac{\pi}{3},\ \dfrac{4}{3}\pi$ …**答**

★ヒラメキ★
$\tan\theta$ → 傾き

なにをする？
$\tan\theta=\sqrt{3}$ の方程式では，原点と点 $(1,\ \sqrt{3})$ を結ぶ直線と単位円の交点の動径の角を読む。

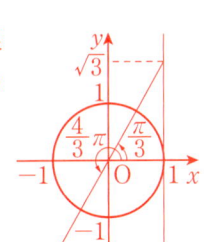

76 [三角不等式①] 28 三角不等式

次の三角不等式を（　）内の範囲で解け。
$\sin\theta\geqq\dfrac{\sqrt{2}}{2}$ $(0\leqq\theta<2\pi)$

単位円と $y\geqq\dfrac{\sqrt{2}}{2}$ の共通部分の動径の範囲を $0\leqq\theta<2\pi$ の範囲で読む。
右の図より
$\dfrac{\pi}{4}\leqq\theta\leqq\dfrac{3}{4}\pi$ …**答**

★ヒラメキ★
$\sin\theta=a$ の方程式をまず解く
→ 単位円と $y=a$ の交点の動径の角を読む

なにをする？
$\sin\theta\geqq a$ の不等式では，単位円と $y\geqq a$ の共通部分の動径の範囲を読む。

[参考]
$\sin\theta<a$ の不等式では，単位円と $y<a$ の共通部分の動径の範囲を読む。

ガイドなしでやってみよう！

77 ［グラフの平行移動②］
次の関数のグラフをかけ。

(1) $y = \sin\dfrac{\theta}{2} - 1$

$y = \sin\theta$ のグラフを θ 軸方向に 2 倍にし，y 軸方向に -1 だけ平行移動したグラフで，右の図のようになる。（周期は 4π）

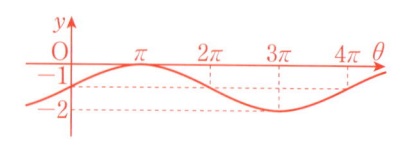

(2) $y = \tan\left(\theta - \dfrac{\pi}{4}\right)$

$y = \tan\theta$ のグラフを θ 軸の方向に $\dfrac{\pi}{4}$ だけ平行移動したグラフで，右の図のようになる。（周期は π）

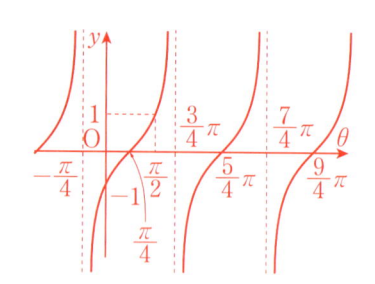

(3) $y = 3\cos\left(\theta + \dfrac{\pi}{3}\right)$

$y = \cos\theta$ のグラフを y 軸方向に 3 倍にし，θ 軸方向に $-\dfrac{\pi}{3}$ だけ平行移動したグラフで，右の図のようになる。（周期は 2π）

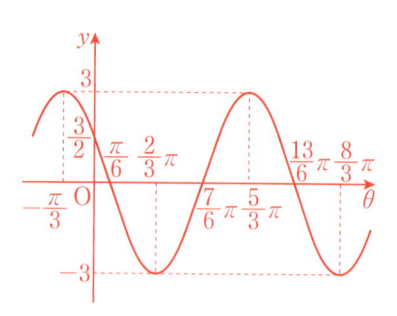

78 ［三角方程式②］
$0 \leq \theta < 2\pi$ のとき，次の方程式を解け。

(1) $2\sin^2\theta - \cos\theta - 1 = 0$

$\sin^2\theta = 1 - \cos^2\theta$ を代入して
$2(1 - \cos^2\theta) - \cos\theta - 1 = 0$
整理して $2\cos^2\theta + \cos\theta - 1 = 0$
左辺を因数分解すると
$(2\cos\theta - 1)(\cos\theta + 1) = 0$
したがって $\cos\theta = \dfrac{1}{2},\ -1$

$0 \leq \theta < 2\pi$ の範囲であるから

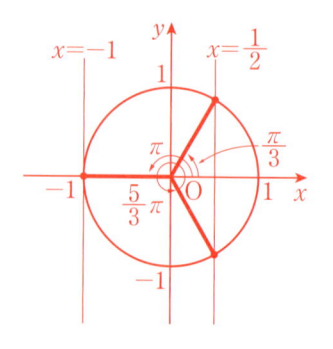

単位円と直線 $x = \dfrac{1}{2}$，$x = -1$ の交点と原点を結んでできる動径の表す角を見る。

$\theta = \dfrac{\pi}{3},\ \pi,\ \dfrac{5}{3}\pi$ …**答**

44 —— 第3章 三角関数

(2) $2\sin\left(\theta - \dfrac{\pi}{6}\right) + \sqrt{2} = 0$

$\theta - \dfrac{\pi}{6} = \alpha$ とおくと，$0 \leqq \theta < 2\pi$ だから，

$-\dfrac{\pi}{6} \leqq \theta - \dfrac{\pi}{6} < 2\pi - \dfrac{\pi}{6}$ より $-\dfrac{\pi}{6} \leqq \alpha < \dfrac{11}{6}\pi$

$\sin\alpha = -\dfrac{\sqrt{2}}{2}$ を満たす α の値を，$-\dfrac{\pi}{6} \leqq \alpha < \dfrac{11}{6}\pi$ の

範囲で調べる。右の図より，$\alpha = \dfrac{5}{4}\pi, \dfrac{7}{4}\pi$ だから，

$\theta - \dfrac{\pi}{6} = \dfrac{5}{4}\pi, \dfrac{7}{4}\pi$ より $\theta = \dfrac{17}{12}\pi, \dfrac{23}{12}\pi$ …㊥

79 [三角方程式③]

次の方程式の一般解を求めよ。

(1) $\sin\theta = -\dfrac{1}{2}$

$0 \leqq \theta < 2\pi$ の解は $\theta = \dfrac{7}{6}\pi, \dfrac{11}{6}\pi$

したがって $\theta = \dfrac{7}{6}\pi + 2n\pi, \dfrac{11}{6}\pi + 2n\pi$（$n$ は整数）…㊥

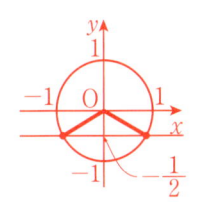

(2) $\tan\theta = -1$

$0 \leqq \theta < \pi$ の範囲の解は $\theta = \dfrac{3}{4}\pi$

したがって $\theta = \dfrac{3}{4}\pi + n\pi$（$n$ は整数）…㊥　⬅ $\tan\theta$ の周期は π

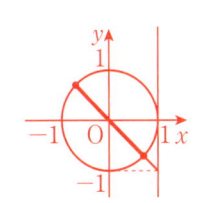

80 [三角不等式②]

不等式 $4\sin^2\theta < 1$ の解のうち，次のものを求めよ。

(1) $0 \leqq \theta < 2\pi$ の範囲の解

$\sin\theta = y$ とおくと，$4y^2 - 1 < 0$ より $(2y-1)(2y+1) < 0$

よって，$-\dfrac{1}{2} < y < \dfrac{1}{2}$ だから $-\dfrac{1}{2} < \sin\theta < \dfrac{1}{2}$

単位円と領域 $-\dfrac{1}{2} < y < \dfrac{1}{2}$ との共通部分の動径の角の範囲を

求める。

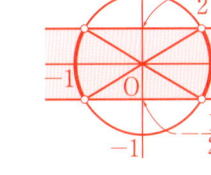

したがって $0 \leqq \theta < \dfrac{\pi}{6}, \dfrac{5}{6}\pi < \theta < \dfrac{7}{6}\pi, \dfrac{11}{6}\pi < \theta < 2\pi$ …㊥

(2) 一般解

θ の範囲にこだわらずに，答えを簡潔に表現すると，$-\dfrac{\pi}{6} < \theta < \dfrac{\pi}{6}$,

$-\dfrac{\pi}{6} + \pi < \theta < \dfrac{\pi}{6} + \pi$ のように，π おきに出てくることがわかる。

したがって，一般解は $-\dfrac{\pi}{6} + n\pi < \theta < \dfrac{\pi}{6} + n\pi$（$n$ は整数）…㊥

3 加法定理

㉙ 加法定理

加法定理

$$\sin(\alpha+\beta)=\sin\alpha\cos\beta+\cos\alpha\sin\beta$$
$$\cos(\alpha+\beta)=\cos\alpha\cos\beta-\sin\alpha\sin\beta$$
$$\tan(\alpha+\beta)=\frac{\tan\alpha+\tan\beta}{1-\tan\alpha\tan\beta}$$

$$\sin(\alpha-\beta)=\sin\alpha\cos\beta-\cos\alpha\sin\beta$$
$$\cos(\alpha-\beta)=\cos\alpha\cos\beta+\sin\alpha\sin\beta$$
$$\tan(\alpha-\beta)=\frac{\tan\alpha-\tan\beta}{1+\tan\alpha\tan\beta}$$

2倍角の公式

$$\sin 2\theta=2\sin\theta\cos\theta$$
$$\cos 2\theta=\cos^2\theta-\sin^2\theta=2\cos^2\theta-1=1-2\sin^2\theta \quad \cdots ①$$
$$\tan 2\theta=\frac{2\tan\theta}{1-\tan^2\theta}$$

半角の公式

$$\sin^2\frac{\theta}{2}=\frac{1-\cos\theta}{2}, \quad \cos^2\frac{\theta}{2}=\frac{1+\cos\theta}{2}$$

①を変形してできる次の公式を利用することも多い。

$$\sin^2\theta=\frac{1-\cos 2\theta}{2}, \quad \cos^2\theta=\frac{1+\cos 2\theta}{2}$$

㉚ 三角関数の合成

$$a\sin\theta+b\cos\theta=r\sin(\theta+\alpha)$$

ただし $r=\sqrt{a^2+b^2}$

$$\sin\alpha=\frac{b}{r}, \quad \cos\alpha=\frac{a}{r}$$

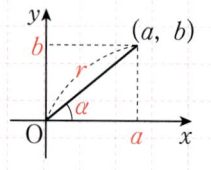

㉛ 三角関数の応用

積和公式

$$\sin\alpha\cos\beta=\frac{1}{2}\{\sin(\alpha+\beta)+\sin(\alpha-\beta)\}$$
$$\cos\alpha\sin\beta=\frac{1}{2}\{\sin(\alpha+\beta)-\sin(\alpha-\beta)\}$$
$$\cos\alpha\cos\beta=\frac{1}{2}\{\cos(\alpha+\beta)+\cos(\alpha-\beta)\}$$
$$\sin\alpha\sin\beta=-\frac{1}{2}\{\cos(\alpha+\beta)-\cos(\alpha-\beta)\}$$

和積公式

$$\sin A+\sin B=2\sin\frac{A+B}{2}\cos\frac{A-B}{2}$$
$$\sin A-\sin B=2\cos\frac{A+B}{2}\sin\frac{A-B}{2}$$
$$\cos A+\cos B=2\cos\frac{A+B}{2}\cos\frac{A-B}{2}$$
$$\cos A-\cos B=-2\sin\frac{A+B}{2}\sin\frac{A-B}{2}$$

81 [加法定理の利用①] **29** 加法定理

次の値を求めよ。

(1) $\sin 105° = \sin(60° + 45°)$
$= \sin 60° \cos 45° + \cos 60° \sin 45°$
$= \dfrac{\sqrt{3}}{2} \cdot \dfrac{\sqrt{2}}{2} + \dfrac{1}{2} \cdot \dfrac{\sqrt{2}}{2} = \dfrac{\sqrt{6}+\sqrt{2}}{4}$ …答

(2) $\tan 75° = \tan(45° + 30°) = \dfrac{\tan 45° + \tan 30°}{1 - \tan 45° \tan 30°}$

$= \dfrac{1 + \dfrac{1}{\sqrt{3}}}{1 - 1 \cdot \dfrac{1}{\sqrt{3}}} = \dfrac{\sqrt{3}+1}{\sqrt{3}-1} \times \dfrac{\sqrt{3}+1}{\sqrt{3}+1}$ ← 分母，分子に $\sqrt{3}$ を掛ける

← 分母の有理化

$= \dfrac{3 + 2\sqrt{3} + 1}{3 - 1} = \dfrac{4 + 2\sqrt{3}}{2} = 2 + \sqrt{3}$ …答

ガイド

★ヒラメキ★

加法定理
→三角関数の公式

なにをする？
$105° = 60° + 45°$
$75° = 45° + 30°$
として加法定理を使う。
(1) $\sin(\alpha + \beta)$
  $= \sin\alpha\cos\beta + \cos\alpha\sin\beta$
(2) $\tan(\alpha + \beta)$
  $= \dfrac{\tan\alpha + \tan\beta}{1 - \tan\alpha\tan\beta}$

---

82 [三角方程式④] **30** 三角関数の合成

$0 \leq \theta < 2\pi$ のとき，$\sqrt{3}\sin\theta + \cos\theta = 1$ を解け。

$2\left(\dfrac{\sqrt{3}}{2}\sin\theta + \dfrac{1}{2}\cos\theta\right) = 1$

$2\left(\sin\theta\cos\dfrac{\pi}{6} + \cos\theta\sin\dfrac{\pi}{6}\right) = 1$

$\sin\left(\theta + \dfrac{\pi}{6}\right) = \dfrac{1}{2}$

$\theta + \dfrac{\pi}{6} = \alpha$ とおくと $\dfrac{\pi}{6} \leq \alpha < \dfrac{13}{6}\pi$ で $\sin\alpha = \dfrac{1}{2}$

右の図より $\alpha = \dfrac{\pi}{6}, \dfrac{5}{6}\pi$

$\theta + \dfrac{\pi}{6} = \dfrac{\pi}{6}, \dfrac{5}{6}\pi$ より

$\theta = 0, \dfrac{2}{3}\pi$ …答

★ヒラメキ★

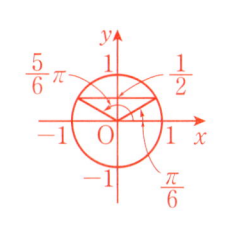

$a\sin\theta + b\cos\theta$
→1つの三角関数に直す
→角が同じ
→合成

なにをする？
図をかいて r と α を求め変形する。
$a\sin\theta + b\cos\theta$
$= r\sin(\theta + \alpha)$

---

83 [三角方程式⑤] **31** 三角関数の応用

$0 \leq \theta < 2\pi$ のとき，$\sin 3\theta + \sin\theta = 0$ を解け。

和積公式より $2\sin 2\theta \cos\theta = 0$

$0 \leq 2\theta < 4\pi$ より，$\sin 2\theta = 0$ の解は

$2\theta = 0, \pi, 2\pi, 3\pi$ より

$\theta = 0, \dfrac{\pi}{2}, \pi, \dfrac{3}{2}\pi$

$\cos\theta = 0$ の解は $\theta = \dfrac{\pi}{2}, \dfrac{3}{2}\pi$

したがって $\theta = 0, \dfrac{\pi}{2}, \pi, \dfrac{3}{2}\pi$ …答

★ヒラメキ★

$\sin k\theta + \sin l\theta$
→係数は同じ，角が違う。
→和積公式

なにをする？
$\sin A + \sin B$
$= 2\sin\dfrac{A+B}{2}\cos\dfrac{A-B}{2}$

第3章 三角関数

3 加法定理 —— 47

ガイドなしでやってみよう！

84 [加法定理の利用②]

$0 < \alpha < \dfrac{\pi}{2}$，$\dfrac{\pi}{2} < \beta < \pi$ で，$\sin\alpha = \dfrac{3}{5}$，$\cos\beta = -\dfrac{\sqrt{5}}{3}$ とするとき，次の値を求めよ。

(1) $\sin(\alpha + \beta)$

まず，$\cos\alpha$，$\sin\beta$ を求める。 ← 公式 $\sin^2\theta + \cos^2\theta = 1$ を使う

$\cos^2\alpha = 1 - \sin^2\alpha = 1 - \left(\dfrac{3}{5}\right)^2 = \dfrac{16}{25}$ で，$0 < \alpha < \dfrac{\pi}{2}$ より $\cos\alpha = \dfrac{4}{5}$ ← $\cos\alpha > 0$

$\sin^2\beta = 1 - \cos^2\beta = 1 - \left(-\dfrac{\sqrt{5}}{3}\right)^2 = \dfrac{4}{9}$ で，$\dfrac{\pi}{2} < \beta < \pi$ より $\sin\beta = \dfrac{2}{3}$ ← $\sin\beta > 0$

$\sin(\alpha+\beta) = \sin\alpha\cos\beta + \cos\alpha\sin\beta = \dfrac{3}{5} \cdot \left(-\dfrac{\sqrt{5}}{3}\right) + \dfrac{4}{5} \cdot \dfrac{2}{3} = \dfrac{8 - 3\sqrt{5}}{15}$ …㊤

(2) $\sin 2\alpha$

$= 2\sin\alpha\cos\alpha = 2 \cdot \dfrac{3}{5} \cdot \dfrac{4}{5} = \dfrac{24}{25}$ …㊤

(3) $\sin\dfrac{\alpha}{2}$

$\sin^2\dfrac{\alpha}{2} = \dfrac{1-\cos\alpha}{2} = \dfrac{1-\dfrac{4}{5}}{2} = \dfrac{1}{10}$ で，$0 < \dfrac{\alpha}{2} < \dfrac{\pi}{4}$ より $\sin\dfrac{\alpha}{2} = \sqrt{\dfrac{1}{10}} = \dfrac{\sqrt{10}}{10}$ …㊤ ← $\sin\dfrac{\alpha}{2} > 0$

85 [2直線のなす角]

2直線 $y = 3x - 4$，$y = -2x + 3$ のなす角を求めよ。

2直線 $y = 3x - 4$，$y = -2x + 3$ について，x軸の正の向きとなす角をそれぞれ θ_1，θ_2 とする。$\tan\theta_1 = 3$，$\tan\theta_2 = -2$ だから

$\tan(\theta_2 - \theta_1) = \dfrac{\tan\theta_2 - \tan\theta_1}{1 + \tan\theta_2\tan\theta_1} = \dfrac{-2 - 3}{1 + (-2) \cdot 3} = \dfrac{-5}{-5} = 1$

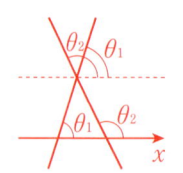

より $\theta_2 - \theta_1 = \dfrac{\pi}{4}$ したがって，2直線のなす角は $\dfrac{\pi}{4}$ …㊤

86 [三角方程式⑥]

$0 \leqq \theta < 2\pi$ のとき，方程式 $\sin\theta - \cos\theta = \sqrt{2}$ を解け。

合成すると，$\sin\theta - \cos\theta = \sqrt{2}\sin\left(\theta - \dfrac{\pi}{4}\right)$ だから

$\sin\left(\theta - \dfrac{\pi}{4}\right) = 1 \qquad -\dfrac{\pi}{4} < \theta - \dfrac{\pi}{4} < \dfrac{7}{4}\pi$

よって，$\theta - \dfrac{\pi}{4} = \dfrac{\pi}{2}$ より $\theta = \dfrac{3}{4}\pi$ …㊤

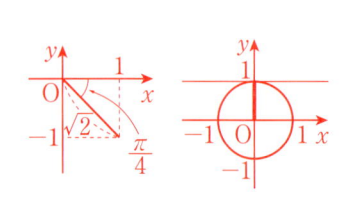

87 [三角不等式③]

$0 \leq \theta < 2\pi$ のとき，不等式 $\sin\theta + \sqrt{3}\cos\theta > 1$ を解け。

$\sin\theta + \sqrt{3}\cos\theta = 2\sin\left(\theta + \dfrac{\pi}{3}\right)$ より $\sin\left(\theta + \dfrac{\pi}{3}\right) > \dfrac{1}{2}$

$\theta + \dfrac{\pi}{3} = \alpha$ とおくと $\sin\alpha > \dfrac{1}{2}$ …①

$0 \leq \theta < 2\pi$ より，$\dfrac{\pi}{3} \leq \theta + \dfrac{\pi}{3} < \dfrac{7}{3}\pi$ で $\dfrac{\pi}{3} \leq \alpha < \dfrac{7}{3}\pi$

①を満たすのは $\dfrac{\pi}{3} \leq \alpha < \dfrac{5}{6}\pi$, $\dfrac{13}{6}\pi < \alpha < \dfrac{7}{3}\pi$

よって $\dfrac{\pi}{3} \leq \theta + \dfrac{\pi}{3} < \dfrac{5}{6}\pi$, $\dfrac{13}{6}\pi < \theta + \dfrac{\pi}{3} < \dfrac{7}{3}\pi$

であるから $0 \leq \theta < \dfrac{\pi}{2}$, $\dfrac{11}{6}\pi < \theta < 2\pi$ …⟨答⟩

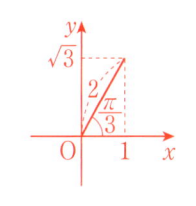

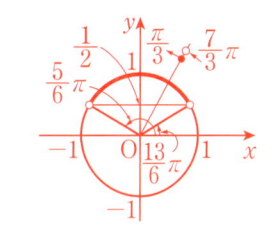

88 [三角関数の最大・最小]

$0 \leq \theta < 2\pi$ のとき，次の関数の最大値，最小値とそのときの θ の値を求めよ。

(1) $y = \cos\theta + \cos\left(\dfrac{2}{3}\pi - \theta\right)$ ← 和積公式

$y = 2\cos\dfrac{\theta + \left(\frac{2}{3}\pi - \theta\right)}{2}\cos\dfrac{\theta - \left(\frac{2}{3}\pi - \theta\right)}{2} = 2\cos\dfrac{\pi}{3}\cos\left(\theta - \dfrac{\pi}{3}\right) = \cos\left(\theta - \dfrac{\pi}{3}\right)$

$-\dfrac{\pi}{3} \leq \theta - \dfrac{\pi}{3} < \dfrac{5}{3}\pi$ だから，$\theta - \dfrac{\pi}{3} = 0$ のとき最大値 1,

$\theta - \dfrac{\pi}{3} = \pi$ のとき最小値 -1 をとる。

よって，最大値 $1\left(\theta = \dfrac{\pi}{3}\right)$，最小値 $-1\left(\theta = \dfrac{4}{3}\pi\right)$ …⟨答⟩

[参考] $\cos\left(\dfrac{2}{3}\pi - \theta\right)$ を加法定理で展開してから整理，合成して解く方法もある。

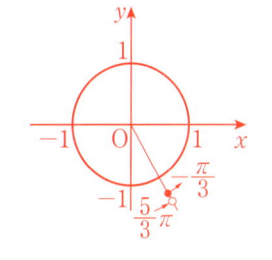

(2) $y = \cos 2\theta + 2\sin\theta + 1$

$y = \cos 2\theta + 2\sin\theta + 1 = 1 - 2\sin^2\theta + 2\sin\theta + 1$
$ = -2\sin^2\theta + 2\sin\theta + 2$

$\sin\theta = t$ とおくと $-1 \leq t \leq 1$ ← おき換えたら範囲を確認

$y = -2t^2 + 2t + 2 = -2\left(t - \dfrac{1}{2}\right)^2 + \dfrac{5}{2}$

グラフより，最大値 $\dfrac{5}{2}\left(t = \dfrac{1}{2}\right)$，最小値 -2 $(t = -1)$

$0 \leq \theta < 2\pi$ より，$\sin\theta = \dfrac{1}{2}$ のとき $\theta = \dfrac{\pi}{6}$, $\dfrac{5}{6}\pi$

$\sin\theta = -1$ のとき $\theta = \dfrac{3}{2}\pi$

したがって，最大値 $\dfrac{5}{2}\left(\theta = \dfrac{\pi}{6}, \dfrac{5}{6}\pi\right)$，最小値 $-2\left(\theta = \dfrac{3}{2}\pi\right)$ …⟨答⟩

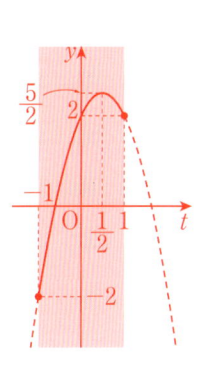

定期テスト対策問題

目標点　60点
制限時間　50分

点

1 半径 r が 6，弧の長さ l が 4π の扇形の中心角 θ（ラジアン）と面積 S を求めよ。

64 68 69

(各8点　計16点)

$l = r\theta$ より，$4\pi = 6\theta$ だから　$\theta = \dfrac{2}{3}\pi$（ラジアン）…答

$S = \dfrac{1}{2}lr = \dfrac{1}{2} \cdot 4\pi \cdot 6 = 12\pi$ …答

2 θ は第2象限の角で，$\sin\theta = \dfrac{1}{2}$ のとき，$\cos\theta$，$\tan\theta$ の値を求めよ。

66 71

(各8点　計16点)

$\sin^2\theta + \cos^2\theta = 1$ より　$\cos^2\theta = 1 - \left(\dfrac{1}{2}\right)^2 = \dfrac{3}{4}$，$\cos\theta = \pm\dfrac{\sqrt{3}}{2}$

θ は第2象限の角だから　$\cos\theta = -\dfrac{\sqrt{3}}{2}$ …答

$\tan\theta = \dfrac{\sin\theta}{\cos\theta}$ より　$\tan\theta = \dfrac{1}{2} \div \left(-\dfrac{\sqrt{3}}{2}\right) = -\dfrac{1}{\sqrt{3}} = -\dfrac{\sqrt{3}}{3}$ …答

3 関数 $y = 3\sin 2\theta$ のグラフをかけ。

74 77

(12点)

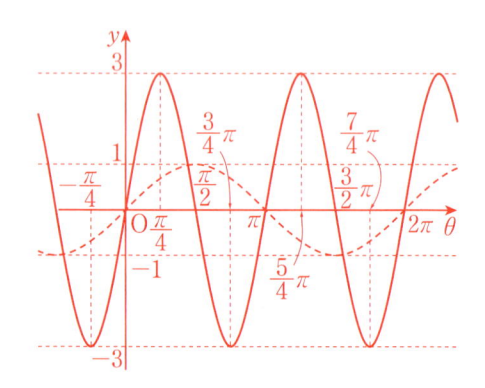

関数 $y = \sin\theta$ のグラフを θ 軸方向に $\dfrac{1}{2}$ に縮小し，y 軸方向に3倍に拡大すると，右の図の実線のようになる。

4 $0 \leqq \theta < 2\pi$ のとき，次の方程式，不等式を解け。

75 76 78 79 80 82 83 86 87

(各10点　計20点)

(1) $\sin 2\theta - \cos\theta = 0$
　$2\sin\theta\cos\theta - \cos\theta = 0$ より
　$(2\sin\theta - 1)\cos\theta = 0$
　$\sin\theta = \dfrac{1}{2}$ の解は　$\theta = \dfrac{\pi}{6}$，$\dfrac{5}{6}\pi$

　$\cos\theta = 0$ の解は　$\theta = \dfrac{\pi}{2}$，$\dfrac{3}{2}\pi$

　したがって　$\theta = \dfrac{\pi}{6}$，$\dfrac{\pi}{2}$，$\dfrac{5}{6}\pi$，$\dfrac{3}{2}\pi$ …答

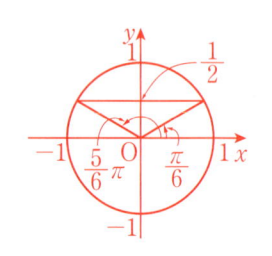

単位円と直線 $y = \dfrac{1}{2}$，$x = 0$ との交点の動径の角を読む

(2) $\sin\theta - \cos\theta > 1$

合成して，$\sqrt{2}\sin\left(\theta - \dfrac{\pi}{4}\right) > 1$ より

$$\sin\left(\theta - \dfrac{\pi}{4}\right) > \dfrac{\sqrt{2}}{2}$$

$\theta - \dfrac{\pi}{4} = \alpha$ とおくと　$-\dfrac{\pi}{4} \leqq \alpha < \dfrac{7}{4}\pi$

$\sin\alpha > \dfrac{\sqrt{2}}{2}$ の解は　$\dfrac{\pi}{4} < \alpha < \dfrac{3}{4}\pi$

$\dfrac{\pi}{4} < \theta - \dfrac{\pi}{4} < \dfrac{3}{4}\pi$ より　$\boxed{\dfrac{\pi}{2} < \theta < \pi}$ …答

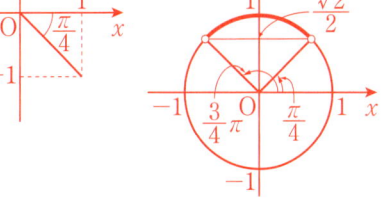

単位円と $y = \dfrac{\sqrt{2}}{2}$ の共通部分の動径の範囲

5 $0 < \alpha < \dfrac{\pi}{2}$，$\dfrac{\pi}{2} < \beta < \pi$ のとき，$\cos\alpha = \dfrac{2}{3}$，$\sin\beta = \dfrac{1}{3}$ とする。このとき，次の値を求めよ。

◀ 81 84

（各8点　計24点）

(1) $\cos(\alpha + \beta)$

まず，$\sin\alpha$，$\cos\beta$ を求める。　◀ $\sin^2\theta + \cos^2\theta = 1$ を使う

$\sin^2\alpha = 1 - \left(\dfrac{2}{3}\right)^2 = \dfrac{5}{9}$ で，$0 < \alpha < \dfrac{\pi}{2}$ だから　$\sin\alpha = \dfrac{\sqrt{5}}{3}$　◀ $\sin\alpha > 0$

$\cos^2\beta = 1 - \left(\dfrac{1}{3}\right)^2 = \dfrac{8}{9}$ で，$\dfrac{\pi}{2} < \beta < \pi$ だから　$\cos\beta = -\dfrac{2\sqrt{2}}{3}$　◀ $\cos\beta < 0$

よって　$\cos(\alpha + \beta) = \cos\alpha\cos\beta - \sin\alpha\sin\beta$

$$= \dfrac{2}{3}\cdot\left(-\dfrac{2\sqrt{2}}{3}\right) - \dfrac{\sqrt{5}}{3}\cdot\dfrac{1}{3} = \boxed{-\dfrac{4\sqrt{2} + \sqrt{5}}{9}} \text{…答}$$

(2) $\sin 2\alpha$

$$= 2\sin\alpha\cos\alpha = 2\cdot\dfrac{\sqrt{5}}{3}\cdot\dfrac{2}{3} = \boxed{\dfrac{4\sqrt{5}}{9}} \text{…答}$$

(3) $\cos\dfrac{\alpha}{2}$

$\cos^2\dfrac{\alpha}{2} = \dfrac{1 + \cos\alpha}{2} = \dfrac{1 + \dfrac{2}{3}}{2} = \dfrac{5}{6}$　　$0 < \dfrac{\alpha}{2} < \dfrac{\pi}{4}$ だから　$\cos\dfrac{\alpha}{2} > 0$

したがって　$\cos\dfrac{\alpha}{2} = \sqrt{\dfrac{5}{6}} = \boxed{\dfrac{\sqrt{30}}{6}}$ …答

6 $0 \leqq \theta < 2\pi$ のとき，関数 $y = \cos 2\theta - 2\cos\theta$ の最大値，最小値とそのときの θ の値を求めよ。　◀ 88

（12点）

$y = (2\cos^2\theta - 1) - 2\cos\theta = 2\cos^2\theta - 2\cos\theta - 1$

$\cos\theta = t$ とおくと　$-1 \leqq t \leqq 1$　◀ おき換えたときは範囲を確認

$y = 2t^2 - 2t - 1 = 2\left(t - \dfrac{1}{2}\right)^2 - \dfrac{3}{2}$

グラフより，最大値 3（$t = -1$），最小値 $-\dfrac{3}{2}$（$t = \dfrac{1}{2}$）

したがって　$\boxed{\text{最大値 } 3 \ (\theta = \pi)\text{，最小値 } -\dfrac{3}{2}\left(\theta = \dfrac{\pi}{3},\ \dfrac{5}{3}\pi\right)}$ …答

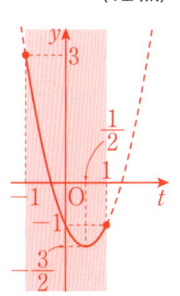

第4章 指数関数・対数関数

1 指数関数

32 累乗根

累乗根

正の整数 n に対して，$x^n = a$ を満たす x を a の **n 乗根**という。2乗根，3乗根，4乗根，…をまとめて**累乗根**という。

実数の範囲での n 乗根（$x^n = a$ を満たす実数 x について）

・n が偶数のとき
　$a > 0$ のとき，$\sqrt[n]{a}$（正の方），$-\sqrt[n]{a}$（負の方）の2つある。
　$a = 0$ のとき，$\sqrt[n]{0} = 0$ の1つ。
　$a < 0$ のとき，$x^n = a$ を満たす実数 x は存在しない。

・n が奇数のとき
　a の符号によらず，常にただ1つ存在し，$\sqrt[n]{a}$ で表す。

正の数 a の n 乗根（$a > 0$，n：任意の正の整数）

$x = \sqrt[n]{a} \iff x^n = a$ かつ $x > 0 \iff x$ は a の正の n 乗根

累乗根の公式

$a > 0$，$b > 0$ かつ m，n を正の整数とするとき

① $\sqrt[n]{a}\sqrt[n]{b} = \sqrt[n]{ab}$　② $\dfrac{\sqrt[n]{a}}{\sqrt[n]{b}} = \sqrt[n]{\dfrac{a}{b}}$　③ $\sqrt[n]{a^m} = (\sqrt[n]{a})^m$　④ $\sqrt[m]{\sqrt[n]{a}} = \sqrt[mn]{a}$

33 指数の拡張

0 や負の整数に対する指数

$a \neq 0$ で，n が正の整数のとき，$a^0 = 1$，$a^{-n} = \dfrac{1}{a^n}$ と定義する。

$a \neq 0$，$b \neq 0$ のとき，任意の整数 m，n に対して，次の等式が成り立つ。

① $a^m a^n = a^{m+n}$　② $a^m \div a^n = a^{m-n}$　③ $(a^m)^n = a^{mn}$

④ $(ab)^n = a^n b^n$　⑤ $\left(\dfrac{a}{b}\right)^n = \dfrac{a^n}{b^n}$

有理数に対する指数

$a > 0$ で，m が任意の整数，n が正の整数のとき，$a^{\frac{m}{n}} = \sqrt[n]{a^m}$ と定義する。

※無理数に対する指数にも指数法則を拡張することができる。

34 指数関数とそのグラフ

指数関数

関数 $y = a^x$ （$a > 0$，$a \neq 1$）を a を底とする x の**指数関数**という。

指数関数 $y = a^x$ の特徴

・定義域は実数全体，値域は正の実数全体
・グラフは2点 $(0, 1)$，$(1, a)$ を通り，x 軸が漸近線になる。

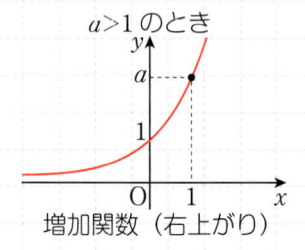

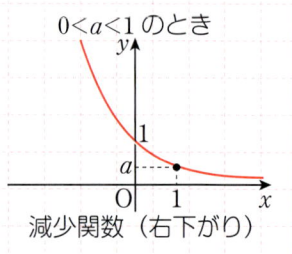

$a > 1$ のとき　　増加関数（右上がり）

$0 < a < 1$ のとき　　減少関数（右下がり）

35 指数関数の応用

指数方程式・指数不等式
指数に未知数を含む方程式，不等式をそれぞれ指数方程式，指数不等式という。

---

89 [累乗根の計算①] **32 累乗根**

次の式を簡単にせよ。

(1) $\sqrt[3]{36}\sqrt[3]{48}$
$= \sqrt[3]{2^2 \cdot 3^2} \cdot \sqrt[3]{2^4 \cdot 3}$
$= \sqrt[3]{2^6 \cdot 3^3} = \sqrt[3]{(2^2 \cdot 3)^3}$
$= 2^2 \cdot 3 = 12$ …答

(2) $\sqrt{\sqrt[4]{256}}$
$= \sqrt{\sqrt[4]{2^8}} = \sqrt{\sqrt[4]{(2^2)^4}}$
$= \sqrt{2^2} = 2$ …答

> **★ヒラメキ★**
> 指数計算
> → $\sqrt[n]{a^n} = a \ (a>0)$
>
> **なにをする？**
> 数学Ⅰの「平方根の計算」を確認する。

---

90 [指数の計算①] **33 指数の拡張**

次の計算をせよ。

(1) $7^{\frac{2}{3}} \times 7^{\frac{1}{2}} \div 7^{\frac{1}{6}}$
$= 7^{\frac{2}{3}+\frac{1}{2}-\frac{1}{6}}$
$= 7^{\frac{4+3-1}{6}}$
$= 7^1 = 7$ …答

(2) $\sqrt[3]{5^4} \times \sqrt[6]{5} \div \sqrt{5}$
$= 5^{\frac{4}{3}} \times 5^{\frac{1}{6}} \div 5^{\frac{1}{2}}$
$= 5^{\frac{4}{3}+\frac{1}{6}-\frac{1}{2}}$
$= 5^1 = 5$ …答

> **★ヒラメキ★**
> 分数の指数
> → $\sqrt[n]{a^m} = a^{\frac{m}{n}}$
>
> **なにをする？**
> (2) 分数の指数に直して計算する。

---

91 [大小の比較①] **34 指数関数とそのグラフ**

$\sqrt[3]{9}, \sqrt[4]{27}, \sqrt[5]{81}$ の大小を比較せよ。

$\sqrt[3]{9} = 3^{\frac{2}{3}}, \sqrt[4]{27} = 3^{\frac{3}{4}}, \sqrt[5]{81} = 3^{\frac{4}{5}}$ であり $\dfrac{2}{3} < \dfrac{3}{4} < \dfrac{4}{5}$

底 3 は 1 より大きいから $\sqrt[3]{9} < \sqrt[4]{27} < \sqrt[5]{81}$ …答

> **なにをする？**
> 底をそろえて，大小を比較する。

---

92 [指数方程式・指数不等式①] **35 指数関数の応用**

次の方程式・不等式を解け。

(1) $2^x = 2\sqrt{2}$ ← $\sqrt{2} = 2^{\frac{1}{2}}$
$2^x = 2^{\frac{3}{2}}$ より
$x = \dfrac{3}{2}$ …答

(2) $3^{2x-1} < 27$
$3^{2x-1} < 3^3$
底 3 は 1 より大きいので
$2x-1 < 3$ より
$x < 2$ …答

> **★ヒラメキ★**
> ・$a^x = a^b \rightarrow x = b$
> ・不等式 $a^x > a^b$
> 　$a > 1 \rightarrow x > b$
> 　$0 < a < 1 \rightarrow x < b$

ガイドなしでやってみよう！

93 ［累乗根の計算②］
次の式を簡単にせよ。

(1) $\sqrt{\sqrt[3]{729}}$ ← 729 を素因数分解する

729 = 3^6 だから $\sqrt{\sqrt[3]{729}} = \sqrt{\sqrt[3]{3^6}} = \sqrt{\sqrt[3]{(3^2)^3}} = \sqrt{3^2} = 3$ …答

［別解］ $\sqrt{\sqrt[3]{729}} = \{(3^6)^{\frac{1}{3}}\}^{\frac{1}{2}} = 3^{6 \cdot \frac{1}{3} \cdot \frac{1}{2}} = 3^1 = 3$

(2) $\sqrt[3]{-16}\sqrt[3]{4}$ ← $\sqrt[3]{-1} = \sqrt[3]{(-1)^3} = -1$

$= -\sqrt[3]{2^4} \cdot \sqrt[3]{2^2} = -\sqrt[3]{2^6} = -\sqrt[3]{(2^2)^3} = -2^2 = -4$ …答

(3) $\dfrac{\sqrt[3]{250}}{\sqrt[3]{2}} = \sqrt[3]{\dfrac{250}{2}} = \sqrt[3]{125} = \sqrt[3]{5^3} = 5$ …答

94 ［指数の計算②］
$a > 0$ のとき，次の問いに答えよ。

(1) 次の式を a^r の形で表せ。

① $\sqrt[5]{a^3}$
$= a^{\frac{3}{5}}$ …答

② $\left(\dfrac{1}{\sqrt[3]{a}}\right)^2 = \left(\dfrac{1}{a^{\frac{1}{3}}}\right)^2$
$= (a^{-\frac{1}{3}})^2 = a^{-\frac{2}{3}}$ …答

③ $\sqrt{a\sqrt{a}} = (a \cdot a^{\frac{1}{2}})^{\frac{1}{2}}$
$= (a^{\frac{3}{2}})^{\frac{1}{2}} = a^{\frac{3}{4}}$ …答

(2) 次の a^r の形で表された式を根号の形で表せ。

① $a^{\frac{2}{3}}$
$= \sqrt[3]{a^2}$ …答

② $a^{-\frac{5}{3}}$
$= \dfrac{1}{a^{\frac{5}{3}}} = \dfrac{1}{\sqrt[3]{a^5}}$ …答

③ $a^{0.4}$
$= a^{\frac{2}{5}} = \sqrt[5]{a^2}$ …答

95 ［指数の計算③］
次の計算をせよ。 ← 分数の指数に直して計算する

(1) $\sqrt[3]{4^2} \div \sqrt[3]{18} \times \sqrt[3]{72}$
$= (2^2)^{\frac{2}{3}} \div (2 \cdot 3^2)^{\frac{1}{3}} \times (2^3 \cdot 3^2)^{\frac{1}{3}}$
$= 2^{\frac{4}{3} - \frac{1}{3} + 1} \cdot 3^{-\frac{2}{3} + \frac{2}{3}}$
$= 2^2 \cdot 3^0 = 4$ …答

(2) $\sqrt[3]{-12} \times \sqrt[3]{18^2} \div \sqrt[3]{2} \div \sqrt[3]{9}$
$= -(2^2 \cdot 3)^{\frac{1}{3}} \times (2 \cdot 3^2)^{\frac{2}{3}} \div 2^{\frac{1}{3}} \div (3^2)^{\frac{1}{3}}$
$= -2^{\frac{2}{3}} \cdot 3^{\frac{1}{3}} \times 2^{\frac{2}{3}} \cdot 3^{\frac{4}{3}} \times 2^{-\frac{1}{3}} \times 3^{-\frac{2}{3}}$
$= -2^{\frac{2}{3} + \frac{2}{3} - \frac{1}{3}} \cdot 3^{\frac{1}{3} + \frac{4}{3} - \frac{2}{3}}$
$= -2^1 \cdot 3^1 = -6$ …答

96 ［式の値］
$a > 0$ で，$a^{\frac{1}{3}} + a^{-\frac{1}{3}} = 5$ のとき，$a + a^{-1}$ および $a^{\frac{1}{2}} + a^{-\frac{1}{2}}$ の値を求めよ。

$a^{\frac{1}{3}} = x$，$a^{-\frac{1}{3}} = y$ とおくと，$x + y = 5$，$xy = a^{\frac{1}{3}} \times a^{-\frac{1}{3}} = a^{\frac{1}{3} - \frac{1}{3}} = a^0 = 1$ である。

$a + a^{-1} = x^3 + y^3 = (x+y)^3 - 3xy(x+y) = 5^3 - 3 \cdot 1 \cdot 5 = 110$ …答

$(a^{\frac{1}{2}} + a^{-\frac{1}{2}})^2 = a + 2 + a^{-1} = 110 + 2 = 112$ より，$a^{\frac{1}{2}} + a^{-\frac{1}{2}} > 0$ だから

$a^{\frac{1}{2}} + a^{-\frac{1}{2}} = \sqrt{112} = 4\sqrt{7}$ …答

$(\alpha + \beta)^2 = \alpha^2 + 2\alpha\beta + \beta^2$ を利用

97 [指数関数のグラフ]

関数 $y=3^x$ のグラフをもとに，次の関数のグラフをかけ。

(1) $y=\dfrac{3^x}{3}+2$

$y=3^{x-1}+2$ だから，関数 $y=3^x$ のグラフを x 軸方向に 1，y 軸方向に 2 だけ平行移動したグラフ。よって，右上の図の実線のようになる。

(2) $y=-\dfrac{1}{3^x}$

$y=-3^{-x}$ だから，関数 $y=3^x$ のグラフを y 軸に関して対称移動し，さらに，x 軸に関して対称移動したグラフ。よって，右上の図の実線のようになる。

98 [大小の比較②]

次の各数の大小を比較せよ。

(1) $\sqrt{2}$, $\sqrt[5]{4}$, $\sqrt[9]{8}$

$\sqrt{2}=2^{\frac{1}{2}}$
$\sqrt[5]{4}=2^{\frac{2}{5}}$
$\sqrt[9]{8}=2^{\frac{3}{9}}=2^{\frac{1}{3}}$

底をそろえる

$\dfrac{1}{3}<\dfrac{2}{5}<\dfrac{1}{2}$ で，底 2 は 1 より大きいので　$\sqrt[9]{8}<\sqrt[5]{4}<\sqrt{2}$ …答

(2) $\sqrt{3}$, $\sqrt[3]{4}$, $\sqrt[4]{5}$

指数をそろえる

$\sqrt{3}=3^{\frac{1}{2}}=3^{\frac{6}{12}}=(3^6)^{\frac{1}{12}}=729^{\frac{1}{12}}$
$\sqrt[3]{4}=2^{\frac{2}{3}}=2^{\frac{8}{12}}=(2^8)^{\frac{1}{12}}=256^{\frac{1}{12}}$
$\sqrt[4]{5}=5^{\frac{1}{4}}=5^{\frac{3}{12}}=(5^3)^{\frac{1}{12}}=125^{\frac{1}{12}}$

$125<256<729$ だから
$\sqrt[4]{5}<\sqrt[3]{4}<\sqrt{3}$ …答

99 [指数方程式・指数不等式②]

次の方程式・不等式を解け。

(1) $8^{3-x}=4^{x+2}$

$(2^3)^{3-x}=(2^2)^{x+2}$
$2^{9-3x}=2^{2x+4}$
よって　$9-3x=2x+4$
$5x=5$ より
$x=1$ …答

(2) $9^x-6\cdot 3^x-27=0$

$3^x=X$ （$X>0$）とおく。
$X^2-6X-27=0$
$(X-9)(X+3)=0$
$X>0$ より　$X=9$
$3^x=9$ だから　$x=2$ …答

おき換えたときは，範囲を考えておくこと

(3) $\left(\dfrac{1}{9}\right)^{x-2}<\left(\dfrac{1}{3}\right)^x$

$\left(\dfrac{1}{3}\right)^{2x-4}<\left(\dfrac{1}{3}\right)^x$

底 $\dfrac{1}{3}$ は 1 より小さいから
$2x-4>x$
$x>4$ …答

(4) $4^x-5\cdot 2^x+4\leqq 0$

$2^x=X$ （$X>0$）とおく。
$X^2-5X+4\leqq 0$　　$(X-1)(X-4)\leqq 0$
$1\leqq X\leqq 4$ より　$1\leqq 2^x\leqq 4$
$2^0\leqq 2^x\leqq 2^2$

底 2 は 1 より大きいから
$0\leqq x\leqq 2$ …答

2 対数関数

36 対数とその性質

対数の定義
$$p = a^q \iff q = \log_a p \quad (a>0,\ a\neq 1,\ p>0)$$
q を a を底とする p の対数という。

（底：a、真数：p）

対数の性質 $a>0,\ a\neq 1,\ M>0,\ N>0$ のとき

① $\log_a 1 = 0,\ \log_a a = 1$

② $\log_a MN = \log_a M + \log_a N$

③ $\log_a \dfrac{M}{N} = \log_a M - \log_a N$

④ $\log_a M^r = r \log_a M$

底の変換公式
$$\log_a b = \frac{\log_c b}{\log_c a} \quad (a>0,\ a\neq 1,\ c>0,\ c\neq 1,\ b>0)$$

37 対数関数とそのグラフ

対数関数
関数 $y = \log_a x$ を a を底とする x の対数関数という。

対数関数 $y = \log_a x$ の特徴

・定義域は正の実数全体、値域は実数全体。
・グラフは2点 $(1,\ 0)$, $(a,\ 1)$ を通り、y 軸が漸近線になる。
・グラフは、指数関数 $y = a^x$ のグラフと直線 $y = x$ に関して対称。

$a>1$ のとき：増加関数（右上がり）

$0<a<1$ のとき：減少関数（右下がり）

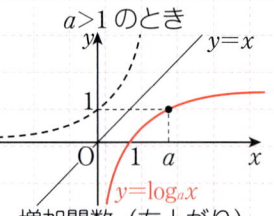

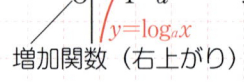

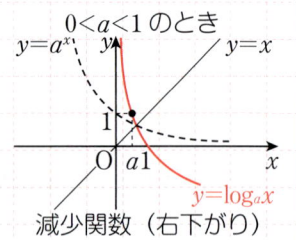

38 対数関数の応用

対数方程式とその解き方 $(a>0,\ a\neq 1)$

対数の真数または底に未知数を含む方程式を**対数方程式**という。

・$\log_a f(x) = b \iff f(x) = a^b$ （真数は正）

・$\log_a f(x) = \log_a g(x) \iff f(x) = g(x)$ （真数は正）

・$\log_{f(x)} a = b \iff a = \{f(x)\}^b$ （底：$f(x)>0,\ f(x)\neq 1$）

対数不等式とその解き方

対数の真数または底に未知数を含む不等式を、**対数不等式**という。

・$a>1$ のとき $\log_a f(x) > \log_a g(x) \iff f(x) > g(x)$ （真数は正）

・$0<a<1$ のとき $\log_a f(x) > \log_a g(x) \iff f(x) < g(x)$ （真数は正）

39 常用対数

常用対数
底が 10 の対数を**常用対数**という。

常用対数の性質
与えられた実数 x について、整数 n を用いて
$$n \leq \log_{10} x < n+1 \iff 10^n \leq x < 10^{n+1}$$

① $n \geq 0$ ならば、x の整数部分は、$(n+1)$ 桁

② $n < 0$ ならば、x の小数第 $(-n)$ 位に初めて 0 でない数字が現れる。

100 [対数の計算①] **36 対数とその性質**

$\log_2 3 + \log_2 20 - \log_2 15$ を簡単にせよ。

(与式)$= \log_2 \dfrac{3 \times 20}{15} = \log_2 2^2 = 2\log_2 2 = 2$ …答

$\log_a a = 1$

なに をする?
公式を正確に使おう。

---

101 [対数関数のグラフ①] **37 対数関数とそのグラフ**

関数 $y = \log_3 x$ のグラフをもとに関数 $y = \log_3(-x)$ のグラフをかけ。

$y = \log_3 x$ のグラフと
$y = \log_3(-x)$ のグラフは
y 軸に関して対称である。
したがって，右の図の実線
のようになる。

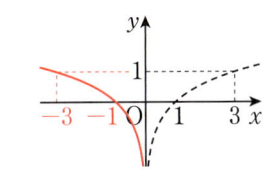

★ヒラメキ★
$x \to -x$ だから y 軸に関して対称に移動

なに をする?
関数 $y = \log_3 x$ のグラフ
・定義域は正の実数全体。
・値域は実数全体。
・2点 $(1, 0)$, $(3, 1)$ を通る。
・増加関数（右上がり）。
このグラフを y 軸に関して対称に移動する。

---

102 [対数方程式] **38 対数関数の応用**

方程式 $\log_2(x-1) + \log_2(x-2) = 1$ を解け。
$\log_2(x-1)(x-2) = \log_2 2$ より $(x-1)(x-2) = 2$
よって $x^2 - 3x = 0$
$x(x-3) = 0$ より $x = 0, 3$
また，真数は正だから，$x - 1 > 0$, $x - 2 > 0$ より
$x > 2$ よって $\boldsymbol{x = 3}$ …答

★ヒラメキ★
対数関数 → 真数は正

なに をする?
$\log_2 A = \log_2 B$ より，$A = B$ となる。

---

103 [常用対数の応用①] **39 常用対数**

2^{30} は何桁の数か。ただし，$\log_{10} 2 = 0.3010$ とする。

$x = 2^{30}$ とおく。両辺の常用対数をとって
$\log_{10} x = \log_{10} 2^{30} = 30 \log_{10} 2 = 30 \times 0.3010$
よって，$\log_{10} x = 9.03$ より $9 < \log_{10} x < 10$
$10^9 < x < 10^{10}$ だから，2^{30} は **10 桁の数**。…答

★ヒラメキ★
桁数の問題 → 底を 10 にとる

なに をする?
$\log_{10} x$ の整数部分が n のとき $n \geq 0$ なら，x の整数部分は $(n+1)$ 桁。

ガイドなしでやってみよう！

104 [対数の計算②]

次の式を簡単にせよ。 ← 底がそろっている / 底をそろえる

(1) $\dfrac{1}{2}\log_2 \dfrac{3}{2} - \log_2 \sqrt{3} + \log_2 4$

$= \log_2 \sqrt{\dfrac{3}{2}} - \log_2 \sqrt{3} + \log_2 4$

$= \log_2 \dfrac{\sqrt{3} \times 4}{\sqrt{2} \times \sqrt{3}}$

$= \log_2 2\sqrt{2}$

$= \log_2 2^{\frac{3}{2}} = \dfrac{3}{2} \log_2 2$

$= \dfrac{3}{2}$ …㊐

(2) $\log_3 2 + \log_9 \dfrac{27}{4}$

$\log_9 \dfrac{27}{4} = \dfrac{\log_3 \frac{27}{4}}{\log_3 9} = \dfrac{1}{2} \log_3 \dfrac{27}{4} = \log_3 \dfrac{3\sqrt{3}}{2}$

(与式) $= \log_3 2 + \log_3 \dfrac{3\sqrt{3}}{2}$

$= \log_3 \left(2 \times \dfrac{3\sqrt{3}}{2}\right) = \log_3 3\sqrt{3}$

$= \log_3 3^{\frac{3}{2}} = \dfrac{3}{2} \log_3 3 = \dfrac{3}{2}$ …㊐

105 [対数の性質]

$\log_{10} 2 = a$, $\log_{10} 3 = b$ とするとき，次の値を a, b で表せ。

(1) $\log_{10} 180$ ← $180 = 2 \times 3^2 \times 10$

$= \log_{10}(2 \times 3^2 \times 10)$

$= \log_{10} 2 + \log_{10} 3^2 + \log_{10} 10$

$= \log_{10} 2 + 2\log_{10} 3 + 1$

$= a + 2b + 1$ …㊐

(2) $\log_{10} 0.12$ ← $0.12 = \dfrac{2^2 \times 3}{10^2}$

$= \log_{10} \dfrac{2^2 \times 3}{10^2}$

$= \log_{10} 2^2 + \log_{10} 3 - \log_{10} 10^2$

$= 2\log_{10} 2 + \log_{10} 3 - 2\log_{10} 10$

$= 2a + b - 2$ …㊐

106 [対数関数のグラフ②]

関数 $y = \log_2 x$ のグラフをもとに，次の関数のグラフをかけ。

(1) $y = \log_2 \dfrac{x}{4}$

$y = \log_2 x - \log_2 2^2$
$= \log_2 x - 2$

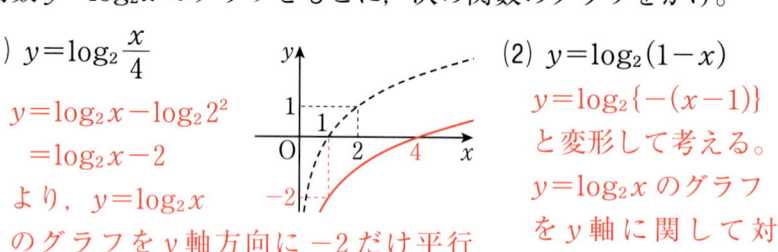

より，$y = \log_2 x$ のグラフを y 軸方向に -2 だけ平行移動したグラフ。
ゆえに，右上の図の実線のようになる。

(2) $y = \log_2(1-x)$

$y = \log_2\{-(x-1)\}$ と変形して考える。

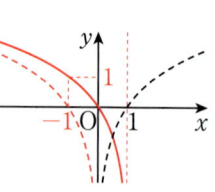

$y = \log_2 x$ のグラフを y 軸に関して対称に移動すれば $y = \log_2(-x)$ のグラフになる。
このグラフを x 軸方向に 1 だけ平行移動したグラフ。
ゆえに，右上の図の実線のようになる。

107 [大小の比較③]

$\log_3 7$, $6\log_9 2$, 2 の大小を比較せよ。

$6\log_9 2 = 6 \times \dfrac{\log_3 2}{\log_3 9} = 6 \times \dfrac{\log_3 2}{2} = 3\log_3 2 = \log_3 2^3 = \log_3 8$,

$2 = 2 \cdot \log_3 3 = \log_3 3^2 = \log_3 9$ で，底 3 は 1 より大きいので $\log_3 7 < 6\log_9 2 < 2$ …㊐

108 [対数方程式・対数不等式]

次の方程式・不等式を解け。

(1) $\log_2(x-2) = 2 - \log_2(x+1)$

$\log_2(x-2) + \log_2(x+1) = 2\log_2 2$

$\log_2(x-2)(x+1) = \log_2 2^2$

よって $(x-2)(x+1) = 4$

$x^2 - x - 6 = 0$

$(x-3)(x+2) = 0$ より $x = 3, -2$

真数は正より, $x > 2$ だから

$x = 3$ …答

(2) $(\log_3 x)^2 - 3\log_3 x + 2 = 0$

$\log_3 x = t$ とおく。

$t^2 - 3t + 2 = 0$

$(t-1)(t-2) = 0$

$t = 1, 2$

$\log_3 x = 1, 2$ より

$x = 3, 9$ …答

(3) $\log_{\frac{1}{2}} x + \log_{\frac{1}{2}}(6-x) > -3$

$\log_{\frac{1}{2}} x(6-x) > -3\log_{\frac{1}{2}} \frac{1}{2}$

$\log_{\frac{1}{2}} x(6-x) > \log_{\frac{1}{2}} \left(\frac{1}{2}\right)^{-3} = \log_{\frac{1}{2}} 8$

底 $\frac{1}{2}$ は 1 より小さいから

$x(6-x) < 8 \quad x^2 - 6x + 8 > 0$

$(x-2)(x-4) > 0$

$x < 2, \ 4 < x$ …①

真数は正だから $x > 0, \ 6-x > 0$

よって $0 < x < 6$ …②

①, ②より $0 < x < 2, \ 4 < x < 6$ …答

(4) $(\log_2 x)^2 - \log_2 x - 2 \leqq 0$

$\log_2 x = t$ とおく。

$t^2 - t - 2 \leqq 0$

$(t-2)(t+1) \leqq 0$

$-1 \leqq t \leqq 2$

$-1 \leqq \log_2 x \leqq 2$ だから

$-1 \cdot \log_2 2 \leqq \log_2 x \leqq 2\log_2 2$

$\log_2 2^{-1} \leqq \log_2 x \leqq \log_2 2^2$

底 2 は 1 より大きいから

$2^{-1} \leqq x \leqq 2^2$

すなわち $\frac{1}{2} \leqq x \leqq 4$ …答

109 [常用対数の応用②]

$\log_{10} 2 = 0.3010, \ \log_{10} 3 = 0.4771$ のとき, 次の問いに答えよ。

(1) 6^{30} は何桁の数か。

$x = 6^{30}$ とおくと

$\log_{10} x = \log_{10} 6^{30} = 30\log_{10} 6 = 30(\log_{10} 2 + \log_{10} 3) = 30(0.3010 + 0.4771) = 23.343$

$23 < \log_{10} x < 24$ なので, $10^{23} < x < 10^{24}$ より, 6^{30} は **24桁の数**。…答

(2) $\left(\frac{1}{6}\right)^{30}$ は小数第何位に初めて 0 でない数が現れるか。

$y = \left(\frac{1}{6}\right)^{30}$ とおくと $\log_{10} y = \log_{10} \left(\frac{1}{6}\right)^{30} = \log_{10}(6^{-1})^{30} = -30\log_{10} 6 = -23.343$

$-24 < \log_{10} x < -23$ なので, $10^{-24} < x < 10^{-23}$ より, $\left(\frac{1}{6}\right)^{30}$ は **小数第24位に初めて 0 でない数が現れる。** …答

定期テスト対策問題

目標点　60点
制限時間　50分

　　点

1 次の式を計算せよ。　　89 90 93 94 100 104　　　　(各7点　計14点)

(1) $\sqrt[4]{9} \times \sqrt[3]{9} \div \sqrt[12]{9}$

$= 9^{\frac{1}{4}} \times 9^{\frac{1}{3}} \div 9^{\frac{1}{12}}$

$= 9^{\frac{1}{4}+\frac{1}{3}-\frac{1}{12}}$

$= 9^{\frac{6}{12}} = 9^{\frac{1}{2}} = 3$ …答

(2) $\dfrac{1}{3}\log_5 \dfrac{8}{27} + \log_5 \dfrac{6}{5} - \dfrac{1}{2}\log_5 \dfrac{16}{25}$

$= \dfrac{1}{3}\log_5 \left(\dfrac{2}{3}\right)^3 + \log_5 \dfrac{6}{5} - \dfrac{1}{2}\log_5 \left(\dfrac{4}{5}\right)^2$

$= \log_5 \dfrac{2}{3} + \log_5 \dfrac{6}{5} - \log_5 \dfrac{4}{5}$

$= \log_5 \dfrac{2 \times 6 \times 5}{3 \times 5 \times 4} = \log_5 1 = 0$ …答

2 次の各組の大小を調べよ。　　91 98 107　　　　(各7点　計14点)

(1) $\sqrt{2}, \sqrt[3]{3}, \sqrt[6]{6}$ ← 指数をそろえる

$\sqrt{2} = 2^{\frac{1}{2}} = (2^3)^{\frac{1}{6}} = 8^{\frac{1}{6}}$

$\sqrt[3]{3} = 3^{\frac{1}{3}} = (3^2)^{\frac{1}{6}} = 9^{\frac{1}{6}}$

$\sqrt[6]{6} = 6^{\frac{1}{6}}$

$6^{\frac{1}{6}} < 8^{\frac{1}{6}} < 9^{\frac{1}{6}}$ より

$\sqrt[6]{6} < \sqrt{2} < \sqrt[3]{3}$ …答

(2) $\log_2 6, \log_4 30, \log_8 125$ ← 底をそろえる

$\log_4 30 = \dfrac{\log_2 30}{\log_2 4} = \dfrac{1}{2}\log_2 30 = \log_2 \sqrt{30}$

$\log_8 125 = \dfrac{\log_2 125}{\log_2 8} = \dfrac{1}{3}\log_2 125 = \log_2 5$

$5 < \sqrt{30} < 6$ であり，底2は1より大きいので

$\log_8 125 < \log_4 30 < \log_2 6$ …答

3 $a > 0, \ a^{\frac{1}{2}} - a^{-\frac{1}{2}} = 2$ のとき，次の値を求めよ。　　96　　(各8点　計16点)

(1) $a + a^{-1}$

$a^{\frac{1}{2}} = x, \ a^{-\frac{1}{2}} = y$ とおくと，

$x - y = 2, \ xy = 1$ だから

$a + a^{-1} = x^2 + y^2 = (x-y)^2 + 2xy$

　　　　　$= 2^2 + 2 \times 1 = 6$ …答

[別解] $a^{\frac{1}{2}} - a^{-\frac{1}{2}} = 2$ の両辺を2乗して

　　$(a^{\frac{1}{2}} - a^{-\frac{1}{2}})^2 = 2^2$

　　$(a^{\frac{1}{2}})^2 - 2a^{\frac{1}{2}} \cdot a^{-\frac{1}{2}} + (a^{-\frac{1}{2}})^2 = 4$

　　$a - 2a^0 + a^{-1} = 4$

　　$a - 2 + a^{-1} = 4$

よって　$a + a^{-1} = 6$

(2) $a^{\frac{1}{2}} + a^{-\frac{1}{2}}$

$a^{\frac{1}{2}} + a^{-\frac{1}{2}} = x + y$

$x > 0, \ y > 0$ より　$x + y > 0$

$x + y = \sqrt{(x+y)^2} = \sqrt{x^2 + y^2 + 2xy}$

　　　　$= \sqrt{6 + 2 \times 1} = 2\sqrt{2}$ …答

[別解] $(a^{\frac{1}{2}} + a^{-\frac{1}{2}})^2$

$= (a^{\frac{1}{2}})^2 + 2a^{\frac{1}{2}} \cdot a^{-\frac{1}{2}} + (a^{-\frac{1}{2}})^2$

$= a + 2a^0 + a^{-1}$

$= a + 2 + a^{-1}$

$= 8$

$a^{\frac{1}{2}} + a^{-\frac{1}{2}} > 0$ だから　$a^{\frac{1}{2}} + a^{-\frac{1}{2}} = 2\sqrt{2}$

4 $\log_{10} 2 = a, \ \log_{10} 3 = b$ とするとき，次の値を a, b で表せ。　　105　　(各8点　計16点)

(1) $\log_{10} 5$

$\log_{10} 5 = \log_{10} \dfrac{10}{2}$

　　　　$= \log_{10} 10 - \log_{10} 2$

　　　　$= 1 - a$ …答

(2) $\log_{10} 60$

$60 = 2 \times 3 \times 10$ だから

$\log_{10} 60 = \log_{10}(2 \times 3 \times 10)$

　　　　　$= \log_{10} 2 + \log_{10} 3 + \log_{10} 10$

　　　　　$= a + b + 1$ …答

60 ── 第4章　指数関数・対数関数

5 次の方程式・不等式を解け。　　(各10点　計20点)

(1) $4^x + 2^{x+2} - 12 = 0$

$(2^x)^2 + 4 \cdot 2^x - 12 = 0$ となるので，$2^x = t$ $(t > 0)$ とおくと

$t^2 + 4t - 12 = 0$ 　$(t+6)(t-2) = 0$

$t > 0$ より 　$t = 2$ 　$2^x = 2$ だから 　$\bm{x = 1}$ …㈳

(2) $(\log_2 x)^2 - \log_4 x - 3 \geqq 0$　←底をそろえる

$(\log_2 x)^2 - \dfrac{\log_2 x}{\log_2 4} - 3 \geqq 0$ となるので，両辺を2倍して 　$2(\log_2 x)^2 - \log_2 x - 6 \geqq 0$

$\log_2 x = t$ とおくと 　$2t^2 - t - 6 \geqq 0$ 　$(2t+3)(t-2) \geqq 0$ 　よって 　$t \leqq -\dfrac{3}{2}, 2 \leqq t$

$\log_2 x \leqq -\dfrac{3}{2}$, $\log_2 x \geqq 2$ より 　$x \leqq 2^{-\frac{3}{2}} = \dfrac{1}{2\sqrt{2}} = \dfrac{\sqrt{2}}{4}$, $x \geqq 2^2 = 4$

真数は正なので 　$x > 0$ 　したがって 　$\bm{0 < x \leqq \dfrac{\sqrt{2}}{4}, 4 \leqq x}$ …㈳

6 $1 \leqq x \leqq 8$ のとき，関数 $y = (\log_2 x)^2 - 4\log_2 x + 5$ の最大値，最小値を求めよ。　(10点)

$\log_2 x = t$ とおく。
$1 \leqq x \leqq 8$ であるから，右のグラフより 　$0 \leqq t \leqq 3$
このとき 　$y = t^2 - 4t + 5$
　　　　　$= (t-2)^2 + 1$ 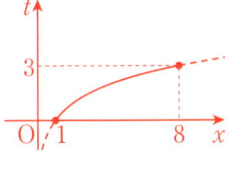 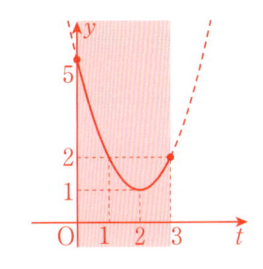
右のグラフより，最大値 5 $(t=0)$，最小値 1 $(t=2)$
したがって，**最大値 5 $(x=1)$，最小値 1 $(x=4)$** …㈳

7 5^{20} は何桁の数か。ただし，$\log_{10} 2 = 0.3010$ とする。　(10点)

$x = 5^{20}$ とおく。

$\log_{10} x = \log_{10} 5^{20} = 20\log_{10} 5 = 20\log_{10} \dfrac{10}{2} = 20(\log_{10} 10 - \log_{10} 2)$

$= 20(1 - 0.3010) = 20 \times 0.6990 = 13.98$

$13 < \log_{10} x < 14$ より，$10^{13} < x < 10^{14}$ だから，5^{20} は **14桁** の数。…㈳

第5章 微分と積分

1 微分係数と導関数(1)

40 関数の極限

関数の極限の定義

$$\lim_{x \to a} f(x) = b \quad \begin{pmatrix} x \text{ が } a \text{ と異なる値をとりながら限りなく } a \text{ に} \\ \text{近づいたとき，} f(x) \text{ が限りなく } b \text{ に近づく。} \end{pmatrix}$$

整関数 $f(x)$ の極限

$f(x)$ が整関数のときは $\lim_{x \to a} f(x) = f(a)$

分数関数 $\dfrac{f(x)}{g(x)}$ の極限 （$f(x)$, $g(x)$ は整関数）

① x が $g(x)$ を 0 にしない値 a に限りなく近づくとき，$\lim_{x \to a} \dfrac{f(x)}{g(x)} = \dfrac{f(a)}{g(a)}$ である。

② x が $g(x)$ を 0 にする値に限りなく近づくときは，極限値があるとはいえない。
ただ，いろいろな工夫をすると，極限の様子を知ることができる場合がある。
（「不定形の極限」）

41 平均変化率と微分係数

平均変化率

関数 $y = f(x)$ において，x の値が a から b まで変わるとき，y の値の変化 $f(b) - f(a)$ と x の値の変化 $b - a$ との比

$$H = \dfrac{f(b) - f(a)}{b - a}$$

を $x = a$ から $x = b$ までの関数 $y = f(x)$ の**平均変化率**という。右の図で，H は**直線 AB の傾き**を表す。

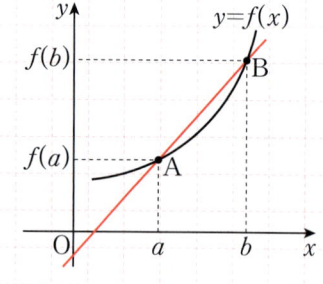

微分係数

$\lim_{b \to a} \dfrac{f(b) - f(a)}{b - a}$ が存在するとき，これを関数 $y = f(x)$ の $x = a$ における**微分係数**といい $f'(a)$ で表す。

$$f'(a) = \lim_{h \to 0} \dfrac{f(a+h) - f(a)}{h} \quad (b - a = h \text{ のとき})$$

右の図で，微分係数 $f'(a)$ は点 $(a, f(a))$ における曲線 $y = f(x)$ の**接線の傾き**を表す。

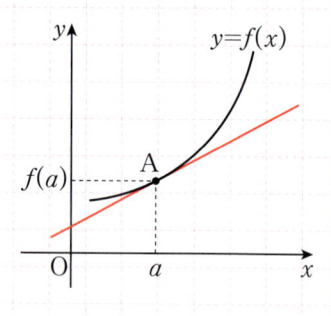

42 導関数

導関数の定義

関数 $y = f(x)$ の $x = a$ における微分係数 $f'(a)$ について，a を定数と見るのではなく変数と見られるよう，定数 a を変数 x でおき換えた $f'(x)$ を $f(x)$ の**導関数**という。したがって，定義は $f'(x) = \lim_{h \to 0} \dfrac{f(x+h) - f(x)}{h}$

導関数を表す記号

$f'(x)$, y', $\dfrac{dy}{dx}$, $\dfrac{d}{dx} f(x)$ （状況に応じて使い分ける）

110 [分数関数の極限] **40** 関数の極限

次の極限値を求めよ。

(1) $\lim_{x \to 2} \dfrac{x^2+1}{x+1}$

$= \dfrac{2^2+1}{2+1}$

$= \dfrac{5}{3}$ …㊤

(2) $\lim_{x \to 2} \dfrac{x^2+x-6}{x-2}$

$= \lim_{x \to 2} \dfrac{(x-2)(x+3)}{x-2}$

$= \lim_{x \to 2} (x+3) = 5$ …㊤

> ★ヒラメキ★
> $\lim_{x \to a} f(x) \to$ まず $f(a)$
>
> なにをする？
> (1) (分母)$\ne 0$ である。
> (2) (分母)$=0$ だから，変形を試みる。

---

111 [平均変化率と微分係数①] **41** 平均変化率と微分係数

関数 $f(x)=x^2+2x$ について，$x=2$ から $x=4$ までの平均変化率 H と $x=a$ における微分係数 $f'(a)$ が等しくなるように，定数 a の値を定めよ。

$H = \dfrac{f(4)-f(2)}{4-2} = \dfrac{(16+8)-(4+4)}{2} = 8$

また

$f'(a) = \lim_{h \to 0} \dfrac{f(a+h)-f(a)}{h}$

$= \lim_{h \to 0} \dfrac{\{(a+h)^2+2(a+h)\}-(a^2+2a)}{h}$

$= \lim_{h \to 0} \dfrac{(2a+2)h+h^2}{h} = \lim_{h \to 0} (2a+2+h)$

$= 2a+2$

よって，$f'(a)=H$ を満すのは，$2a+2=8$ より

$a = 3$ …㊤

> ★ヒラメキ★
> 平均変化率の定義
> $\to H = \dfrac{f(b)-f(a)}{b-a}$
>
> 微分係数の定義
> $\to f'(a) = \lim_{h \to 0} \dfrac{f(a+h)-f(a)}{h}$
>
> なにをする？
> 定義に従って求める。

---

112 [定義に従う導関数の計算①] **42** 導関数

定義に従って，関数 $f(x)=x^2+3x$ の導関数を求めよ。

$f'(x) = \lim_{h \to 0} \dfrac{f(x+h)-f(x)}{h}$

$= \lim_{h \to 0} \dfrac{\{(x+h)^2+3(x+h)\}-(x^2+3x)}{h}$

$= \lim_{h \to 0} \dfrac{(2x+3)h+h^2}{h} = \lim_{h \to 0} (2x+3+h)$

$= 2x+3$ …㊤

> ★ヒラメキ★
> 導関数の定義
> $\to f'(x) = \lim_{h \to 0} \dfrac{f(x+h)-f(x)}{h}$
>
> なにをする？
> 定義に従って求める。

第5章 微分と積分

ガイドなしでやってみよう！

113 ［関数の極限］
次の極限値を求めよ。

(1) $\lim_{x \to 1}(x^3 - 2x + 3)$
$= 1 - 2 + 3 = 2$ …答

(2) $\lim_{x \to 2} \dfrac{x^2 - x - 2}{x^2 + x - 6}$

> $x \to 2$ のとき（分母）$\to 0$ なので分母，分子を因数分解し，$x-2$ で約分する

$= \lim_{x \to 2} \dfrac{(x-2)(x+1)}{(x-2)(x+3)}$

$= \lim_{x \to 2} \dfrac{x+1}{x+3} = \dfrac{2+1}{2+3} = \dfrac{3}{5}$ …答

(3) $\lim_{x \to 0} \dfrac{1}{x}\left(1 + \dfrac{1}{x-1}\right)$

$= \lim_{x \to 0} \dfrac{1}{x}\left(\dfrac{x-1}{x-1} + \dfrac{1}{x-1}\right)$

$= \lim_{x \to 0} \dfrac{1}{x} \cdot \dfrac{x}{x-1}$

$= \lim_{x \to 0} \dfrac{1}{x-1} = -1$ …答

(4) $\lim_{h \to 0} \dfrac{(2+h)^3 - 8}{h}$

$= \lim_{h \to 0} \dfrac{2^3 + 3 \cdot 2^2 h + 3 \cdot 2 h^2 + h^3 - 8}{h}$

$= \lim_{h \to 0} \dfrac{8 + 12h + 6h^2 + h^3 - 8}{h}$

$= \lim_{h \to 0}(12 + 6h + h^2) = 12$ …答

114 ［定数の決定と極限値］
次の問いに答えよ。

(1) 極限値 $\lim_{x \to 2} \dfrac{x^2 + ax + 2}{x - 2}$ が存在するとき，定数 a の値とその極限値を求めよ。

$x \to 2$ のとき，（分母）$\to 0$ であるから，（分子）$\to 0$ である。
よって，$\lim_{x \to 2}(x^2 + ax + 2) = 4 + 2a + 2 = 0$ より $a = -3$

このとき $\lim_{x \to 2} \dfrac{x^2 - 3x + 2}{x - 2} = \lim_{x \to 2} \dfrac{(x-2)(x-1)}{x-2} = \lim_{x \to 2}(x-1) = 1$

よって $a = -3$　極限値は 1 …答

(2) 等式 $\lim_{x \to -1} \dfrac{x^2 + ax + b}{x^2 - 2x - 3} = -1$ が成り立つように，定数 a，b の値を定めよ。

$x \to -1$ のとき（分母）$\to 0$ であるから，（分子）$\to 0$ である。
よって，$\lim_{x \to -1}(x^2 + ax + b) = 1 - a + b = 0$ より $b = a - 1$ …①

このとき（分子）$= x^2 + ax + a - 1 = (x-1)(x+1) + a(x+1) = (x+1)(x-1+a)$

$\lim_{x \to -1} \dfrac{x^2 + ax + a - 1}{x^2 - 2x - 3} = \lim_{x \to -1} \dfrac{(x+1)(x+a-1)}{(x+1)(x-3)} = \lim_{x \to -1} \dfrac{x+a-1}{x-3} = \dfrac{a-2}{-4}$

$\dfrac{a-2}{-4} = -1$ より，$a - 2 = 4$ だから $a = 6$　①より $b = 5$

したがって $a = 6$，$b = 5$ …答

115 [平均変化率と微分係数②]

関数 $f(x)=x^3+2x$ について，$x=-1$ から $x=2$ までの平均変化率 H と $x=a$ における微分係数 $f'(a)$ が等しくなるように，定数 a の値を定めよ。

$$H=\frac{f(2)-f(-1)}{2-(-1)}=\frac{(2^3+2\cdot 2)-\{(-1)^3+2(-1)\}}{3}=\frac{15}{3}=5 \text{ である。}$$

また $f'(a)=\lim_{h\to 0}\frac{f(a+h)-f(a)}{h}=\lim_{h\to 0}\frac{\{(a+h)^3+2(a+h)\}-(a^3+2a)}{h}$

$=\lim_{h\to 0}\frac{(a^3+3a^2h+3ah^2+h^3)+2a+2h-(a^3+2a)}{h}$

$=\lim_{h\to 0}\frac{(3a^2+2)h+3ah^2+h^3}{h}=\lim_{h\to 0}(3a^2+2+3ah+h^2)=3a^2+2$

$f'(a)=H$ だから，$3a^2+2=5$ より $\boldsymbol{a=\pm 1}$ …答

116 [定義に従う導関数の計算②]

極限値 $\lim_{h\to 0}\dfrac{f(a+3h)-f(a)}{h}$ を $f'(a)$ で表せ。

$\dfrac{f(a+3h)-f(a)}{h}=3\times \dfrac{f(a+3h)-f(a)}{3h}$ となり，$3h=k$ とおくと

$h\to 0$ のとき $k\to 0$ となるので ← $3h$ と h では 0 に近づく速さがちがう

(与式)$=\lim_{h\to 0}\dfrac{f(a+3h)-f(a)}{h}=3\cdot \lim_{h\to 0}\dfrac{f(a+3h)-f(a)}{3h}$

$=3\cdot \lim_{k\to 0}\dfrac{f(a+k)-f(a)}{k}=\boldsymbol{3f'(a)}$ …答 ← $f'(a)=\lim_{k\to 0}\dfrac{f(a+k)-f(a)}{k}$

117 [定義に従う導関数の計算③]

定義に従って，次の関数の導関数を求めよ。

(1) $f(x)=2x+1$

$\boldsymbol{f'(x)}=\lim_{h\to 0}\dfrac{f(x+h)-f(x)}{h}=\lim_{h\to 0}\dfrac{\{2(x+h)+1\}-(2x+1)}{h}=\lim_{h\to 0}\dfrac{2h}{h}$

$=\lim_{h\to 0}2=\boldsymbol{2}$ …答

(2) $f(x)=(x+2)^2$

$\boldsymbol{f'(x)}=\lim_{h\to 0}\dfrac{f(x+h)-f(x)}{h}=\lim_{h\to 0}\dfrac{(x+h+2)^2-(x+2)^2}{h}$

$=\lim_{h\to 0}\dfrac{\{(x+2)+h\}^2-(x+2)^2}{h}=\lim_{h\to 0}\dfrac{\{(x+2)^2+2(x+2)h+h^2\}-(x+2)^2}{h}$

$=\lim_{h\to 0}\dfrac{2(x+2)h+h^2}{h}$

$=\lim_{h\to 0}\{2(x+2)+h\}=\boldsymbol{2(x+2)}$ …答

2 微分係数と導関数(2)

43 微 分

微 分
関数 $f(x)$ の導関数を求めることを，$f(x)$ を**微分する**という。

微分の計算公式
① $y=x^n \longrightarrow y'=nx^{n-1}$ 　　② $y=c \longrightarrow y'=0$ （c は定数）
③ $y=kf(x) \longrightarrow y'=kf'(x)$ 　　④ $y=f(x)+g(x) \longrightarrow y'=f'(x)+g'(x)$
⑤ $y=f(x)-g(x) \longrightarrow y'=f'(x)-g'(x)$
⑥ $y=(ax+b)^n \longrightarrow y'=an(ax+b)^{n-1}$

44 接線の方程式

傾き m の直線の方程式（数学Ⅰの範囲）
$y-b=m(x-a)$ ……傾き m，点 (a, b) を通る直線の方程式

接線の方程式
曲線 $y=f(x)$ 上の点 $A(a, f(a))$ における接線の傾きは $x=a$ における $f(x)$ の微分係数 $f'(a)$ に等しいので，接線の方程式は

$$y-f(a)=f'(a)(x-a)$$

曲線 $y=f(x)$ 上の点 $(a, f(a))$ における接線の方程式

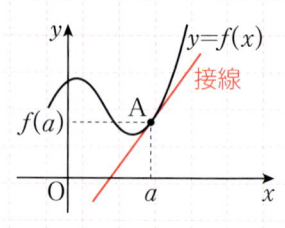

法線の方程式
曲線 $y=f(x)$ 上の点 $A(a, f(a))$ を通り，その点における接線と直交する直線を**法線**という。直交することから，法線の傾きは $-\dfrac{1}{f'(a)}$ であり，法線の方程式は

$$y-f(a)=-\dfrac{1}{f'(a)}(x-a) \quad (\text{ただし } f'(a) \neq 0)$$

曲線 $y=f(x)$ 上の点 $(a, f(a))$ における法線の方程式

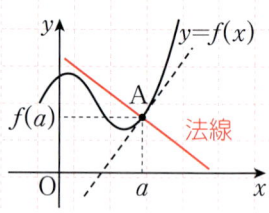

45 接線の応用

2 曲線が接する条件
2 曲線 $y=f(x)$ と $y=g(x)$ が点 $T(p, q)$ で接する。
$\iff \begin{cases} f(p)=g(p) & \leftarrow T \text{を通る} \\ f'(p)=g'(p) & \leftarrow T \text{における接線の傾きが同じ} \end{cases}$

右の図の直線 ℓ は，2 曲線 $y=f(x)$，$y=g(x)$ の**点 T における共通接線**である。

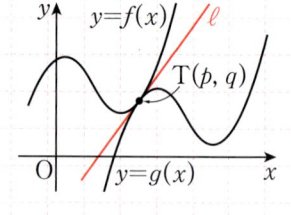

2 曲線の共通接線
曲線 $y=f(x)$ 上の点 S における接線と，曲線 $y=g(x)$ 上の点 T における接線が一致しているとき，この直線を 2 曲線 $y=f(x)$，$y=g(x)$ の**共通接線**という。
接点を $S(s, f(s))$，$T(t, g(t))$ とする。
$y-f(s)=f'(s)(x-s)$ より 　$y=f'(s)x+\underline{f(s)-sf'(s)}$ 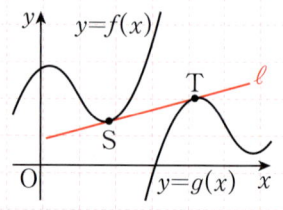
　　　　　　　　　　　　　　傾きが等しい　　　　　　切片が等しい
$y-g(t)=g'(t)(x-t)$ より 　$y=g'(t)x+\underline{g(t)-tg'(t)}$

118 [整関数の微分①] **43** 微 分
次の関数を微分せよ。
(1) $y=3x^2-2x+1$
   $y'=3\cdot 2x-2\cdot 1=6x-2$ …㊜
(2) $y=(2x-1)^3=8x^3-12x^2+6x-1$
   $y'=24x^2-24x+6$ …㊜
   [別解] $y'=2\cdot 3(2x-1)^2=6(2x-1)^2$

119 [3次関数の係数の決定] **43** 微 分
関数 $f(x)=x^3+ax^2+bx+c$ が $f(0)=-4$, $f(1)=-2$, $f'(1)=2$ を満たすとき，定数 a, b, c の値を求めよ。
$f'(x)=3x^2+2ax+b$ である。
   $f(0)=c=-4$ …①
   $f(1)=1+a+b+c=-2$ …②
   $f'(1)=3+2a+b=2$ …③
①，②，③を解いて $a=-2$, $b=3$, $c=-4$ …㊜

120 [曲線上の点における接線] **44** 接線の方程式
曲線 $y=x^3-3x^2$ 上の点 A$(1, -2)$ における接線の方程式と法線の方程式を求めよ。
$f(x)=x^3-3x^2$ とおくと $f'(x)=3x^2-6x$
点 A における接線の傾きは $f'(1)=-3$
よって，接線の方程式は $y+2=-3(x-1)$ より
   $y=-3x+1$ …㊜
一方，法線の傾きは $\dfrac{1}{3}$ だから，法線の方程式は
$y+2=\dfrac{1}{3}(x-1)$ より $y=\dfrac{1}{3}x-\dfrac{7}{3}$ …㊜

121 [共通接線] **45** 接線の応用
2曲線 $y=f(x)=x^3-6x+a$, $y=g(x)=-x^2+bx+c$ が点 T$(2, 1)$ で接しているとき，定数 a, b, c の値を求めよ。
$f'(x)=3x^2-6$, $g'(x)=-2x+b$ である。
   $f(2)=1$ より $2^3-6\cdot 2+a=1$ …①
   $g(2)=1$ より $-2^2+b\cdot 2+c=1$ …②
   $f'(2)=g'(2)$ より $3\cdot 2^2-6=-2\cdot 2+b$ …③
   ①より $a=5$ ③より $b=10$
   ②より $c=-15$
したがって $a=5$, $b=10$, $c=-15$ …㊜

ガイド

★ヒラメキ★
微分せよ → $(x^n)'=nx^{n-1}$

なにをする？
(2) 展開して微分する。

★ヒラメキ★
未知数が a, b, c の3つ
→等式が3つ必要

なにをする？
$f(0)=-4$, $f(1)=-2$, $f'(1)=2$ の3つの等式による連立方程式を解く。

★ヒラメキ★
直線の方程式
→$y-b=m(x-a)$

なにをする？
接線の傾きは
   $m=f'(1)$
法線の傾きは
   $m=-\dfrac{1}{f'(1)}$
であることを用いる。

★ヒラメキ★
未知数が a, b, c の3つ
→等式が3つ必要

なにをする？
曲線 $y=f(x)$, $y=g(x)$ が点 T$(2, 1)$ を通る条件から
$\begin{cases} f(2)=1 & \cdots ① \\ g(2)=1 & \cdots ② \end{cases}$
傾きが等しいから
$f'(2)=g'(2)$ …③

第5章 微分と積分

2 微分係数と導関数(2) — 67

ガイドなしでやってみよう!

122 [整関数の微分②]

次の関数を微分せよ。

(1) $y=2x^3-3x^2+4x-5$

$y'=6x^2-6x+4$ …答

(2) $y=(2x-3)^3$ ← 展開する

$y=8x^3-36x^2+54x-27$

$y'=24x^2-72x+54$ …答

[別解] $y'=2\cdot 3(2x-3)^2=6(2x-3)^2$

(3) $y=\dfrac{5}{3}x^3+\dfrac{3}{2}x^2+2x$

$y'=5x^2+3x+2$ …答

123 [微分と恒等式]

すべての x に対して，等式 $(2x-3)f'(x)=f(x)+3x^2-8x+3$ を満たす2次関数 $f(x)$ を求めよ。

$f(x)=ax^2+bx+c$ （$a\neq 0$）とおくと，$f'(x)=2ax+b$ である。

よって $(2x-3)(2ax+b)=ax^2+bx+c+3x^2-8x+3$

$4ax^2+(2b-6a)x-3b=(a+3)x^2+(b-8)x+(c+3)$

これが x についての恒等式だから，係数を比較して

$4a=a+3$ …①　　$2b-6a=b-8$ …②　　$-3b=c+3$ …③

①より $a=1$　②に代入して $b=-2$　③に代入して，$6=c+3$ より $c=3$

したがって，求める2次関数は $f(x)=x^2-2x+3$ …答

124 [接線]

曲線 $y=f(x)=x^3-x^2$ について，次の問いに答えよ。

(1) 曲線上の点 $(2, 4)$ における接線の方程式を求めよ。また，この曲線と接線との接点以外の共有点の座標を求めよ。

$f'(x)=3x^2-2x$ より $f'(2)=12-4=8$ ← 接線の傾き

したがって，接線の方程式は，$y-4=8(x-2)$ より $y=8x-12$ …答

曲線と接線の方程式から y を消去して $x^3-x^2=8x-12$

$x^3-x^2-8x+12=0$

$g(x)=x^3-x^2-8x+12$ とおくと，

$g(2)=8-4-16+12=0$ だから，因数定理により，

$g(x)$ は $x-2$ で割り切れる。

よって $g(x)=(x-2)(x^2+x-6)=(x-2)^2(x+3)$

$g(x)=0$ の解は $x=2$ （重解）　$x=-3$

← 点 $(2, 4)$ が接点だから重解 $x=2$ をもつ

$$\begin{array}{r} x^2+x-6 \\ x-2{\overline{\smash{\big)}\,x^3-x^2-8x+12}} \\ \underline{x^3-2x^2} \\ x^2-8x \\ \underline{x^2-2x} \\ -6x+12 \\ \underline{-6x+12} \\ 0 \end{array}$$

$f(-3)=-27-9=-36$ より，接点以外の共有点の座標は $(-3, -36)$ …答

68 — 第5章 微分と積分

(2) 傾きが1となる接線の方程式を求めよ。

接点の座標を (t, t^3-t^2) とおく。$f'(x)=3x^2-2x$ であり，接線の傾きが1だから
$f'(t)=3t^2-2t=1$

よって $3t^2-2t-1=0$ $(t-1)(3t+1)=0$ を解いて $t=1, -\dfrac{1}{3}$

$t=1$ のとき，接点の座標は $(1, 0)$ だから，接線の方程式は $y=x-1$

また，$t=-\dfrac{1}{3}$ のとき，接点の座標は $\left(-\dfrac{1}{3}, -\dfrac{4}{27}\right)$ だから，接線の方程式は

$y+\dfrac{4}{27}=x+\dfrac{1}{3}$

したがって，求める接線の方程式は $\boldsymbol{y=x-1, \ y=x+\dfrac{5}{27}}$ …㊥

(3) 点 $(0, 3)$ を通る接線の方程式を求めよ。

接点の座標を (t, t^3-t^2) とおくと，接線の傾きは $f'(t)=3t^2-2t$ より，接線の方程式は，$y-(t^3-t^2)=(3t^2-2t)(x-t)$ と表せる。

これが点 $(0, 3)$ を通るから $3-(t^3-t^2)=(3t^2-2t)(0-t)$

よって $2t^3-t^2+3=0$

$g(t)=2t^3-t^2+3$ とおくと $g(-1)=0$ だから，$g(t)$ は $t+1$ で割り切れる。

$g(t)=(t+1)(2t^2-3t+3)=0$ の実数解は $t=-1$

つまり，接線は $t=-1$ のときの1本だけである。

接点 $(-1, -2)$，傾き $f'(-1)=5$ だから，接線の方程式は
$y+2=5(x+1)$ より $\boldsymbol{y=5x+3}$ …㊥

$$\begin{array}{r} 2t^2-3t+3 \\ t+1 \overline{)\ 2t^3-\ t^2\ \ \ \ \ +3} \\ \underline{2t^3+2t^2\ \ \ \ \ \ \ \ } \\ -3t^2 \\ \underline{-3t^2-3t} \\ 3t+3 \\ \underline{3t+3} \\ 0 \end{array}$$

125 [共通接線]　←2曲線のどちらにも接する直線

2曲線 $y=x^3$ と $y=x^3+4$ の共通接線の方程式を求めよ。

曲線 $y=x^3$ 上の接点の座標を (s, s^3) とおく。
$y'=3x^2$ より，接線の傾きは $3s^2$
よって，接線の方程式は $y-s^3=3s^2(x-s)$ より $y=3s^2x-2s^3$ …①
同様にして，曲線 $y=x^3+4$ 上の接点の座標を (t, t^3+4) とおく。
$y'=3x^2$ より，接線の傾きは $3t^2$
よって，接線の方程式は $y-(t^3+4)=3t^2(x-t)$ より
$y=3t^2x-2t^3+4$ …②
①，②が同じ直線だから　$3s^2=3t^2$ …③　　$-2s^3=-2t^3+4$ …④（傾きと切片が等しい）
③より $s=\pm t$　　$s=t$ は④より不適だから $s=-t$ …⑤
⑤を④に代入して，$-2(-t)^3=-2t^3+4$ より，$t^3=1$ だから $t=1$
よって，$t=1, s=-1$ のとき共通接線は存在する。
したがって，求める共通接線の方程式は $\boldsymbol{y=3x+2}$ …㊥

3 導関数の応用(1)

46 関数の増減

定義域と関数
関数を扱うとき，定義域もセットにして考える。

区間（$a<b$ とする）
$a \leq x \leq b$, $a < x \leq b$, $a \leq x < b$, $a < x < b$, $a \leq x$, $a < x$, $x \leq b$, $x < b$
を区間という。また，すべての実数も区間として扱う。

関数の増減
- 区間 I 内で，$x_1 < x_2 \Longrightarrow f(x_1) < f(x_2)$ のとき，$f(x)$ は区間 I で増加するという。
- 区間 I 内で，$x_1 < x_2 \Longrightarrow f(x_1) > f(x_2)$ のとき，$f(x)$ は区間 I で減少するという。

導関数と関数の増減
- 区間 I 内で $f'(x) > 0 \Longrightarrow f(x)$：増加
- 区間 I 内で $f'(x) < 0 \Longrightarrow f(x)$：減少

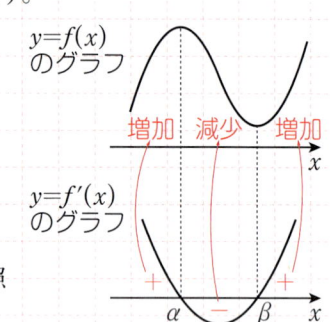

右の図参照

47 関数の極値

極値の判定法 関数 $f(x)$ において，$f'(a) = f'(b) = 0$ であり
- $x = a$ の前後で $f'(x)$ が正から負に変化 $\iff$ $f(x)$ は $x = a$ で極大，$f(a)$ が極大値
- $x = b$ の前後で $f'(x)$ が負から正に変化 $\iff$ $f(x)$ は $x = b$ で極小，$f(b)$ が極小値

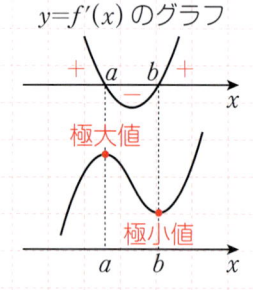

48 関数のグラフ

3次関数のグラフの分類
3次関数 $f(x) = ax^3 + bx^2 + cx + d$ のグラフは，a の符号と $f'(x) = 0$ の解によって次の6つの場合に分類される。

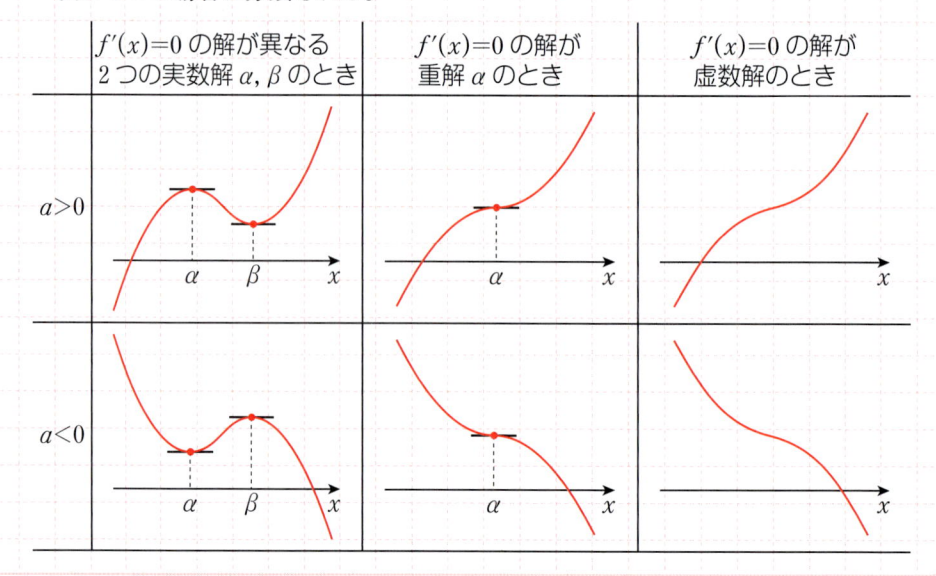

	$f'(x)=0$ の解が異なる2つの実数解 α, β のとき	$f'(x)=0$ の解が重解 α のとき	$f'(x)=0$ の解が虚数解のとき
$a>0$			
$a<0$			

126 [減少関数] 46 関数の増減

関数 $f(x)=-x^3+ax^2+ax+3$ がすべての実数の範囲で減少するように，定数 a の値の範囲を定めよ。

すべての実数 x で $f'(x) \leqq 0$ となればよい。
$f'(x)=-3x^2+2ax+a$ であり，x^2 の係数が負だから，条件を満たすとき，x の 2 次方程式
$-3x^2+2ax+a=0$ の判別式 $D \leqq 0$ となる。
$D=(2a)^2-4\cdot(-3)\cdot a \leqq 0$ より $a(a+3) \leqq 0$
したがって $-3 \leqq a \leqq 0$ …答

★ヒラメキ★
$f'(x)$ が 2 次関数
→判別式が常に負または 0

なにをする?
2 次関数が常に
$ax^2+bx+c \leqq 0$
のとき $a<0$, $D \leqq 0$

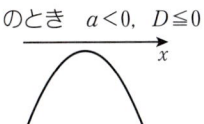

127 [極値] 47 関数の極値

関数 $f(x)=x^3-3x^2-9x+3$ の増減を調べ，極値を求めよ。

$f'(x)=3x^2-6x-9=3(x^2-2x-3)$
$\qquad = 3(x+1)(x-3)$

よって，増減表は次のようになる。

x	…	-1	…	3	…
$f'(x)$	$+$	0	$-$	0	$+$
$f(x)$	↗	極大	↘	極小	↗

$f(-1)=-1-3+9+3=8$
$f(3)=27-27-27+3=-24$
したがって，
極大値 8 ($x=-1$)，極小値 -24 ($x=3$) …答

★ヒラメキ★
増減・極値を調べる
→増減表

なにをする?
$f'(x)=(x-\alpha)(x-\beta)$ ($\alpha<\beta$)
より

x	…	α	…	β	…
$f'(x)$	$+$	0	$-$	0	$+$
$f(x)$	↗	極大	↘	極小	↗

128 [関数のグラフ①] 48 関数のグラフ

$y=(x-2)^2(x+3)$ のグラフをかけ。

展開すると $y=x^3-x^2-8x+12$ だから
$y'=3x^2-2x-8=(3x+4)(x-2)$
よって，増減表は次のようになる。

x	…	$-\dfrac{4}{3}$	…	2	…
y'	$+$	0	$-$	0	$+$
y	↗	極大 $\dfrac{500}{27}$	↘	極小 0	↗

$f\left(-\dfrac{4}{3}\right)=\left(-\dfrac{4}{3}-2\right)^2\left(-\dfrac{4}{3}+3\right)=\dfrac{500}{27}$
$f(2)=0$

★ヒラメキ★
グラフをかけ
→増減表

なにをする?
① $f'(x)$ を計算。
② 増減表を作成。
③ 極値を計算し，グラフ上に点をとる。
④ 座標軸との共有点をとる。
(特に y 軸との交点)
⑤ なめらかな曲線でかく。

ガイドなしでやってみよう!

129 [関数の増減]

関数 $f(x) = \dfrac{1}{3}x^3 - ax^2 + (a+2)x - 1$ について,次の問いに答えよ。

(1) $a = 3$ のとき,関数 $f(x)$ が減少する区間を求めよ。

$a = 3$ だから,$f(x) = \dfrac{1}{3}x^3 - 3x^2 + 5x - 1$ より

$f'(x) = x^2 - 6x + 5 = (x-1)(x-5)$

$f(x)$ が減少するのは $f'(x) \leqq 0$ となる区間である。

$y = f'(x)$ のグラフは だから,$f(x)$ は区間 $\boldsymbol{1 \leqq x \leqq 5}$ で減少する。

…答

(2) 関数 $f(x)$ がすべての実数の範囲で増加するように,定数 a の値の範囲を定めよ。

$f'(x) = x^2 - 2ax + (a+2)$ であり,すべての実数 x で $f'(x) \geqq 0$ となる条件は,$f'(x)$ の x^2 の係数が正で,x の2次方程式 $x^2 - 2ax + (a+2) = 0$ の判別式 $D \leqq 0$ である。

よって $D = (-2a)^2 - 4(a+2) = 4(a^2 - a - 2) = 4(a+1)(a-2) \leqq 0$

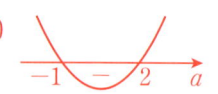

したがって $\boldsymbol{-1 \leqq a \leqq 2}$ …答

130 [3次関数の決定]

3次関数 $f(x)$ が $x = 0$ で極小値 -6,$x = 3$ で極大値 21 をとるとき,関数 $f(x)$ を求めよ。

$f(x) = ax^3 + bx^2 + cx + d$ $(a \neq 0)$ とおくと $f'(x) = 3ax^2 + 2bx + c$

$x = 0$ で極小値 -6 をとるから $f'(0) = c = 0$ $f(0) = d = -6$

$x = 3$ で極大値 21 をとるから

$f'(3) = 27a + 6b + c = 0$ $c = 0$ より $9a + 2b = 0$ …①

$f(3) = 27a + 9b + 3c + d = 21$ $c = 0, d = -6$ より $27a + 9b = 27$

$3a + b = 3$ …②

①,②を解いて $a = -2, b = 9$

よって $f(x) = -2x^3 + 9x^2 - 6$

$f'(x) = -6x^2 + 18x = -6x(x-3)$

x	$\cdots$	0	$\cdots$	3	$\cdots$
$f'(x)$	$-$	0	$+$	0	$-$
$f(x)$	↘	極小 -6	↗	極大 21	↘

右の増減表より,この $f(x)$ は題意を満たしている。

したがって $\boldsymbol{f(x) = -2x^3 + 9x^2 - 6}$ …答

131 [関数のグラフ②]

次の関数の増減を調べて，そのグラフをかけ。

(1) $y = x^3 - 3x^2 - 9x + 11$

$y' = 3x^2 - 6x - 9 = 3(x^2 - 2x - 3) = 3(x-3)(x+1)$

y' の符号は 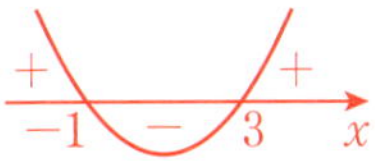 だから

増減表は次のようになる。

x	$\cdots$	-1	$\cdots$	3	$\cdots$
y'	$+$	0	$-$	0	$+$
y	↗	極大 16	↘	極小 -16	↗

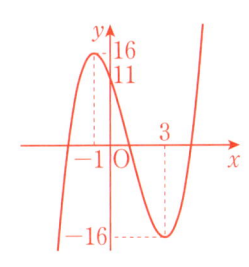

(2) $y = -2x^3 + 6x - 1$

$y' = -6x^2 + 6 = -6(x^2 - 1) = -6(x+1)(x-1)$

y' の符号は 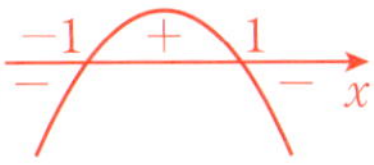 だから

増減表は次のようになる。

x	$\cdots$	-1	$\cdots$	1	$\cdots$
y'	$-$	0	$+$	0	$-$
y	↘	極小 -5	↗	極大 3	↘

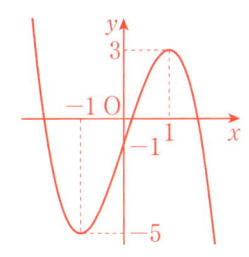

(3) $y = x^3 + 3x^2 + 3x + 1$

$y' = 3x^2 + 6x + 3 = 3(x+1)^2 \geqq 0$

より，常に増加する。

x	$\cdots$	-1	$\cdots$
y'	$+$	0	$+$
y	↗	0	↗

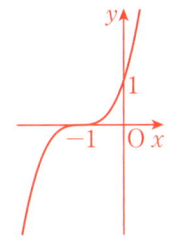

(4) $y = x^2(x-2)^2$ ← $x^2(x-2)^2 = 0$ を解くと $x = 0$，$x = 2$ は重解。よって，$x = 0$ と $x = 2$ で x 軸に接する。

$y = x^2(x-2)^2 = x^4 - 4x^3 + 4x^2$

$y' = 4x^3 - 12x^2 + 8x = 4x(x^2 - 3x + 2) = 4x(x-1)(x-2)$

y' の符号は だから

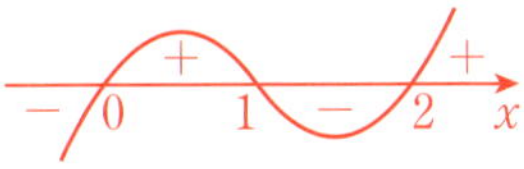

x	$\cdots$	0	$\cdots$	1	$\cdots$	2	$\cdots$
y'	$-$	0	$+$	0	$-$	0	$+$
y	↘	極小 0	↗	極大 1	↘	極小 0	↗

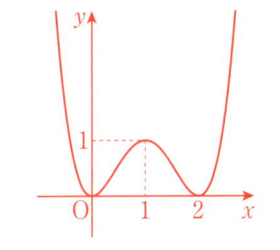

4 導関数の応用(2)

49 最大・最小

最大値・最小値の調べ方

区間 $a \leq x \leq b$ における関数 $f(x)$ の最大・最小を調べるには，区間内の極値と，区間の端点 $x=a$，$x=b$ における関数値 $f(a)$，$f(b)$ を比較すればよい。

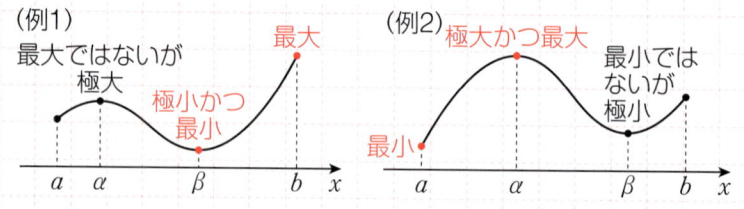

(例1) 最大ではないが極大 / 極小かつ最小 / 最大

(例2) 極大かつ最大 / 最小ではないが極小 / 最小

(注意) 両端を含む区間では最大値・最小値は必ず存在する。それ以外の区間のときは，存在するとは限らない。

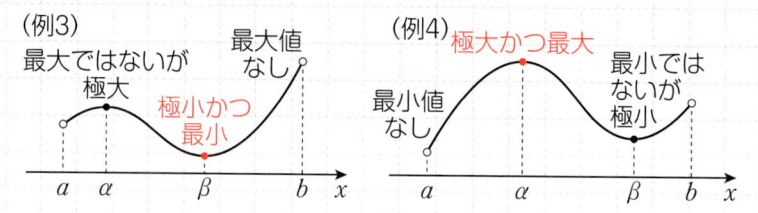

(例3) 最大ではないが極大 / 極小かつ最小 / 最大値なし

(例4) 極大かつ最大 / 最小ではないが極小 / 最小値なし

50 方程式への応用

方程式の実数解の個数(1)

方程式 $f(x)=0$ の実数解の個数は，関数 $y=f(x)$ のグラフと x 軸 ($y=0$) との共有点の個数に等しい。

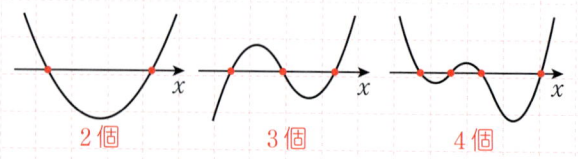

2個　　3個　　4個

方程式の実数解の個数(2)

方程式 $f(x)=a$ の実数解の個数は，関数 $y=f(x)$ のグラフと直線 $y=a$ との共有点の個数に等しい。

51 不等式への応用

不等式とグラフ(1)

不等式 $f(x)>0$ の証明に，グラフを用いることができる。
関数 $y=f(x)$ のグラフをかいて，すべての実数の範囲で $y>0$ の範囲にあることを確認すればよい。

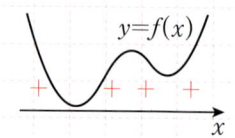

不等式とグラフ(2)

不等式 $f(x)>g(x)$ を証明するには，次のようにすればよい。
$F(x)=f(x)-g(x)$ とおいて，関数 $y=F(x)$ のグラフについて，上の「**不等式とグラフ(1)**」を適用すればよい。
つまり，関数 $y=F(x)$ のグラフが $y>0$ の領域にあることを確認する。

132 [最大・最小①] **49 最大・最小**

関数 $f(x)=-x^3+2x^2$ $(-1≦x≦2)$ の最大値・最小値を求めよ。

$f(x)=-x^3+2x^2$ より
$f'(x)=-3x^2+4x=-x(3x-4)$

$f'(x)$ の符号は —0 + 4/3 — x だから、区間 $-1≦x≦2$ で増減表を作成すると

x	-1	$\cdots$	0	$\cdots$	$\dfrac{4}{3}$	$\cdots$	2
$f'(x)$		$-$	0	$+$	0	$-$	
$f(x)$	3	↘	極小 0	↗	極大 $\dfrac{32}{27}$	↘	0

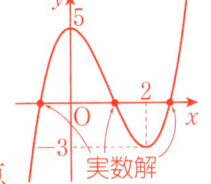

$f(-1)=3$, $f(0)=0$, $f\left(\dfrac{4}{3}\right)=\dfrac{32}{27}$, $f(2)=0$

グラフより,
　　最大値 3 $(x=-1)$, 最小値 0 $(x=0, 2)$ …㊥

133 [実数解の個数①] **50 方程式への応用**

方程式 $2x^3-6x^2+5=0$ の実数解の個数を調べよ。

$f(x)=2x^3-6x^2+5$ とおくと
　$f'(x)=6x^2-12x=6x(x-2)$

増減表を作成すると

x	$\cdots$	0	$\cdots$	2	$\cdots$
$f'(x)$	$+$	0	$-$	0	$+$
$f(x)$	↗	極大 5	↘	極小 -3	↗

関数 $y=f(x)$ のグラフと x 軸は 3 点で交わるから, 実数解の個数は 3 個 …㊥

134 [導関数と不等式①] **51 不等式への応用**

$x≧1$ のとき, 不等式 $x^3≧3x-2$ を証明せよ。

[証明] $f(x)=x^3-(3x-2)=x^3-3x+2$ とおく。
　　$f'(x)=3x^2-3=3(x+1)(x-1)$

$x≧1$ で増減表を作成する。

x	1	$\cdots$
$f'(x)$	0	$+$
$f(x)$	0	↗

増減表より $x≧1$ で
　　$f(x)≧f(1)=0$
よって, $x≧1$ で　$x^3≧3x-2$
等号成立は $x=1$ のとき。[証明終わり]

ガイドなしでやってみよう！

135 [最大・最小②]

関数 $f(x)=2x^3-3x^2-12x+5$ $(-3\leqq x\leqq 3)$ の最大値，最小値を求めよ。

$f'(x)=6x^2-6x-12=6(x^2-x-2)=6(x-2)(x+1)$

$-3\leqq x\leqq 3$ で増減表を作成する。

x	-3	$\cdots$	-1	$\cdots$	2	$\cdots$	3
$f'(x)$		$+$	0	$-$	0	$+$	
$f(x)$	-40	↗	極大 12	↘	極小 -15	↗	-4

$f(-3)=-40$, $f(-1)=12$, $f(2)=-15$, $f(3)=-4$

グラフより

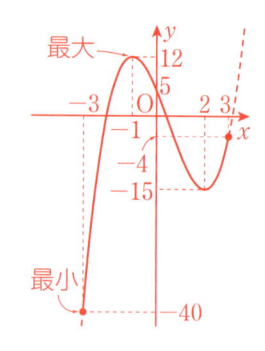

答 $\begin{cases} 最大値 12 \ (x=-1) \\ 最小値 -40 \ (x=-3) \end{cases}$

136 [最大・最小③]

関数 $f(x)=ax^3+3ax^2+b$ $(a>0)$ の $-3\leqq x\leqq 2$ における最大値が 15，最小値が -5 となるように，定数 a, b の値を定めよ。

$f'(x)=3ax^2+6ax=3ax(x+2)$ $(a>0)$

$-3\leqq x\leqq 2$ で増減表を作成する。

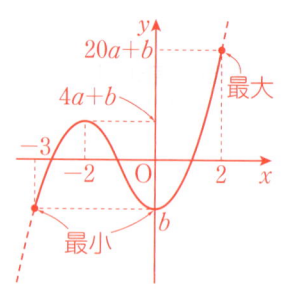

x	-3	$\cdots$	-2	$\cdots$	0	$\cdots$	2
$f'(x)$		$+$	0	$-$	0	$+$	
$f(x)$	b	↗	極大 $4a+b$	↘	極小 b	↗	$20a+b$

$f(-3)=b$, $f(-2)=4a+b$, $f(0)=b$, $f(2)=20a+b$

$f(2)-f(-2)=(20a+b)-(4a+b)=16a>0$ だから $f(2)>f(-2)$

グラフより，最大値 $20a+b$ $(x=2)$ より $20a+b=15$ ……①

最小値 b $(x=-3, 0)$ より $b=-5$ ……②

①，②を解いて $a=1$, $b=-5$ …答

137 [実数解の個数②]

方程式 $x^3+3x^2-2=0$ の実数解の個数を調べよ。

$f(x)=x^3+3x^2-2$ とおく。$f'(x)=3x^2+6x=3x(x+2)$ より，増減表を作成すると

x	$\cdots$	-2	$\cdots$	0	$\cdots$
$f'(x)$	$+$	0	$-$	0	$+$
$f(x)$	↗	2	↘	-2	↗

方程式 $f(x)=0$ の実数解の個数は，曲線 $y=f(x)$ と x 軸との共有点の個数だから，**3個**。…答

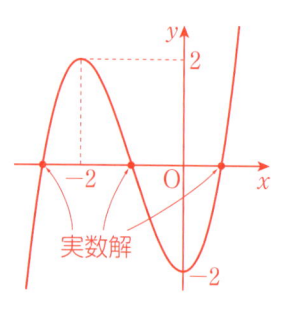

138 [実数解の個数③]

方程式 $x^3-3x^2-9x-a=0$ の解が次の条件を満たすように，定数 a の値の範囲を定めよ。

(1) 異なる3つの実数解をもつ。　　(2) 2つの負の解と1つの正の解をもつ。

与えられた方程式は $x^3-3x^2-9x=a$ となるので，実数解の個数は曲線
$y=x^3-3x^2-9x$ …① と直線 $y=a$ …② の共有点の個数に等しい。
$f(x)=x^3-3x^2-9x$ とおくと　$f'(x)=3x^2-6x-9=3(x-3)(x+1)$

$f'(x)$ の符号は 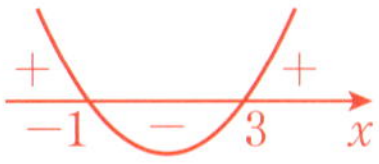　なので，増減表を作成すると

x	…	-1	…	3	…
$f'(x)$	$+$	0	$-$	0	$+$
$f(x)$	↗	極大 5	↘	極小 -27	↗

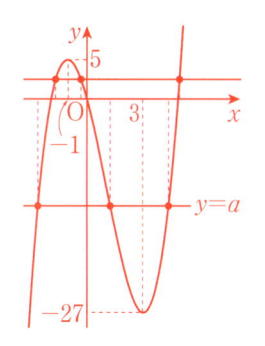

関数 $y=f(x)$ のグラフは，右の図。

(1) ①と②が3つの共有点をもつから
$-27<a<5$ …答

(2) ①と②が $x<0$ の範囲で2個，$x>0$ の範囲で1個の共有点をもつから　$0<a<5$ …答

139 [導関数と不等式②]

$x\geqq 0$ のとき，$2x^3+8\geqq 3ax^2$ が常に成り立つような定数 a の値の範囲を求めよ。

$f(x)=2x^3-3ax^2+8$ とおく。 ← 最小値が正になるような a の値の範囲を求める
$f'(x)=6x^2-6ax=6x(x-a)$

$x\geqq 0$ の範囲で増減表を作成するが，$f'(x)=0$ の解が $x=0, a$ なので，0 と a との大小で分けて考える。

(i) $a\leqq 0$ のとき，増減表と関数 $y=f(x)$ のグラフは右のようになる。
$x\geqq 0$ のときの最小値は 8 なので，$a\leqq 0$ のときは常に $f(x)>0$ となるから適する。
ゆえに　$a\leqq 0$ …①

x	0	…
$f'(x)$	0	$+$
$f(x)$	8	↗

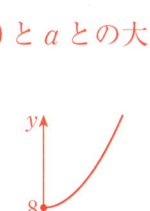

(ii) $a>0$ のとき，増減表と関数 $y=f(x)$ のグラフは右のようになる。$x\geqq 0$ のときの最小値は $f(a)=-a^3+8$ なので，
$-a^3+8\geqq 0$ より　$a^3-8\leqq 0$　$(a-2)(a^2+2a+4)\leqq 0$
$a^2+2a+4=(a+1)^2+3>0$ だから　$a-2\leqq 0$　$a\leqq 2$
$a>0$ とあわせて　$0<a\leqq 2$ …②

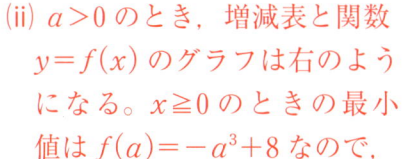

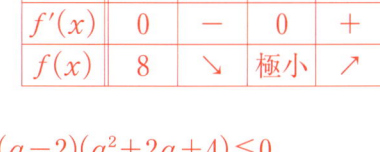

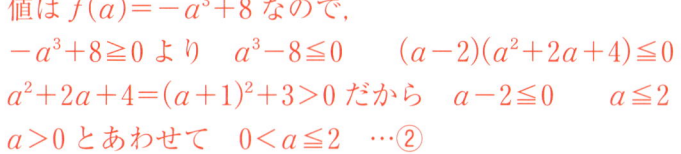

x	0	…	a	…
$f'(x)$	0	$-$	0	$+$
$f(x)$	8	↘	極小	↗

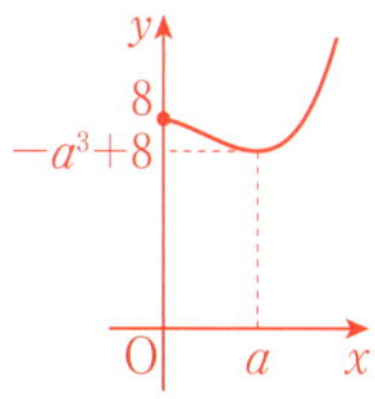

①，②より　$a\leqq 2$ …答

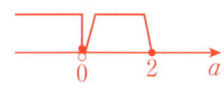

定期テスト対策問題

目標点　60点
制限時間　50分

　　　　点

1 関数 $f(x)=x^2+2x$ について，$x=1$ から $x=3$ までの平均変化率 H と $x=a$ における微分係数 $f'(a)$ が等しくなるように，定数 a の値を定めよ。　　　111　115　　　(10点)

$H=\dfrac{f(3)-f(1)}{3-1}=\dfrac{(3^2+2\cdot 3)-(1^2+2\cdot 1)}{2}=\dfrac{12}{2}=6$

また　$f'(a)=\lim_{h\to 0}\dfrac{f(a+h)-f(a)}{h}=\lim_{h\to 0}\dfrac{\{(a+h)^2+2(a+h)\}-(a^2+2a)}{h}$

　　　　　　$=\lim_{h\to 0}\dfrac{(2a+2)h+h^2}{h}=\lim_{h\to 0}(2a+2+h)=2a+2$

$f'(a)=H$ だから，$2a+2=6$ より　**$a=2$**　…㊤

2 次の関数を微分せよ。　　118　122　　　(各8点　計16点)

(1) $f(x)=x^3-5x^2+2x+3$
　　$\boldsymbol{f'(x)=3x^2-10x+2}$　…㊤

(2) $f(x)=(3x-1)^3$
　　$f(x)=27x^3-27x^2+9x-1$ より
　　$\boldsymbol{f'(x)=81x^2-54x+9}$　…㊤
　　[別解]　$f'(x)=3\cdot 3(3x-1)^2=\boldsymbol{9(3x-1)^2}$

3 曲線 $y=x^3-3x$ の接線で，次のような接線の方程式を求めよ。　　120　124　　　(各12点　計24点)

(1) 傾きが9の接線

接点の座標を $(t,\ t^3-3t)$ とおく。
$y'=3x^2-3$ だから，この点における接線の傾きは　$3t^2-3=3(t^2-1)$
よって，接線の方程式は $y-(t^3-3t)=3(t^2-1)(x-t)$ より
　　$y=3(t^2-1)x-2t^3$　…①
①の傾きが9のときだから，$3(t^2-1)=9$ より　$t^2=4$　　$t=\pm 2$
よって，求める接線の方程式は，①より
　　$t=2$ のとき　　$\boldsymbol{y=9x-16}$
　　$t=-2$ のとき　$\boldsymbol{y=9x+16}$ 　…㊤

(2) 点 $(2,\ 2)$ を通る接線

①が点 $(2,\ 2)$ を通るから，$2=3(t^2-1)\cdot 2-2t^3$ より
　　$t^3-3t^2+4=0$
$f(t)=t^3-3t^2+4$ とおくと，$f(-1)=0$ だから $f(t)$ は
$t+1$ で割り切れる。
　　$f(t)=(t+1)(t^2-4t+4)=(t+1)(t-2)^2$
$f(t)=0$ を満たす t は　$t=-1,\ 2$
よって，求める接線の方程式は①より
　　$t=-1$ のとき　$\boldsymbol{y=2}$
　　$t=2$ のとき　　$\boldsymbol{y=9x-16}$ 　…㊤

$$\begin{array}{r}t^2-4t+4\\t+1\overline{)t^3-3t^2+4}\\\underline{t^3+\ t^2}\\-4t^2\\\underline{-4t^2-4t}\\4t+4\\\underline{4t+4}\\0\end{array}$$

78 —— 第5章　微分と積分

4 関数 $f(x)=4x^3+3x^2-6x$ について，次の問いに答えよ。

127 128 131 132 133 134 135 136 137 139　　((1)極値，グラフ，(2)，(3)，(4)各10点　計50点)

(1) 関数 $f(x)$ の増減を調べて極値を求め，$y=f(x)$ のグラフをかけ。

$f'(x)=12x^2+6x-6=6(2x^2+x-1)=6(x+1)(2x-1)$

増減表を作成する。

x	$\cdots$	-1	$\cdots$	$\dfrac{1}{2}$	$\cdots$
$f'(x)$	$+$	0	$-$	0	$+$
$f(x)$	↗	極大 5	↘	極小 $-\dfrac{7}{4}$	↗

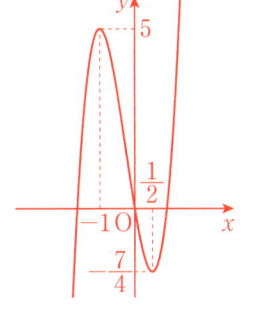

$f(-1)=5,\ f\left(\dfrac{1}{2}\right)=-\dfrac{7}{4}$

極大値 5（$x=-1$）
極小値 $-\dfrac{7}{4}$（$x=\dfrac{1}{2}$）　…答

(2) $-2 \leqq x \leqq 1$ のとき，関数 $f(x)$ の最大値，最小値を求めよ。

(1)で求めたグラフを活用して，極値と区間の両端の値を比較する。

$f(-2)=-8,\ f(-1)=5,\ f\left(\dfrac{1}{2}\right)=-\dfrac{7}{4},\ f(1)=1$

したがって　最大値 5（$x=-1$）
　　　　　　最小値 -8（$x=-2$）　…答

(3) 方程式 $4x^3+3x^2-6x-a=0$ の異なる実数解の個数を調べよ。

与えられた方程式は $4x^3+3x^2-6x=a$ となるので，実数解の個数は曲線 $y=f(x)$ と直線 $y=a$ の共有点の個数に等しい。

(1)で求めたグラフを活用して

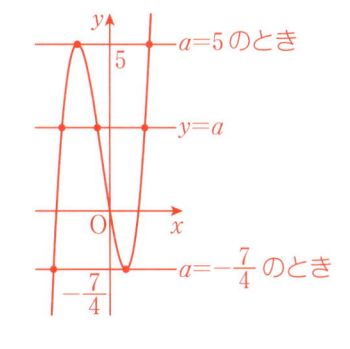

$a<-\dfrac{7}{4},\ 5<a$ のとき，実数解 1 個
$a=-\dfrac{7}{4},\ 5$ のとき，　　実数解 2 個
$-\dfrac{7}{4}<a<5$ のとき，　　実数解 3 個　…答

(4) $x \geqq 0$ のとき，不等式 $4x^3+3x^2-6x-a \geqq 0$ が常に成り立つように，定数 a の値の範囲を定めよ。

与えられた不等式は $4x^3+3x^2-6x \geqq a$ となるので，関数 $y=f(x)$（$x \geqq 0$）のグラフが，$x \geqq 0$ において直線 $y=a$ より常に上にあるか接するように，a の値の範囲を定めればよい。

すなわち（$f(x)$ の最小値）$\geqq a$ となるときだから　$a \leqq -\dfrac{7}{4}$　…答

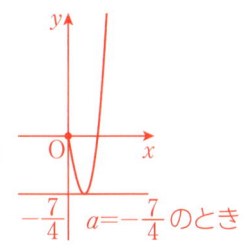

5 積分(1)

52 不定積分

不定積分 微分すると $f(x)$ となる関数を $f(x)$ の**不定積分**という。すなわち，$F'(x)=f(x)$ のとき，$F(x)$ を $f(x)$ の不定積分という。
また，$F(x)$ を $f(x)$ の**原始関数**とも呼ぶ。
・$F(x)$ が $f(x)$ の不定積分であるとき $F(x)+C$ （C は定数）も不定積分となる。

不定積分の記号 $f(x)$ の不定積分を $\int f(x)\,dx$ で表す。

$$F'(x)=f(x) \iff \int f(x)\,dx = F(x)+C \quad (C \text{ は定数})$$

x：積分変数，$f(x)$：被積分関数，C：積分定数

この章では，特に断りがなければ，C は積分定数を表すものとする。

不定積分の公式 （n は 0 以上の整数，k は定数）

① $\int x^n\,dx = \dfrac{1}{n+1}x^{n+1}+C$ ② $\int kf(x)\,dx = k\int f(x)\,dx$

③ $\int \{f(x) \pm g(x)\}\,dx = \int f(x)\,dx \pm \int g(x)\,dx$ （複号同順）

53 $(ax+b)^n$ の不定積分

$(ax+b)^n$ の不定積分 $\int (ax+b)^n\,dx = \dfrac{1}{a(n+1)}(ax+b)^{n+1}+C$

54 定積分

定積分 関数 $f(x)$ の不定積分（の 1 つ）を $F(x)$ とするとき，

$$\int_a^b f(x)\,dx = \Big[F(x)\Big]_a^b = F(b)-F(a)$$

を関数 $f(x)$ の a から b までの**定積分**といい，a を**下端**，b を**上端**という。

定積分の性質

① $\int_a^b f(x)\,dx = \int_a^b f(t)\,dt$ （定積分では，どのような積分変数でも結果は同じ）

② $\int_a^b kf(x)\,dx = k\int_a^b f(x)\,dx$ （k は，x に対して定数）

③ $\int_a^b \{f(x) \pm g(x)\}\,dx = \int_a^b f(x)\,dx \pm \int_a^b g(x)\,dx$ （複号同順）

④ $\int_a^a f(x)\,dx = 0$ ⑤ $\int_a^b f(x)\,dx = -\int_b^a f(x)\,dx$

⑥ $\int_a^c f(x)\,dx + \int_c^b f(x)\,dx = \int_a^b f(x)\,dx$

⑦ $\int_{-a}^a x^n\,dx = \begin{cases} 0 & (n=1,\ 3,\ 5,\ \cdots)\ \text{（奇数）} \\ 2\int_0^a x^n\,dx & (n=0,\ 2,\ 4,\ \cdots)\ \text{（偶数）} \end{cases}$

55 定積分の応用

定積分の等式 $\int_\alpha^\beta (x-\alpha)(x-\beta)\,dx = -\dfrac{1}{6}(\beta-\alpha)^3$

微分と積分の関係 $\dfrac{d}{dx}\int_a^x f(t)\,dt = f(x)$ （ただし，a は定数）

140 [不定積分の計算①] **52 不定積分**
次の不定積分を求めよ。

(1) $\int (3x^2-2x+1)dx$

$= 3 \cdot \dfrac{1}{3}x^3 - 2 \cdot \dfrac{1}{2}x^2 + x + C = \boldsymbol{x^3 - x^2 + x + C}$ …(答)

(2) $\int (x-2)(x-1)dx$

$= \int (x^2-3x+2)dx = \dfrac{1}{3}\boldsymbol{x^3} - \dfrac{3}{2}\boldsymbol{x^2} + \boldsymbol{2x} + \boldsymbol{C}$ …(答)

141 [公式の利用] **53 $(ax+b)^n$ の不定積分**

$\int (2x+1)^2 dx$ を求めよ。

(与式) $= \dfrac{1}{2 \cdot 3}(2x+1)^3 + C = \dfrac{1}{6}\boldsymbol{(2x+1)^3 + C}$ …(答)

142 [定積分の計算①] **54 定積分**
次の定積分を求めよ。

(1) $\int_{-1}^{3} (x^2-x)dx$

$= \left[\dfrac{1}{3}x^3 - \dfrac{1}{2}x^2 \right]_{-1}^{3}$

$= \left(\dfrac{1}{3} \cdot 3^3 - \dfrac{1}{2} \cdot 3^2 \right) - \left\{ \dfrac{1}{3}(-1)^3 - \dfrac{1}{2}(-1)^2 \right\}$

$= 9 - \dfrac{9}{2} + \dfrac{1}{3} + \dfrac{1}{2} = \dfrac{\boldsymbol{16}}{\boldsymbol{3}}$ …(答)

(2) $\int_{-2}^{2} (3x^2-5x-1)dx$

$= 2\int_{0}^{2} (3x^2-1)dx = 2\left[x^3-x \right]_{0}^{2}$

$= 2\{(8-2)-0\} = \boldsymbol{12}$ …(答)

143 [関数の決定①] **55 定積分の応用**

等式 $\int_{a}^{x} f(t)dt = x^2-3x+2$ を満たす関数 $f(x)$ を求めよ。また，定数 a の値を求めよ。

等式の両辺を x で微分して $\boldsymbol{f(x) = 2x-3}$ …(答)

等式の両辺に $x=a$ を代入して，$\int_{a}^{a} f(t)dt = 0$ だから $0 = a^2-3a+2$ $(a-1)(a-2)=0$

よって $\boldsymbol{a=1, 2}$ …(答)

ガイド

★ヒラメキ★
不定積分を求めよ
→ $\int x^n dx = \dfrac{1}{n+1}x^{n+1} + C$

なにをする？
(2)では展開してから積分する。

なにをする？
$\int (ax+b)^n dx$
$= \dfrac{1}{a(n+1)}(ax+b)^{n+1} + C$

★ヒラメキ★
$F'(x) = f(x)$
→ $\int_{a}^{b} f(x)dx = \Big[F(x) \Big]_{a}^{b}$
$= F(b) - F(a)$

なにをする？
(2)では，区間に注目する。
$\int_{-a}^{a} x^n dx = \begin{cases} 0 & (n: 奇数) \\ 2\int_{0}^{a} x^n dx & (n: 偶数) \end{cases}$

★ヒラメキ★
等式 → 両辺を x で微分する
$\dfrac{d}{dx}\int_{a}^{x} f(t)dt = f(x)$

なにをする？
$x=a$ を代入すると
$\int_{a}^{a} f(x)dx = 0$

ガイドなしでやってみよう！

144 ［不定積分の計算②］
次の不定積分を求めよ。

(1) $\int (x^2-4x+5)\,dx$

$= \dfrac{1}{3}x^3 - 4\cdot\dfrac{1}{2}x^2 + 5x + C$

$= \dfrac{x^3}{3} - 2x^2 + 5x + C$ …㊜

(2) $\int (2x+1)(3x-1)\,dx$

$= \int (6x^2+x-1)\,dx$

$= 6\cdot\dfrac{1}{3}x^3 + \dfrac{1}{2}x^2 - x + C$

$= 2x^3 + \dfrac{1}{2}x^2 - x + C$ …㊜

145 ［関数の決定②］
次の問いに答えよ。

(1) $f'(x)=6x^2-4x+1$，$f(2)=0$ を満たす関数 $f(x)$ を求めよ。

$f(x) = \int f'(x)\,dx = \int (6x^2-4x+1)\,dx = 2x^3 - 2x^2 + x + C$

$f(2) = 16 - 8 + 2 + C = 0$ より $C = -10$

したがって $\boldsymbol{f(x) = 2x^3 - 2x^2 + x - 10}$ …㊜

(2) 点 (x, y) における接線の傾きが x^2-2x で表される曲線のうち，点 $(3, 2)$ を通るものを求めよ。

点 (x, y) における接線の傾きが x^2-2x であるから

$y' = x^2 - 2x$ ← y' は接線の傾き

よって $y = \int (x^2-2x)\,dx = \dfrac{1}{3}x^3 - x^2 + C$

点 $(3, 2)$ を通るから，$2 = \dfrac{1}{3}\cdot 3^3 - 3^2 + C$ より $C = 2$

したがって $\boldsymbol{y = \dfrac{1}{3}x^3 - x^2 + 2}$ …㊜

146 ［不定積分の計算③］
次の不定積分を求めよ。

(1) $\int (1-4x)^2\,dx$

$= \dfrac{1}{-4\cdot 3}(1-4x)^3 + C$

$= -\dfrac{1}{12}(1-4x)^3 + C$ …㊜

(2) $\int x(x-1)^2\,dx$

（ヒント：$x(x-1)^2 = (x-1+1)(x-1)^2 = (x-1)^3 + (x-1)^2$）

$x(x-1)^2 = \{(x-1)+1\}(x-1)^2$

$= (x-1)^3 + (x-1)^2$ より

（与式）$= \int (x-1)^3\,dx + \int (x-1)^2\,dx$

$= \dfrac{1}{4}(x-1)^4 + \dfrac{1}{3}(x-1)^3 + C$ …㊜

147 ［定積分の計算②］

次の定積分を求めよ。

(1) $\int_{-1}^{3} (x^2+2x-3)\,dx$

$= \left[\dfrac{1}{3}x^3+x^2-3x\right]_{-1}^{3}$

$= \left(\dfrac{1}{3}\cdot 3^3+3^2-3\cdot 3\right)$

$\quad -\left\{\dfrac{1}{3}(-1)^3+(-1)^2-3(-1)\right\}$

$= 9+9-9+\dfrac{1}{3}-1-3$

$= \dfrac{16}{3}$ …答

(2) $\int_{0}^{1}(1-2y)^2\,dy$ ← 積分変数は y

$=\left[\dfrac{1}{-2\cdot 3}(1-2y)^3\right]_{0}^{1}$

$=-\dfrac{1}{6}\{(-1)^3-1^3\}$

$=\dfrac{2}{6}=\dfrac{1}{3}$ …答

［別解］ $\int_{0}^{1}(4y^2-4y+1)\,dy$

$=\left[\dfrac{4}{3}y^3-2y^2+y\right]_{0}^{1}$

$=\dfrac{4}{3}-2+1=\dfrac{1}{3}$

(3) $\int_{1}^{2}(x^2-2tx+3t^2)\,dt$ ← 積分変数は t なので x は定数と考える

$=\left[x^2 t-xt^2+t^3\right]_{1}^{2}$

$=(2x^2-4x+8)-(x^2-x+1)$

$=\boldsymbol{x^2-3x+7}$ …答

(4) 区間が同じなのでまとめて計算する

$\int_{-1}^{3}(2x^2-x)\,dx-2\int_{-1}^{3}(x^2+3x)\,dx$

$=\int_{-1}^{3}\{(2x^2-x)-2(x^2+3x)\}\,dx$

$=\int_{-1}^{3}(-7x)\,dx=\left[-\dfrac{7}{2}x^2\right]_{-1}^{3}$

$=-\dfrac{7}{2}\{3^2-(-1)^2\}=\boldsymbol{-28}$ …答

148 ［関数の決定③］

次の等式を満たす関数 $f(x)$ を求めよ。(1)では a の値も求めよ。

(1) $\int_{1}^{x} f(t)\,dt = x^3-x^2+x-a$

等式の両辺を x で微分すると　$f(x)=3x^2-2x+1$

また，等式の両辺に $x=1$ を代入すると，$\int_{1}^{1} f(t)\,dt=0$ だから，

$1-1+1-a=0$ より　$a=1$

したがって　$\boldsymbol{f(x)=3x^2-2x+1}$　$\boldsymbol{a=1}$ …答

(2) $f(x)=2x-\int_{1}^{2} f(t)\,dt$

$\int_{1}^{2} f(t)\,dt=k$ とおくと　$f(x)=2x-k$ ← $\int_{1}^{2} f(t)\,dt$ は定数だから

$k=\int_{1}^{2} f(t)\,dt=\int_{1}^{2}(2t-k)\,dt=\left[t^2-kt\right]_{1}^{2}=(4-2k)-(1-k)=3-k$

よって，$k=3-k$ を解いて　$k=\dfrac{3}{2}$

したがって　$\boldsymbol{f(x)=2x-\dfrac{3}{2}}$ …答

6 積分(2)

56 定積分と面積

定積分と面積

区間 $a \leqq x \leqq b$ において $f(x) \geqq 0$ であるとき,右の図の色の部分の面積 S は

$$S = \int_a^b f(x)\,dx$$

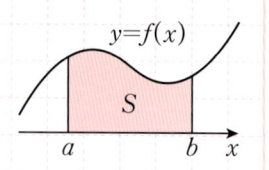

2曲線の間の面積

区間 $a \leqq x \leqq b$ において $f(x) \geqq g(x)$ であるとき,2曲線 $y=f(x)$, $y=g(x)$ と2直線 $x=a$, $x=b$ で囲まれた部分の面積 S は

$$S = \int_a^b \{f(x) - g(x)\}\,dx \quad \longleftarrow S = \int_{左}^{右}(上 - 下)\,dx \text{ となっている}$$

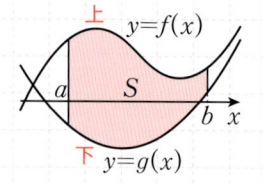

図形が2つ以上の部分に分かれたときは,それぞれの部分の面積を計算してから加えればよい。例えば,右の図のようなときは

$$S = \int_a^b \{f(x) - g(x)\}\,dx + \int_b^c \{g(x) - f(x)\}\,dx$$

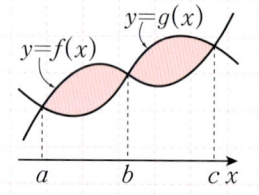

57 面積の応用

絶対値を含む関数の定積分

例えば

$$|x^2 - 1| = \begin{cases} x^2 - 1 & (x \leqq -1,\ 1 \leqq x) \\ -x^2 + 1 & (-1 < x < 1) \end{cases}$$

であるから,関数 $y = |x^2-1|$ のグラフを考えれば,定積分 $\int_0^2 |x^2-1|\,dx$ は右の図の色の部分の面積を表すことがわかる。よって,次のように計算できる。

$$\int_0^2 |x^2-1|\,dx = \int_0^1 (-x^2+1)\,dx + \int_1^2 (x^2-1)\,dx$$

$$= \left[-\frac{x^3}{3} + x\right]_0^1 + \left[\frac{x^3}{3} - x\right]_1^2$$

$$= -\frac{1}{3} + 1 + \left(\frac{8}{3} - 2\right) - \left(\frac{1}{3} - 1\right) = 2$$

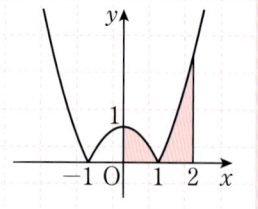

放物線と直線で囲まれた図形の面積

$a > 0$ のとき,右の図の面積 S は $\int_\alpha^\beta \{-a(x-\alpha)(x-\beta)\}\,dx$ で表されるので

$$\int_\alpha^\beta (x-\alpha)(x-\beta)\,dx = -\frac{1}{6}(\beta-\alpha)^3$$

を使って計算することができる。

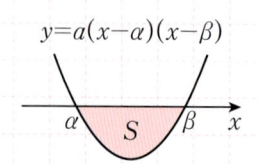

149 [面積①] **56 定積分と面積**

次の曲線と直線で囲まれた図形の面積を求めよ。

(1) 放物線 $y=x^2-2x+4$, x 軸, 2 直線 $x=1$, $x=2$

$$S=\int_1^2 (x^2-2x+4)dx$$
$$=\left[\frac{1}{3}x^3-x^2+4x\right]_1^2$$
$$=\left(\frac{8}{3}-4+8\right)-\left(\frac{1}{3}-1+4\right)$$
$$=\frac{7}{3}+1=\frac{10}{3} \cdots 答$$

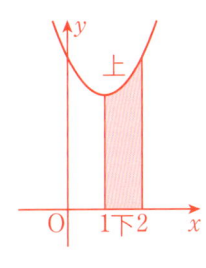

(2) 放物線 $y=(x-2)^2$, x 軸, y 軸

$$S=\int_0^2 (x-2)^2 dx$$
$$=\left[\frac{1}{1\cdot 3}(x-2)^3\right]_0^2$$
$$=\frac{1}{3}\{0-(-2)^3\}=\frac{8}{3} \cdots 答$$

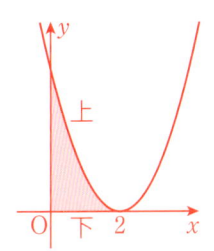

150 [面積②] **57 面積の応用**

放物線 $y=2x^2-3x-2$ と直線 $y=x+1$ で囲まれた図形の面積を求めよ。

放物線と直線の交点の x 座標は
$2x^2-3x-2=x+1$ より,
$2x^2-4x-3=0$ を解いて
$$x=\frac{-(-4)\pm\sqrt{(-4)^2-4\cdot 2\cdot (-3)}}{2\cdot 2}$$
$$=\frac{4\pm 2\sqrt{10}}{4}=\frac{2\pm\sqrt{10}}{2}$$

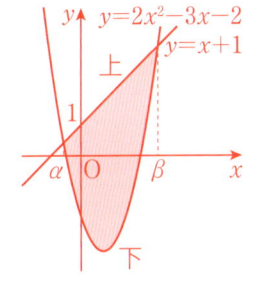

$\alpha=\dfrac{2-\sqrt{10}}{2}$, $\beta=\dfrac{2+\sqrt{10}}{2}$ とおくと, 求める面積 S は

$$S=\int_\alpha^\beta \{(x+1)-(2x^2-3x-2)\}dx$$
$$=\int_\alpha^\beta (-2x^2+4x+3)dx=-2\int_\alpha^\beta (x-\alpha)(x-\beta)dx$$
$$=-2\cdot\left(-\frac{1}{6}\right)(\beta-\alpha)^3=\frac{1}{3}\left(\frac{2+\sqrt{10}}{2}-\frac{2-\sqrt{10}}{2}\right)^3$$
$$=\frac{1}{3}\cdot(\sqrt{10})^3=\frac{10\sqrt{10}}{3} \cdots 答$$

ガイド

★ヒラメキ★

面積
→図をかき, 区間と関数のグラフの上下関係を把握する。

なにをする？

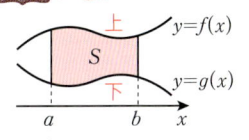

$$S=\int_a^b \{f(x)-g(x)\}dx$$

上 － 下 と覚えよう

(2) 定積分でもまとめて計算する。
$$\int_p^q (ax+b)^n dx$$
$$=\left[\frac{1}{a(n+1)}(ax+b)^{n+1}\right]_p^q$$

★ヒラメキ★

放物線と直線で囲まれた図形の面積
→$\int_\alpha^\beta (x-\alpha)(x-\beta)dx$
$=-\dfrac{1}{6}(\beta-\alpha)^3$

をうまく使おう。
ただし $\alpha<\beta$

なにをする？

交点の x 座標を求めるのに, 連立方程式の解を求める。
次の解の公式も確認しておこう。
2 次方程式 $ax^2+bx+c=0$ の解は
$$x=\frac{-b\pm\sqrt{b^2-4ac}}{2a}$$

ガイドなしでやってみよう！

151 [面積③]

次の曲線と直線で囲まれた図形の面積 S を求めよ。

(1) 放物線 $y=x^2$，x 軸，2 直線 $x=1$，$x=2$

右の図より

$$S=\int_1^2 x^2 dx=\left[\frac{1}{3}x^3\right]_1^2=\frac{8}{3}-\frac{1}{3}=\boldsymbol{\frac{7}{3}} \cdots \text{答}$$

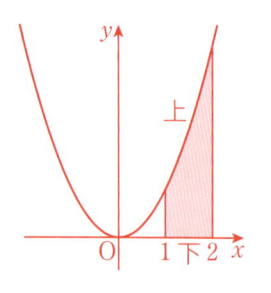

(2) 放物線 $y=x^2-2x-3$，x 軸

放物線と x 軸との交点の x 座標は
$x^2-2x-3=0$ より　$(x-3)(x+1)=0$
よって　$x=-1$, 3

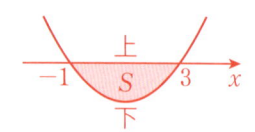

$$S=\int_{-1}^3 \{0-(x^2-2x-3)\}dx=\int_{-1}^3(-x^2+2x+3)dx=\left[-\frac{1}{3}x^3+x^2+3x\right]_{-1}^3$$

$$=\left(-\frac{1}{3}\cdot 3^3+3^2+3\cdot 3\right)-\left\{-\frac{1}{3}(-1)^3+(-1)^2+3\cdot(-1)\right\}=9-\frac{1}{3}+2=\boldsymbol{\frac{32}{3}} \cdots \text{答}$$

[別解]　$S=-\int_{-1}^3 (x-3)(x+1)dx$ だから　$S=-\left(-\frac{1}{6}\right)\{3-(-1)\}^3=\frac{64}{6}=\frac{32}{3}$

(3) 放物線 $y=x^2-x$，x 軸，直線 $x=2$

求める面積は右の色の部分だから

$$S=\int_0^1 \{0-(x^2-x)\}dx+\int_1^2 (x^2-x)dx$$

$$=-\left[\frac{1}{3}x^3-\frac{1}{2}x^2\right]_0^1+\left[\frac{1}{3}x^3-\frac{1}{2}x^2\right]_1^2$$

$$=-\left(\frac{1}{3}-\frac{1}{2}\right)+0+\left(\frac{8}{3}-2\right)-\left(\frac{1}{3}-\frac{1}{2}\right)$$

$$=\frac{8-1-1}{3}+\frac{1+1}{2}-2=\boldsymbol{1} \cdots \text{答}$$

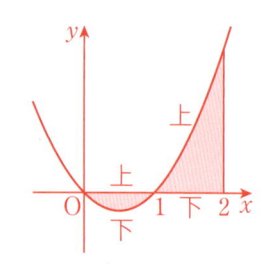

(4) 曲線 $y=x(x+1)(x-2)$，x 軸

この曲線と x 軸は右の図のように，$x=-1$, 0, 2 で交わっているので

$$S=\int_{-1}^0 (x^3-x^2-2x)dx+\int_0^2 \{0-(x^3-x^2-2x)\}dx$$

$$=\left[\frac{1}{4}x^4-\frac{1}{3}x^3-x^2\right]_{-1}^0-\left[\frac{1}{4}x^4-\frac{1}{3}x^3-x^2\right]_0^2$$

$$=0-\left\{\frac{1}{4}\cdot(-1)^4-\frac{1}{3}(-1)^3-(-1)^2\right\}-\left(\frac{1}{4}\cdot 2^4-\frac{1}{3}\cdot 2^3-2^2\right)+0$$

$$=-\left(\frac{1}{4}+\frac{1}{3}-1\right)-\left(4-\frac{8}{3}-4\right)=1+\frac{7}{3}-\frac{1}{4}=\boldsymbol{\frac{37}{12}} \cdots \text{答}$$

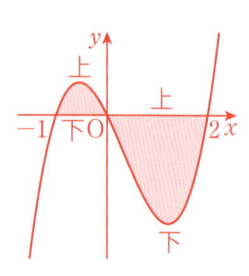

152 [定積分の応用]

次の定積分を計算せよ。

(1) $\int_1^3 |x^2-4|\,dx$

区間 $1 \leq x \leq 3$ では $|x^2-4| = \begin{cases} -x^2+4 & (1 \leq x \leq 2) \\ x^2-4 & (2 \leq x \leq 3) \end{cases}$

$$(与式) = \int_1^2 (-x^2+4)\,dx + \int_2^3 (x^2-4)\,dx$$

$$= \left[-\frac{1}{3}x^3+4x\right]_1^2 + \left[\frac{1}{3}x^3-4x\right]_2^3$$

$$= \left(-\frac{8}{3}+8\right) - \left(-\frac{1}{3}+4\right) + \left(\frac{27}{3}-12\right) - \left(\frac{8}{3}-8\right)$$

$$= \frac{-8+1+27-8}{3} = \frac{12}{3} = 4 \quad \cdots \text{答}$$

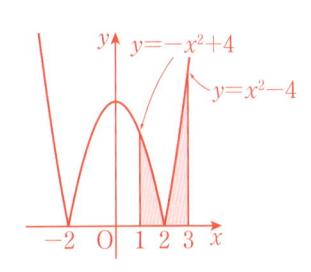

(2) $x^2-3x-1=0$ の解を α, β $(\alpha < \beta)$ とするとき $\int_\alpha^\beta (x^2-3x-1)\,dx$

$x^2-3x-1=0$ の解は, $x=\dfrac{3\pm\sqrt{9+4}}{2}=\dfrac{3\pm\sqrt{13}}{2}$ なので $\alpha=\dfrac{3-\sqrt{13}}{2}$, $\beta=\dfrac{3+\sqrt{13}}{2}$

$$(与式) = \int_\alpha^\beta (x-\alpha)(x-\beta)\,dx = -\frac{1}{6}(\beta-\alpha)^3$$

$$= -\frac{1}{6}\left(\frac{3+\sqrt{13}}{2}-\frac{3-\sqrt{13}}{2}\right)^3 = -\frac{(\sqrt{13})^3}{6} = -\frac{13\sqrt{13}}{6} \quad \cdots \text{答}$$

153 [放物線と接線で囲まれた図形の面積]

放物線 $y=x^2$ 上の2点 $A(-1, 1)$, $B(2, 4)$ における接線について，この2本の接線と放物線 $y=x^2$ で囲まれた図形の面積 S を求めよ。

$y=x^2$ より $y'=2x$ であるから，放物線 $y=x^2$ 上の点 (t, t^2) における接線の傾きは $2t$ である。よって，接線の方程式は，

$y-t^2=2t(x-t)$ より $y=2tx-t^2$ …①

点Aにおける接線の方程式は，①に $t=-1$ を代入して

$y=-2x-1$ …②

点Bにおける接線の方程式は，①に $t=2$ を代入して

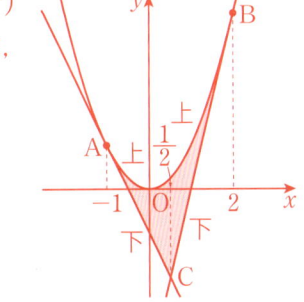

$y=4x-4$ …③

②，③の交点をCとするとき，その x 座標は

$4x-4=-2x-1$ を解いて $x=\dfrac{1}{2}$

したがって，求める面積 S は

$$S = \int_{-1}^{\frac{1}{2}} \{x^2-(-2x-1)\}\,dx + \int_{\frac{1}{2}}^{2} \{x^2-(4x-4)\}\,dx = \int_{-1}^{\frac{1}{2}} (x+1)^2\,dx + \int_{\frac{1}{2}}^{2} (x-2)^2\,dx$$

$$= \left[\frac{1}{3}(x+1)^3\right]_{-1}^{\frac{1}{2}} + \left[\frac{1}{3}(x-2)^3\right]_{\frac{1}{2}}^{2} = \left\{\frac{1}{3}\left(\frac{3}{2}\right)^3 - 0\right\} + \left\{0 - \frac{1}{3}\left(-\frac{3}{2}\right)^3\right\} = \frac{9}{8} + \frac{9}{8} = \frac{9}{4} \quad \cdots \text{答}$$

定期テスト対策問題

目標点　60点
制限時間　50分

　　　　点

1 次の不定積分を求めよ。　⇐ 140 141 144　　　　（各6点　計12点）

(1) $\int (x-1)(3x+2)\,dx$

$= \int (3x^2 - x - 2)\,dx$

$= x^3 - \dfrac{1}{2}x^2 - 2x + C$ …答

(2) $\int (3x-2)^2\,dx$

$= \int (9x^2 - 12x + 4)\,dx$

$= 3x^3 - 6x^2 + 4x + C$ …答

［別解］（与式）$= \dfrac{1}{3\cdot 3}(3x-2)^3 + C = \dfrac{1}{9}(3x-2)^3 + C$

2 点 (x, y) における接線の傾きが $3x^2 - 4x$ で表される曲線のうち，点 $(1, 3)$ を通るものの方程式を求めよ。　⇐ 145　　　　（6点）

$y' = 3x^2 - 4x$ だから　$y = \int (3x^2 - 4x)\,dx = x^3 - 2x^2 + C$

点 $(1, 3)$ を通るから，$1 - 2 + C = 3$ より　$C = 4$

したがって，求める曲線の方程式は　$y = x^3 - 2x^2 + 4$ …答

3 次の定積分を求めよ。　⇐ 142 147　　　　（各6点　計12点）

積分区間が同じ

(1) $\int_1^2 (3y+1)(2y-3)\,dy$

$= \int_1^2 (6y^2 - 7y - 3)\,dy$

$= \left[2y^3 - \dfrac{7}{2}y^2 - 3y\right]_1^2$

$= (16 - 14 - 6) - \left(2 - \dfrac{7}{2} - 3\right)$

$= -4 + 1 + \dfrac{7}{2} = \dfrac{1}{2}$ …答

(2) $\int_1^3 (x+2)^2\,dx - \int_1^3 (x-1)^2\,dx$

$= \int_1^3 \{(x^2 + 4x + 4) - (x^2 - 2x + 1)\}\,dx$

$= \int_1^3 (6x + 3)\,dx = \left[3x^2 + 3x\right]_1^3$

$= (27 + 9) - (3 + 3)$

$= 30$ …答

4 次の等式を満たす関数 $f(x)$ および定数 a の値を求めよ。　⇐ 143 148　（各5点　計20点）

(1) $\int_a^x f(t)\,dt = 2x^2 - x$ …①

①の両辺を x で微分して

$f(x) = 4x - 1$ …答

①の両辺に $x = a$ を代入して，　⇐（左辺）=0 になる値を代入

$0 = 2a^2 - a$ より　$a = 0, \dfrac{1}{2}$ …答

(2) $\int_1^x f(t)\,dt = 2x^3 - 3x + a$ …②

②の両辺を x で微分して

$f(x) = 6x^2 - 3$ …答

②の両辺に $x = 1$ を代入して　⇐（左辺）=0 になる値を代入

$0 = 2 - 3 + a$ より　$a = 1$ …答

5 次の等式を満たす関数 $f(x)$ を求めよ。　⇐ 148　　　　（8点）

$f(x) = 3x^2 - 4x + \int_{-1}^1 f(t)\,dt$

$\int_{-1}^1 f(t)\,dt$ は定数だから $\int_{-1}^1 f(t)\,dt = a$ とおくと　$f(x) = 3x^2 - 4x + a$

よって　$a = \int_{-1}^1 f(t)\,dt = \int_{-1}^1 (3t^2 - 4t + a)\,dt = 2\int_0^1 (3t^2 + a)\,dt$

$= 2\left[t^3 + at\right]_0^1 = 2(1 + a) = 2 + 2a$

$a = 2 + 2a$ を解いて　$a = -2$　　したがって　$f(x) = 3x^2 - 4x - 2$ …答

88 ── 第5章　微分と積分

6 関数 $f(x)=\int_0^x (3t+1)(t-1)\,dt$ の極値を求め，グラフをかけ。

(極値，グラフ各8点　計16点)

$f'(x)=(3x+1)(x-1)$
$f(x)=\int_0^x (3t^2-2t-1)\,dt$
$\quad = \left[t^3-t^2-t \right]_0^x$
$\quad = x^3-x^2-x$

x	$\cdots$	$-\dfrac{1}{3}$	$\cdots$	1	$\cdots$
$f'(x)$	$+$	0	$-$	0	$+$
$f(x)$	$\nearrow$	極大 $\dfrac{5}{27}$	$\searrow$	極小 -1	$\nearrow$

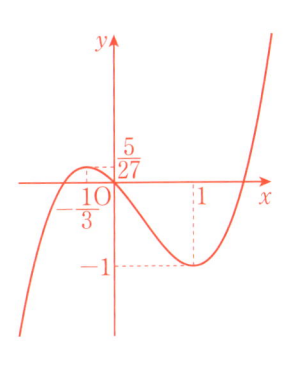

$f\left(-\dfrac{1}{3}\right)=-\dfrac{1}{27}-\dfrac{1}{9}+\dfrac{1}{3}=\dfrac{5}{27}$, $f(1)=1-1-1=-1$ より

極大値 $\dfrac{5}{27}\left(x=-\dfrac{1}{3}\right)$, 極小値 $-1\ (x=1)$　…答

7 次の曲線と直線で囲まれた図形の面積 S を求めよ。

(各8点　計16点)

(1) $y=|x(x-1)|$, x 軸, 直線 $x=2$

右の図の色の部分の面積になる。

$S=\int_0^2 |x(x-1)|\,dx = \int_0^1 (-x^2+x)\,dx + \int_1^2 (x^2-x)\,dx$
$\quad = \left[-\dfrac{x^3}{3}+\dfrac{x^2}{2}\right]_0^1 + \left[\dfrac{x^3}{3}-\dfrac{x^2}{2}\right]_1^2$
$\quad = \left\{\left(-\dfrac{1}{3}+\dfrac{1}{2}\right)-0\right\}+\left\{\left(\dfrac{8}{3}-2\right)-\left(\dfrac{1}{3}-\dfrac{1}{2}\right)\right\}=\dfrac{1}{6}+\dfrac{2}{3}+\dfrac{1}{6}=1$　…答

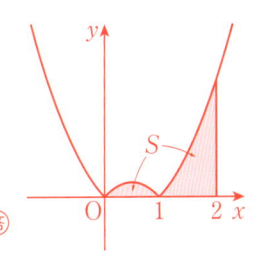

(2) 放物線 $y=2x^2-3x-2$, x 軸

$y=(2x+1)(x-2)$ より，右の図の色の部分の面積になる。

$S=\int_{-\frac{1}{2}}^{2} \{0-(2x^2-3x-2)\}\,dx = -2\int_{-\frac{1}{2}}^{2}\left(x+\dfrac{1}{2}\right)(x-2)\,dx$
$\quad = -2\cdot\left(-\dfrac{1}{6}\right)\left(2+\dfrac{1}{2}\right)^3 = \dfrac{1}{3}\cdot\left(\dfrac{5}{2}\right)^3 = \dfrac{125}{24}$　…答

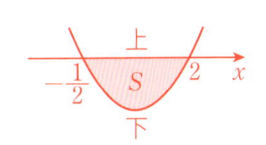

8 2つの放物線 $y=x^2-4$ と $y=-x^2+2x$ で囲まれた図形の面積 S を求めよ。

(10点)

2曲線の交点の x 座標は $x^2-4=-x^2+2x$ より　$x^2-x-2=0$
$(x-2)(x+1)=0$ だから　$x=-1,\ 2$
グラフは右の図のようになるので

$S=\int_{-1}^{2} \{(-x^2+2x)-(x^2-4)\}\,dx = \int_{-1}^{2}(-2x^2+2x+4)\,dx$
$\quad = \left[-\dfrac{2}{3}x^3+x^2+4x\right]_{-1}^{2} = \left(-\dfrac{16}{3}+4+8\right)-\left(\dfrac{2}{3}+1-4\right)$
$\quad = -\dfrac{18}{3}+15 = 9$　…答

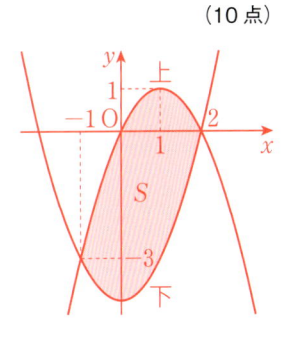

[別解]　$S=\int_{-1}^{2}(-2x^2+2x+4)\,dx = -2\int_{-1}^{2}(x+1)(x-2)\,dx = -2\cdot\left(-\dfrac{1}{6}\right)(2+1)^3 = 9$

第6章 数　列

1 等差数列

ⓟ58 数列とは

数列の定義 ← 高校数学では，数列は実数の範囲で考える。
ある規則に従って，数を順に並べたものを**数列**という。

数列の項
数列のそれぞれの数を，**項**という。はじめから順に第1項（**初項**ともいう），第2項，第3項，…，第n項，…と呼ぶ。また，項の番号を添え字（サフィックス）に書いて

$$a_1,\ a_2,\ a_3,\ a_4,\ a_5,\ \cdots,\ a_n,\ \cdots$$

のように書く。また，数列全体を$\{a_n\}$と表すことも多い。

一般項
第n項a_nの表すnの式を，数列の**一般項**という。

有限数列・無限数列 ← 有限数列の項の数を項数という
項の数が有限である数列を**有限数列**，無限である数列を**無限数列**という。

ⓟ59 等差数列

等差数列 ← 公差という
初項aに次々と一定の数dを加えて得られる数列を**等差数列**という。

$$a_1=a,\ a_2=a+d,\ a_3=a+2d,\ a_4=a+3d,\ \cdots$$

初項a，公差dの等差数列$\{a_n\}$の一般項は　　$a_n=a+(n-1)d$

等差数列の条件
数列$\{a_n\}$が等差数列 $\iff a_n=pn+q$ （p, q は定数）
$\iff a_{n+1}=a_n+d$ （d は定数）

等差中項
3つの数a, b, c が等差数列 $\iff 2b=a+c$

等差数列の性質
2つの等差数列$\{a_n\}$, $\{b_n\}$と定数kに対して
① 数列$\{ka_n\}$は等差数列　　② 数列$\{a_n+b_n\}$は等差数列

調和数列
数列$\left\{\dfrac{1}{a_n}\right\}$が等差数列になるとき，数列$\{a_n\}$は**調和数列**であるという。

ⓟ60 等差数列の和

等差数列の和
等差数列$\{a_n\}$の初項aから第n項lまでの和をS_nとする。

$$S_n=a_1+a_2+a_3+\cdots+a_n=\dfrac{1}{2}n(a+l)$$

さらに公差をdとすれば　　$S_n=\dfrac{1}{2}n\{2a+(n-1)d\}$

次の等式はよく使う。

① $1+2+3+\cdots+n=\dfrac{1}{2}n(n+1)$　　② $1+3+5+\cdots+(2n-1)=n^2$

154 [数列①] 58 数列とは

次の数列 $\{a_n\}$ の規則を考え，一般項を n の式で表せ。

$$1,\ -2,\ 3,\ -4,\ 5,\ \cdots$$

この数列の各項の絶対値をとった数列は

$$1,\ 2,\ 3,\ 4,\ 5,\ \cdots,\ n$$

符号を考えると順に

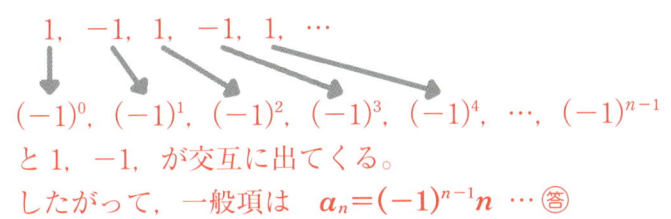

$$1,\ -1,\ 1,\ -1,\ 1,\ \cdots$$

$$(-1)^0,\ (-1)^1,\ (-1)^2,\ (-1)^3,\ (-1)^4,\ \cdots,\ (-1)^{n-1}$$

と $1,\ -1$, が交互に出てくる。

したがって，一般項は　$a_n = (-1)^{n-1} n$　…答

155 [等差数列①] 59 等差数列

第 3 項が 12，第 10 項が 47 である等差数列 $\{a_n\}$ の，初項と公差を求め，一般項を n の式で表せ。

初項を a，公差を d とすると　$a_n = a + (n-1)d$

第 3 項が 12 だから　$a + 2d = 12$　…①

第 10 項が 47 だから　$a + 9d = 47$　…②

①，②を解いて　$a = 2,\ d = 5$

したがって，初項 2，公差 5，$a_n = 5n - 3$　…答

156 [等差数列の和①] 60 等差数列の和

次の等差数列の和を求めよ。

(1) 初項 12，末項 -36，項数 20

この数列は末項がわかっているので，初項 a，末項 l，項数 n の公式

$$S_n = \frac{1}{2}n(a+l)$$

を使う。よって

$$S_{20} = \frac{1}{2} \cdot 20 \cdot (12 - 36) = -240\ \text{…答}$$

(2) 初項 2，公差 $\frac{1}{2}$，項数 10

この数列は初項と公差がわかっているので，初項 a，公差 d，項数 n の公式

$$S_n = \frac{1}{2}n\{2a + (n-1)d\}$$

を使う。よって

$$S_{10} = \frac{1}{2} \cdot 10 \cdot \left\{2 \cdot 2 + (10-1) \cdot \frac{1}{2}\right\} = 5 \cdot \frac{17}{2} = \frac{85}{2}\ \text{…答}$$

ガイド

★ヒラメキ★
数列
→規則をみつける

なにをする?
$1,\ -2,\ 3,\ -4,\ 5,\ \cdots$
を分解して規則を考える。
$1,\ 2,\ 3,\ 4,\ 5,\ \cdots$
$1,\ -1,\ 1,\ -1,\ 1,\ \cdots$

★ヒラメキ★
等差数列
→公差が一定

なにをする?
等差数列
$\{a_n\}: a,\ a+d,\ a+2d,\ \cdots$
の一般項は
$a_n = a + (n-1)d$

★ヒラメキ★
等差数列の和
→公式は 2 種類

なにをする?
順序を逆に並べて，縦に加える。
$S_n = a + (a+d) + \cdots + (l-d) + l$
$+)\ S_n = l + (l-d) + \cdots + (a+d) + a$
$\overline{2S_n = \underbrace{(a+l) + (a+l) + \cdots\cdots + (a+l)}_{n\text{個}}}$

よって
$S_n = \frac{1}{2}n(a+l)$
　　　　$l = a + (n-1)d$ だから
$S_n = \frac{1}{2}n\{2a + (n-1)d\}$

157 [数列②]

数列 $\{a_n\}$ の第 n 項 a_n が次の式で表されるとき，この数列の初項から第5項までを書け。

(1) $a_n=(-2)^n$

n に 1，2，3，4，5 を代入して
-2，4，-8，16，-32 …答

(2) $a_n=n^2+1$

n に 1，2，3，4，5 を代入して
2，5，10，17，26 …答

158 [数列③]

次の数列 $\{a_n\}$ の規則を考え，第5項と一般項を求めよ。

(1) $\dfrac{1}{4}$，$\dfrac{1}{2}$，$\dfrac{3}{4}$，1，$\square$，…

$\dfrac{1}{4}$，$\dfrac{2}{4}$，$\dfrac{3}{4}$，$\dfrac{4}{4}$ と考えれば分母は常に 4，分子は 1，2，3，4，5，…，n だから，

$a_5=\dfrac{5}{4}$，一般項は $a_n=\dfrac{n}{4}$ …答

(2) 1，$\dfrac{1}{3}$，$\dfrac{1}{5}$，$\dfrac{1}{7}$，$\square$，…

$\dfrac{1}{1}$，$\dfrac{1}{3}$，$\dfrac{1}{5}$，$\dfrac{1}{7}$，…と考えれば分子は常に 1，分母は 1，3，5，7，9，…

この数列は偶数 2，4，6，8，10，…より各項 1 ずつ小さい。

したがって，分母は，1，3，5，7，9，…，$2n-1$ だから

$a_5=\dfrac{1}{9}$，一般項は $a_n=\dfrac{1}{2n-1}$ …答

159 [等差数列②]

次の等差数列 $\{a_n\}$ の一般項を求めよ。

(1) 2，6，10，14，…

初項は 2，公差は 4 だから，
$a_n=2+(n-1)\cdot 4$ より
$a_n=4n-2$ …答

(2) 8，3，-2，-7，…

初項は 8，公差は -5 だから，
$a_n=8+(n-1)\cdot(-5)$ より
$a_n=-5n+13$ …答

160 [等差中項]

2，x，10 がこの順で等差数列をなすとき，x の値を求めよ。

等差数列をなすから，公差が一定である。

よって，$x-2=10-x$ だから，$2x=12$ より $x=6$ …答

[別解] 等差中項を使うと，$2x=2+10$ より $x=6$

161 [等差数列③]

第2項が10で第8項が-8の等差数列$\{a_n\}$の初項と公差を求め，一般項をnの式で表せ。

初項をa，公差をdとすると一般項は$a_n = a + (n-1)d$で表される。

第2項が10より　　$a_2 = a + d = 10$　　…①

第8項が-8より　　$a_8 = a + 7d = -8$　　…②

①，②を解いて　$a = 13$，$d = -3$　　よって　$a_n = 13 + (n-1)\cdot(-3) = -3n + 16$

したがって　**初項13，公差-3，$a_n = -3n + 16$**　…㊥

162 [等差数列④]

等差数列をなす3つの数の和が45，積が2640である3つの数を求めよ。

等差数列をなす3つの数を，公差をdとして$x-d$, x, $x+d$とおくと

　　$(x-d) + x + (x+d) = 45$　…①　　$(x-d)x(x+d) = 2640$　…②

①より，$3x = 45$だから　$x = 15$

②に代入して，$(15-d)\cdot 15(15+d) = 2640$より　$(15-d)(15+d) = 176$

$225 - d^2 = 176$　　$d^2 = 49$より　$d = \pm 7$

$d = \pm 7$のどちらの場合も，等差数列をなす3つの数は　**8，15，22**　…㊥

163 [等差数列の和②]

初項から第4項までの和が38で，初項から第10項までの和が185である等差数列の初項から第n項までの和を求めよ。

初項をa，公差をdとする。

第4項までの和が38だから，$S_4 = \dfrac{1}{2}\cdot 4\cdot(2a + 3d) = 38$より

　$2a + 3d = 19$　…①

第10項までの和が185だから，$S_{10} = \dfrac{1}{2}\cdot 10\cdot(2a + 9d) = 185$より

　$2a + 9d = 37$　…②

①，②を解いて，$a = 5$，$d = 3$だから

　$S_n = \dfrac{1}{2}\cdot n\{2\cdot 5 + (n-1)\cdot 3\} = \dfrac{1}{2}\boldsymbol{n(3n + 7)}$　…㊥

164 [等差数列の和の最大値]

初項が50，公差が-8の等差数列$\{a_n\}$の初項から第n項までの和をS_nとするとき，S_nの最大値とそのときのnの値を求めよ。

$a_n = 50 + (n-1)\cdot(-8) = -8n + 58 > 0$を解くと　$n < \dfrac{58}{8} = \dfrac{29}{4} = 7.25$

よって，S_nが最大となるnの値は　$n = 7$　←第7項までは正の数が並ぶ

$a_7 = 2$だから　$S_7 = \dfrac{1}{2}\cdot 7\cdot(50 + 2) = 182$　　**最大値182（$n = 7$）**　…㊥

2 等比数列と和の記号

61 等比数列

等比数列

初項 a に次々と一定の数 r を掛けて得られる数列を<u>等比数列</u>という。 ← 公比という

$a_1 = a, \ a_2 = ar, \ a_3 = ar^2, \ a_4 = ar^3, \ \cdots$

初項 a, 公比 r の等比数列 $\{a_n\}$ の一般項は $\boxed{a_n = a \cdot r^{n-1}}$

等比数列の条件

数列 $\{a_n\}$: 等比数列 $\iff a_{n+1} = a_n \cdot r$ (r は定数) ← 各項が 0 でない場合, $\dfrac{a_{n+1}}{a_n} = r$ と変形できる

等比中項

3 つの数 $a, \ b, \ c$ が等比数列 $\iff \boxed{b^2 = ac}$ ← $\dfrac{b}{a} = \dfrac{c}{b}$

等比数列の性質

2 つの等比数列 $\{a_n\}, \{b_n\}$ と定数 k に対して

① 数列 $\{ka_n\}$ は等比数列 ② 数列 $\{a_n \cdot b_n\}$ は等比数列

③ 数列 $\left\{\dfrac{1}{a_n}\right\}$ は等比数列 (ただし, 数列 $\{a_n\}$ の各項は 0 ではない。)

62 等比数列の和

等比数列の和

初項が a, 公比が r の等比数列 $\{a_n\}$ の初項から第 n 項までの和を S_n とすると

$$S_n = \begin{cases} na & (r=1) \\ a \cdot \dfrac{1-r^n}{1-r} = a \cdot \dfrac{r^n - 1}{r-1} & (r \neq 1) \end{cases} \quad (\text{ただし} \ \ a = a_1)$$

(注意) 等比数列の問題を解くときには, 指数計算がよく現れる。$2 \cdot 3^n \neq 6^n$ なので, まちがえないように気をつけること。

63 和の記号 Σ

和の記号 Σ

数列の和を表すのに $a_1 + a_2 + a_3 + \cdots + a_n$ のように書いてきた。これを新しい記号 "Σ" を用いて次のように表す。

$$a_1 + a_2 + a_3 + \cdots + a_n = \sum_{k=1}^{n} a_k$$

※ $\sum_{k=1}^{n} a_k$ の k は変数のようなもの。問題文やそれまでの解答で使っていない文字ならどの文字を使ってもかまわない。

(例) $1 + 2 + 3 = \sum_{k=1}^{3} k = \sum_{i=1}^{3} i = \sum_{p=1}^{3} p = \sum_{n=1}^{3} n = \cdots$

165 [等比数列①] **61** 等比数列

次の等比数列 $\{a_n\}$ の第 4 項と一般項を求めよ。

(1) 1, 4, 16, □, …

初項 1, 公比 4 の等比数列である。
したがって, $a_4=64$, $a_n=4^{n-1}$ …㊈

(2) 3, -1, $\dfrac{1}{3}$, □, …

初項 3, 公比 $-\dfrac{1}{3}$ の等比数列である。

したがって, $a_4=-\dfrac{1}{9}$, $a_n=3\cdot\left(-\dfrac{1}{3}\right)^{n-1}$ …㊈

[参考] (2)では $a_n=3\cdot\left(-\dfrac{1}{3}\right)^{n-1}=3\cdot(-1)^{n-1}\cdot 3^{-(n-1)}=(-1)^{n-1}\cdot 3^{2-n}$
を答えとしてもよい。

ガイド

★ヒラメキ★
等比数列
→ $a_n=ar^{n-1}$

なにをする?
初項と公比をみつける。

公比 $r=\dfrac{a_2}{a_1}=\dfrac{a_3}{a_2}$

一般に $r=\dfrac{a_{n+1}}{a_n}$

166 [等比数列の和①] **62** 等比数列の和

次の等比数列の初項から第 n 項までの和 S_n を求めよ。

(1) 2, 6, 18, 54, …

初項 2, 公比 3 の等比数列の和だから
$S_n=\dfrac{2(3^n-1)}{3-1}=3^n-1$ …㊈

(2) 1, $-\dfrac{1}{2}$, $\dfrac{1}{4}$, $-\dfrac{1}{8}$, …

初項 1, 公比 $-\dfrac{1}{2}$ の等比数列の和だから

$S_n=\dfrac{1\left\{1-\left(-\dfrac{1}{2}\right)^n\right\}}{1-\left(-\dfrac{1}{2}\right)}=\dfrac{2}{3}\left\{1-\left(-\dfrac{1}{2}\right)^n\right\}$ …㊈

★ヒラメキ★
等比数列の和
→ $S_n=\dfrac{a(1-r^n)}{1-r}$
$=\dfrac{a(r^n-1)}{r-1}$ $(r \neq 1)$

なにをする?
公比 r の値によって, 上の公式を使い分ける。

167 [和の記号①] **63** 和の記号 Σ

次の和を求めよ。

(1) $\displaystyle\sum_{k=1}^{4} 2k$
$=2+4+6+8=20$ …㊈

(2) $\displaystyle\sum_{i=1}^{3} i^2$
$=1^2+2^2+3^2=14$ …㊈

(3) $\displaystyle\sum_{k=1}^{4} 3^{k-1}$
$=3^0+3^1+3^2+3^3=40$ …㊈

★ヒラメキ★
Σ→和の記号

なにをする?
$\displaystyle\sum_{k=1}^{n} a_k=a_1+a_2+\cdots+a_n$
$k=1, 2, 3, \cdots, n$ と順に代入して, 具体的に書いてから計算する。

2 等比数列と和の記号 —— 95

ガイドなしでやってみよう！

168 [等比数列②]

次の等比数列 $\{a_n\}$ の第5項と一般項を求めよ。

(1) $\dfrac{1}{3}$, 1, 3, 9, □, …

初項 $\dfrac{1}{3}$，公比 3 の等比数列であるから，$a_5=27$，$a_n=\dfrac{1}{3}\cdot 3^{n-1}=3^{n-2}$ …答

(2) 8, −4, 2, −1, □, …

初項 8，公比 $-\dfrac{1}{2}$ の等比数列であるから，$a_5=\dfrac{1}{2}$，$a_n=8\cdot\left(-\dfrac{1}{2}\right)^{n-1}$ …答

169 [等比数列③]

第4項が24, 第7項が−192となる等比数列 $\{a_n\}$ の一般項を求めよ。また，−3072 は第何項か答えよ。

初項を a，公比を r とすると，一般項は $a_n=ar^{n-1}$ となる。

第4項が24だから $ar^3=24$ …①

第7項が−192だから $ar^6=-192$ …②

②÷①より $r^3=-8$　r は実数なので　$r=-2$

①より，$a=-3$ だから，一般項は $a_n=-3\cdot(-2)^{n-1}$ …答

また，$-3\cdot(-2)^{n-1}=-3072$ より $(-2)^{n-1}=1024$

$1024=(-2)^{10}$ だから，$n-1=10$ より $n=11$

ゆえに，−3072 は第 11 項である。…答

②より $ar^3\cdot r^3=-192$
①を代入して $24r^3=-192$
よって $r^3=-8$
としてもよい

170 [等比数列④]

等比数列をなす3つの数の和が 21 で，積が 216 であるとき，この3つの数を求めよ。

等比数列の公比を r として，3つの数を $\dfrac{b}{r}$, b, br とおくと

$\dfrac{b}{r}+b+br=21$ …①　　$\dfrac{b}{r}\cdot b\cdot br=216$ …②

②より，$b^3=216$ だから $b=6$　①に代入して，$6\left(\dfrac{1}{r}+1+r\right)=21$ だから，

$\dfrac{1}{r}+r+1=\dfrac{7}{2}$ より $2r^2-5r+2=0$　$(2r-1)(r-2)=0$　$r=\dfrac{1}{2}$, 2

$r=\dfrac{1}{2}$, 2 のいずれでも，求める3つの数は 3, 6, 12 …答

171 [等比中項]

3, x, 12 がこの順で等比数列をなすとき，x の値を求めよ。

等比数列をなす条件は，公比が一定だから，$\dfrac{x}{3}=\dfrac{12}{x}$ より $x^2=36$

したがって $x=\pm 6$ …答

[別解]　等比中項を使うと，$x^2=3\times 12$ より $x=\pm 6$

172 [等比数列の和②]

次の等比数列の初項から第 n 項までの和を求めよ。

初項 a, 公比 r の等比数列の第 n 項までの和は $S_n = \dfrac{a(1-r^n)}{1-r}$ $(r \neq 1)$

(1) 4, -8, 16, $\cdots$

初項 4, 公比 -2

$S_n = \dfrac{4\{1-(-2)^n\}}{1-(-2)}$

$= \dfrac{4}{3}\{1-(-2)^n\}$ …答

(2) 3, 1, $\dfrac{1}{3}$, $\cdots$

初項 3, 公比 $\dfrac{1}{3}$

$S_n = \dfrac{3\left\{1-\left(\dfrac{1}{3}\right)^n\right\}}{1-\dfrac{1}{3}} = \dfrac{9}{2}\left\{1-\left(\dfrac{1}{3}\right)^n\right\}$ …答

173 [等比数列の和③]

第 3 項が 12 で, 初項から第 3 項までの和が 21 である等比数列の初項と公比を求めよ。

初項を a, 公比を r とすると, 第 3 項が 12 だから $ar^2 = 12$ …①

初項から第 3 項までの和が 21 だから $a + ar + ar^2 = 21$ …②

②を変形して $a(r^2 + r + 1) = 21$ …③

①より, $a = \dfrac{12}{r^2}$ を③に代入して $\dfrac{12}{r^2}(r^2 + r + 1) = 21$

$4(r^2 + r + 1) = 7r^2$ だから, $3r^2 - 4r - 4 = 0$ より $(3r+2)(r-2) = 0$

よって $r = -\dfrac{2}{3}$, 2 ①より, $r = -\dfrac{2}{3}$ のとき $a = 27$ $r = 2$ のとき $a = 3$

したがって 初項 27 のとき公比 $-\dfrac{2}{3}$, 初項 3 のとき公比 2 …答

174 [和の記号②]

次の和を求めよ。

(1) $\displaystyle\sum_{k=1}^{4} 3$

$= 3+3+3+3 = \mathbf{12}$ …答

(2) $\displaystyle\sum_{k=1}^{3} 4k$

$= 4+8+12 = \mathbf{24}$ …答

(3) $\displaystyle\sum_{k=1}^{8} 3 \cdot 2^{k-1}$

$= 3 \cdot 2^0 + 3 \cdot 2^1 + 3 \cdot 2^2 + \cdots + 3 \cdot 2^{8-1}$ ← 初項 3, 公比 2, 項数 8 の等比数列の和

$= \dfrac{3(2^8 - 1)}{2-1} = 3(256-1) = \mathbf{765}$ …答

3 いろいろな数列

64 いろいろな数列の和

自然数の累乗の和

1. $\sum_{k=1}^{n} 1 = 1+1+1+\cdots+1 = n$

2. $\sum_{k=1}^{n} k = 1+2+3+\cdots+n = \dfrac{1}{2}n(n+1)$

3. $\sum_{k=1}^{n} k^2 = 1^2+2^2+3^2+\cdots+n^2 = \dfrac{1}{6}n(n+1)(2n+1)$

4. $\sum_{k=1}^{n} k^3 = 1^3+2^3+3^3+\cdots+n^3 = \left\{\dfrac{1}{2}n(n+1)\right\}^2 = \dfrac{1}{4}n^2(n+1)^2$

等比数列の和

$$\sum_{k=1}^{n} ar^{k-1} = \begin{cases} a+a+a+\cdots+a = na & (r=1) \\ a+ar+ar^2+\cdots+ar^{n-1} = a\cdot\dfrac{r^n-1}{r-1} & (r \neq 1) \end{cases}$$

Σ の性質

5. $\sum_{k=1}^{n}(a_k+b_k) = \sum_{k=1}^{n}a_k + \sum_{k=1}^{n}b_k$
6. $\sum_{k=1}^{n}pa_k = p\sum_{k=1}^{n}a_k$ （p は定数）

部分分数分解を利用する和

$$\dfrac{1}{1\cdot 2}+\dfrac{1}{2\cdot 3}+\dfrac{1}{3\cdot 4}+\cdots+\dfrac{1}{n(n+1)} = \left(\dfrac{1}{1}-\dfrac{1}{2}\right)+\left(\dfrac{1}{2}-\dfrac{1}{3}\right)+\left(\dfrac{1}{3}-\dfrac{1}{4}\right)+\cdots+\left(\dfrac{1}{n}-\dfrac{1}{n+1}\right)$$

ペアで 0

$\dfrac{1}{k(k+1)} = \dfrac{1}{k}-\dfrac{1}{k+1}$

であるから

$$\sum_{k=1}^{n}\dfrac{1}{k(k+1)} = 1-\dfrac{1}{n+1} = \dfrac{n}{n+1}$$

65 階差数列

階差数列

数列 $\{a_n\}$ に対して，$b_n = a_{n+1} - a_n$（$n=1, 2, 3, \cdots$）とおくとき，数列 $\{b_n\}$ を 数列 $\{a_n\}$ の階差数列 という。

階差数列の和

$a_1, a_2, a_3, a_4, \cdots, a_{n-1}, a_n, a_{n+1}, \cdots$

$b_1+b_2+b_3\ \cdots\ +b_{n-1}\ b_n$

数列 $\{a_n\}$ の階差数列を $\{b_n\}$ とすると

$$a_n = a_1 + \sum_{k=1}^{n-1} b_k \quad (n \geq 2)$$

数列の和と一般項

ある数列 $\{a_n\}$ の初項 a_1 から第 n 項 a_n までの和が S_n で与えられているとき

$a_1 = S_1,\ a_n = S_n - S_{n-1} \quad (n \geq 2)$

66 群に分けられた数列

群に分けられた数列 ← 群数列とよぶ

数列を，ある規則に従って群に分けて考えることがある。分けられた群を前から順に，第 1 群，第 2 群，第 3 群，…という。次の事柄を考えることが多い。

・第 n 群の最初の項はもとの数列の何番目か。
・第 n 群の最初の項を n の式で表す。

175 [Σの公式①] **64** いろいろな数列の和

次の Σ で表された和を求めよ。

(1) $\displaystyle\sum_{k=1}^{n}(2k-1)^2 = 4\sum_{k=1}^{n}k^2 - 4\sum_{k=1}^{n}k + \sum_{k=1}^{n}1$

$= 4\cdot\dfrac{1}{6}n(n+1)(2n+1) - 4\cdot\dfrac{1}{2}n(n+1) + n$

$= \dfrac{n}{3}\{2(n+1)(2n+1) - 6(n+1) + 3\}$

$= \dfrac{n}{3}(4n^2-1) = \dfrac{1}{3}n(2n-1)(2n+1)$ …㈎

(2) $\displaystyle\sum_{k=1}^{n}2\cdot 3^{k-1}$ ← 初項 2, 公比 3, 項数 n

$= 2\cdot 3^{1-1} + 2\cdot 3^{2-1} + 2\cdot 3^{3-1} + \cdots + 2\cdot 3^{n-1}$

$= \dfrac{2(3^n-1)}{3-1} = 3^n - 1$ …㈎

176 [階差数列①] **65** 階差数列

数列 $\{a_n\}$: 2, 3, 5, 9, 17, … の一般項を求めよ。

階差数列を $\{b_n\}$ とすると

2　3　5　9　17　…　a_n　a_{n+1}　…
　1　2　4　8　…　b_n　…

$\{b_n\}$ は初項 1, 公比 2 の等比数列だから　$b_n = 1\cdot 2^{n-1}$

$n \geqq 2$ のとき　$a_n = 2 + \displaystyle\sum_{k=1}^{n-1}2^{k-1}$　← 初項 1, 公比 2, 項数 $n-1$

$= 2 + \dfrac{1(2^{n-1}-1)}{2-1} = 2^{n-1} + 1$

これは $a_1 = 2^0 + 1 = 2$ となり, $n=1$ のときも成り立つ。
よって　$a_n = 2^{n-1} + 1$ …㈎

177 [群数列①] **66** 群に分けられた数列

第 n 群の項数が $2n-1$ となるように, 自然数の列 $\{a_n\}$ を次のように分けるとき, 第 n 群の最初の項を n で表せ。

1 | 2, 3, 4 | 5, 6, 7, 8, 9 | 10, …

もとの数列 $\{a_n\}$ は自然数の列なので $a_n = n$ と表される。第 1 群から第 n 群までのすべての項数を $T(n)$ とすると

$T(n) = 1 + 3 + 5 + \cdots + (2n-1) = \dfrac{n}{2}\{1+(2n-1)\} = n^2$

第 n 群の最初の項は, もとの数列の $T(n-1)+1$ 番目である。つまり, $(n-1)^2 + 1 = n^2 - 2n + 2$ 番目である。したがって　$a_{n^2-2n+2} = n^2 - 2n + 2$ …㈎

ガイド

★ヒラメキ★

和の計算
→公式を使って計算

なにをする?

(1)は, まず展開して,

$\displaystyle\sum_{k=1}^{n}(4k^2 - 4k + 1)$
$= 4\displaystyle\sum_{k=1}^{n}k^2 - 4\displaystyle\sum_{k=1}^{n}k + \displaystyle\sum_{k=1}^{n}1$

として公式を適用する。

(2)は $\displaystyle\sum_{k=1}^{n}2\cdot 3^{k-1}$
← 等比数列

初項, 公比, 項数を確認する。

★ヒラメキ★

階差数列
→階差をとってその一般項を求める

なにをする?

・階差数列 $\{b_n\}$ の一般項 b_n を n で表す。

・$n \geqq 2$ のとき　← $n-1$ に注意
$a_n = a_1 + \displaystyle\sum_{k=1}^{n-1}b_k$　← b_k に直す

・$n=1$ のときに成り立つかどうかを確かめる。

★ヒラメキ★

群数列
→ ・もとの数の列が, 数列をなす。
・群に分けたとき, 各群に属する項数が数列をなす。

なにをする?

まず, 「第 n 群の最初の項はもとの数列の何番目か」と自分に問いかける。
この問題では
$\underbrace{1+3+5+\cdots+(2n-3)}_{n-1\ 個}+1$ 番目

ガイドなしでやってみよう！

178 [Σの公式②]
次の和を求めよ。

(1) $\displaystyle\sum_{k=1}^{n}k(k+1)=\sum_{k=1}^{n}(k^2+k)=\sum_{k=1}^{n}k^2+\sum_{k=1}^{n}k=\frac{1}{6}n(n+1)(2n+1)+\frac{1}{2}n(n+1)$

$\phantom{(1)\ \sum_{k=1}^{n}k(k+1)}=\frac{1}{6}n(n+1)\{(2n+1)+3\}$

$\phantom{(1)\ \sum_{k=1}^{n}k(k+1)}=\frac{1}{6}n(n+1)\cdot 2(n+2)=\boldsymbol{\frac{1}{3}n(n+1)(n+2)}$ …答

$\frac{1}{6}n(n+1)$ でくくる ← $\frac{3}{6}n(n+1)$

(2) $\displaystyle\sum_{k=1}^{n}k^2(k+3)=\sum_{k=1}^{n}(k^3+3k^2)=\sum_{k=1}^{n}k^3+3\sum_{k=1}^{n}k^2=\left\{\frac{1}{2}n(n+1)\right\}^2+\frac{3}{6}n(n+1)(2n+1)$

$=\frac{1}{4}n(n+1)\{n(n+1)+2(2n+1)\}$

$=\boldsymbol{\frac{1}{4}n(n+1)(n^2+5n+2)}$ …答

$\frac{1}{4}n^2(n+1)^2 \quad \frac{2}{4}n(n+1)(2n+1)$
$\frac{1}{4}n(n+1)$ でくくる

(3) $\displaystyle\sum_{k=1}^{n}3\cdot 4^{k-1}=3\cdot 4^{1-1}+3\cdot 4^{2-1}+\cdots+3\cdot 4^{n-1}$ ← (初項 3, 公比 4 の等比数列, 項数 n)

$=\frac{3(4^n-1)}{4-1}=\boldsymbol{4^n-1}$ …答

179 [いろいろな数列の和]
次の数列の和を求めよ。

(1) $5+8+11+\cdots+(3n+2)$

$=\displaystyle\sum_{k=1}^{n}(3k+2)=3\sum_{k=1}^{n}k+\sum_{k=1}^{n}2$ ← 実は等差数列の和だから (初項 5, 末項 $3n+2$, 項数 n)
$S_n=\frac{1}{2}n(5+3n+2)=\frac{1}{2}n(3n+7)$ としてもよい。

$=3\cdot\frac{1}{2}n(n+1)+2n=\boldsymbol{\frac{1}{2}n(3n+7)}$ …答

(2) $\dfrac{1}{2^2-1}+\dfrac{1}{4^2-1}+\dfrac{1}{6^2-1}+\cdots+\dfrac{1}{(2n)^2-1}$ （ヒント：$\dfrac{1}{(2k-1)(2k+1)}=\dfrac{1}{2}\left(\dfrac{1}{2k-1}-\dfrac{1}{2k+1}\right)$）

$\dfrac{1}{(2k)^2-1}=\dfrac{1}{(2k-1)(2k+1)}=\dfrac{1}{2}\left(\dfrac{1}{2k-1}-\dfrac{1}{2k+1}\right)$ だから

$\displaystyle\sum_{k=1}^{n}\dfrac{1}{(2k-1)(2k+1)}=\dfrac{1}{2}\sum_{k=1}^{n}\left(\dfrac{1}{2k-1}-\dfrac{1}{2k+1}\right)$

$=\dfrac{1}{2}\left\{\left(1-\dfrac{1}{3}\right)+\left(\dfrac{1}{3}-\dfrac{1}{5}\right)+\left(\dfrac{1}{5}-\dfrac{1}{7}\right)+\cdots+\left(\dfrac{1}{2n-1}-\dfrac{1}{2n+1}\right)\right\}$

$=\dfrac{1}{2}\left(1-\dfrac{1}{2n+1}\right)=\dfrac{2n+1-1}{2(2n+1)}=\boldsymbol{\dfrac{n}{2n+1}}$ …答

縦に並べると計算がわかりやすい
$k=1\cdots\frac{1}{2}\left(1-\frac{1}{3}\right)$
$k=2\cdots\frac{1}{2}\left(\frac{1}{3}-\frac{1}{5}\right)$
$k=3\cdots\frac{1}{2}\left(\frac{1}{5}-\frac{1}{7}\right)$
$\vdots$
$k=n\cdots\frac{1}{2}\left(\frac{1}{2n-1}-\frac{1}{2n+1}\right)$
$S_n=\frac{1}{2}\left(1-\frac{1}{2n+1}\right)$

180 [階差数列②]

次の数列 $\{a_n\}$ の一般項を求めよ。

(1) $2, 4, 7, 11, 16, \cdots$

階差数列を $\{b_n\}$ とすると

$2, 4, 7, 11, 16, \cdots, a_n, a_{n+1}, \cdots$
　$2, 3, 4, 5, \cdots, b_n, \cdots$

$\{b_n\}$ は初項 2, 公差 1 の等差数列。

よって　$b_n = 2 + (n-1) \cdot 1 = n+1$

$n \geqq 2$ のとき　$a_n = 2 + \sum_{k=1}^{n-1}(k+1)$ より

$a_n = 2 + \dfrac{1}{2}(n-1) \cdot n + (n-1)$

　　$= \dfrac{1}{2}(n^2 + n + 2)$

これは $\dfrac{1}{2}(1^2 + 1 + 2) = 2$ となって，

$n = 1$ のときも成り立つから

$\boldsymbol{a_n = \dfrac{1}{2}(n^2 + n + 2)}$ …㊙

(2) $2, 3, 6, 15, 42, \cdots$

階差数列を $\{b_n\}$ とすると

$2, 3, 6, 15, 42, \cdots, a_n, a_{n+1}, \cdots$
　$1, 3, 9, 27, \cdots, b_n, \cdots$

$\{b_n\}$ は初項 1, 公比 3 の等比数列。

よって　$b_n = 1 \cdot 3^{n-1} = 3^{n-1}$

$n \geqq 2$ のとき　$a_n = 2 + \sum_{k=1}^{n-1} 3^{k-1}$

$a_n = 2 + \dfrac{1(3^{n-1}-1)}{3-1} = \dfrac{1}{2}(3^{n-1}+3)$

これは $\dfrac{1}{2}(3^{1-1}+3) = 2$ となって，$n=1$ のときも成り立つから

$\boldsymbol{a_n = \dfrac{1}{2}(3^{n-1}+3)}$ …㊙

181 [数列の和と一般項]

ある数列 $\{a_n\}$ の初項から第 n 項までの和が $S_n = 3n^2 - 2n$ で表されるとき，一般項を求めよ。

まず　$a_1 = S_1 = 3 \cdot 1^2 - 2 \cdot 1 = 1$

次に，$n \geqq 2$ のとき

$a_n = S_n - S_{n-1} = (3n^2 - 2n) - \{3(n-1)^2 - 2(n-1)\} = 6n - 5$

これは $n=1$ のとき $6 \cdot 1 - 5 = 1$ となり成り立つので　$\boldsymbol{a_n = 6n - 5}$ …㊙

182 [群数列②]

第 n 群の項数が $2n$ となるように，正の奇数の列を次のように分ける。

$1, 3 \mid 5, 7, 9, 11 \mid 13, 15, 17, 19, 21, 23 \mid \cdots$

(1) 第 n 群の最初の項を求めよ。

もとの数列 $\{a_n\}$ は初項 1, 公差 2 の等差数列だから　$a_n = 2n - 1$

第 1 群から第 n 群までのすべての項数を $T(n)$ とすると

　$T(n) = 2 + 4 + 6 + \cdots + 2n = n(n+1)$　←初項 2, 末項 $2n$, 項数 n の等差数列の和

第 n 群の最初の項はもとの数列の $T(n-1)+1$ 番目である。

つまり，$(n-1) \cdot n + 1 = n^2 - n + 1$ 番目である。

したがって　$a_{n^2-n+1} = 2(n^2-n+1) - 1 = \boldsymbol{2n^2 - 2n + 1}$ …㊙

(2) 第 n 群の $2n$ 個の項の和 S_n を求めよ。

第 n 群は初項 $2n^2 - 2n + 1$, 公差 2, 項数 $2n$ の等差数列であるから

$S_n = \dfrac{1}{2} \cdot 2n\{2(2n^2 - 2n + 1) + (2n-1) \cdot 2\} = \boldsymbol{4n^3}$ …㊙

4 漸化式と数学的帰納法

67 漸化式

帰納的定義

数列 $\{a_n\}$ を，初項 a_1 の値と，a_n と a_{n+1} の関係式によって定義することを帰納的定義という。

漸化式

帰納的定義の a_n と a_{n+1} の関係式のことを**漸化式**という。

基本的な漸化式

数列 $\{a_n\}$ について，$a_1=a$ とする。

漸化式	→	漸化式を読む	→	一般項

1. $a_{n+1}=a_n+d$ → 等差数列（公差一定） → $a_n=a+(n-1)d$
2. $a_{n+1}=ra_n$ → 等比数列（公比一定） → $a_n=ar^{n-1}$
3. $a_{n+1}=a_n+b_n$ → 階差数列 → $a_n=a+\sum_{k=1}^{n-1}b_k \ (n\geq 2)$
4. $a_{n+1}=pa_n+q \ (p\neq 0, 1, \ q\neq 0)$
   $-)\ \ \alpha=p\alpha+q$ ← この式から α を求める
   $a_{n+1}-\alpha=p(a_n-\alpha)$ →数列 $\{a_n-\alpha\}$ は等比数列→ $a_n=(a-\alpha)\cdot p^{n-1}+\alpha$

68 数学的帰納法

数学的帰納法

自然数 n に関する命題 $P(n)$ が任意の自然数 n について成り立つことを証明するための方法として，**数学的帰納法**がある。

任意の自然数 n について $P(n)$ が成り立つ。
⇕
① $n=1$ のとき命題 $P(n)$ が成り立つ
② ある自然数 k に対し，$n=k$ のとき命題 $P(n)$ が成り立つことを仮定すれば，$n=k+1$ のときも $P(n)$ が成り立つ

もう少しカンタンに表現すれば
① 命題 $P(1)$ は正しい
② ある自然数 k に対し，$P(k)$ は正しいと仮定すれば $P(k+1)$ も正しい

---

183 [漸化式と一般項①] **67** 漸化式

次の漸化式で表された数列 $\{a_n\}$ の一般項を求めよ。

(1) $a_1=1, \ a_{n+1}=a_n+3$

$a_{n+1}-a_n=3$ は公差 3 の等差数列を表す。
初項が 1 だから $\boldsymbol{a_n=1+(n-1)\cdot 3=3n-2}$ …答

(2) $a_1=2, \ a_{n+1}=3a_n$

$a_{n+1}=3a_n$ は公比 3 の等比数列を表す。
初項が 2 だから $\boldsymbol{a_n=2\cdot 3^{n-1}}$ …答

ガイド

★ヒラメキ★

漸化式
→基本パターンで解く

なにをする？
(1) $a_{n+1}=a_n+d$ →等差数列
(2) $a_{n+1}=ra_n$ →等比数列

(3) $a_1=1$, $a_{n+1}=a_n+3n+1$

$a_{n+1}-a_n=3n+1$ は階差数列の一般項が $3n+1$ であることを表す。初項が1だから，$n\geq 2$ のとき

$$a_n=1+\sum_{k=1}^{n-1}(3k+1)=1+\frac{3}{2}(n-1)n+(n-1)$$
$$=\frac{1}{2}n(3n-1)$$

これは $\frac{1}{2}\cdot 1(3-1)=1$ となって，$n=1$ のときも成り立つから $\boldsymbol{a_n=\frac{1}{2}n(3n-1)}$ …⊛

ガイド

なにをする?

(3) $a_{n+1}=a_n+b_n$→階差数列

$\sum_{k=1}^{n}k=\frac{1}{2}n(n+1)$ より

$\sum_{k=1}^{n-1}k=\frac{1}{2}(n-1)n$

(4) $\begin{array}{r}a_{n+1}=pa_n+q\\ -)\phantom{a_{n+1}=}\alpha=p\alpha+q\\ \hline a_{n+1}-\alpha=p(a_n-\alpha)\end{array}$ より

数列 $\{a_n-\alpha\}$ は等比数列

(4) $a_1=2$, $a_{n+1}=2a_n+3$

$\begin{array}{r}a_{n+1}=2a_n+3\\ -)\phantom{a_{n+1}=}\alpha=2\alpha+3\\ \hline a_{n+1}-\alpha=2(a_n-\alpha)\end{array}$ ← この式を解いて $\alpha=-3$

$\alpha=-3$ だから，$a_{n+1}+3=2(a_n+3)$ より，

数列 $\{a_n+3\}$ は初項 $a_1+3=5$，公比2の等比数列。

よって $a_n+3=5\cdot 2^{n-1}$

したがって $\boldsymbol{a_n=5\cdot 2^{n-1}-3}$ …⊛

184 [数学的帰納法①] **68 数学的帰納法**

n を自然数とする。

$1+2+2^2+\cdots+2^{n-1}=2^n-1$ を証明せよ。

[証明] $1+2+2^2+\cdots+2^{n-1}=2^n-1$ …① とする。

[Ⅰ] $n=1$ のとき （左辺）$=1$ （右辺）$=2^1-1=1$

よって，$n=1$ のとき①は成り立つ。

[Ⅱ] $n=k$ のとき，①が成り立つと仮定すると

$1+2+2^2+\cdots+2^{k-1}=2^k-1$ …②

$n=k+1$ のとき

（①の左辺）$=1+2+2^2+\cdots+2^{k-1}+2^k$ ←②を代入する
$=2^k-1+2^k=2\cdot 2^k-1=2^{k+1}-1$
$=$（①の右辺）

$n=k+1$ のときも①は成り立つ。

[Ⅰ]，[Ⅱ]より，すべての自然数 n に対して，①は成り立つ。 [証明終わり]

★ヒラメキ★

n：自然数のときの証明
→数学的帰納法

なにをする?

[Ⅰ] $n=1$ のときに成り立つことをいう。

[Ⅱ] $n=k$ のときに成り立つと仮定して，$n=k+1$ のときに成り立つことをいう。

・数学的帰納法では証明する手順が決まっているので覚えてしまおう。

・$n=k+1$ に対する①を意識しながら変形することを心がける。

ガイドなしでやってみよう！

185 [漸化式と一般項②]

次の漸化式で表された数列 $\{a_n\}$ の一般項を求めよ。

(1) $a_1=2$, $a_{n+1}=a_n+4$

$a_{n+1}-a_n=4$ は公差 4 の等差数列を表す。

初項が 2 だから $a_n=2+(n-1)\cdot 4=4n-2$ よって $\boldsymbol{a_n=4n-2}$ …㊥

(2) $a_1=3$, $a_{n+1}=4a_n$

$a_{n+1}=4a_n$ は公比 4 の等比数列を表す。初項が 3 だから $\boldsymbol{a_n=3\cdot 4^{n-1}}$ …㊥

(3) $a_1=5$, $a_{n+1}=a_n+2^n$

$a_{n+1}-a_n=2^n$ は階差数列の一般項が 2^n であることを表す。

初項 5 だから，$n\geq 2$ のとき ← 初項 2，公比 2，項数 $n-1$ の等比数列の和

$$a_n=5+\sum_{k=1}^{n-1}2^k=5+\frac{2(2^{n-1}-1)}{2-1}=2^n+3$$

これは $a_1=2^1+3=5$ で，$n=1$ のときも成り立つから $\boldsymbol{a_n=2^n+3}$ …㊥

(4) $a_1=2$, $a_{n+1}=\dfrac{1}{3}a_n+1$

$a_{n+1}-\dfrac{3}{2}=\dfrac{1}{3}\left(a_n-\dfrac{3}{2}\right)$ より，数列 $\left\{a_n-\dfrac{3}{2}\right\}$ は初項 $a_1-\dfrac{3}{2}=2-\dfrac{3}{2}=\dfrac{1}{2}$, 公比 $\dfrac{1}{3}$ の等比数列である。

$\quad a_{n+1}=\dfrac{1}{3}a_n+1$
$-)\quad \alpha=\dfrac{1}{3}\alpha+1$ → この式を解いて $\alpha=\dfrac{3}{2}$
$\quad a_{n+1}-\alpha=\dfrac{1}{3}(a_n-\alpha)$

よって，$a_n-\dfrac{3}{2}=\dfrac{1}{2}\cdot\left(\dfrac{1}{3}\right)^{n-1}$ より $\boldsymbol{a_n=\dfrac{1}{2}\left(\dfrac{1}{3}\right)^{n-1}+\dfrac{3}{2}}$ …㊥

186 [漸化式と一般項③]

漸化式 $a_1=1$, $a_{n+1}=3a_n+4^{n+1}$ について，次の問いに答えよ。

(1) $\dfrac{a_n}{4^n}=b_n$ とおき，数列 $\{b_n\}$ の一般項を求めよ。

$a_{n+1}=3a_n+4^{n+1}$ の両辺を 4^{n+1} で割る。

$\dfrac{a_{n+1}}{4^{n+1}}=\dfrac{3}{4}\cdot\dfrac{a_n}{4^n}+1$ より

$b_{n+1}=\dfrac{3}{4}b_n+1$, $b_1=\dfrac{a_1}{4}=\dfrac{1}{4}$

$\quad b_{n+1}=\dfrac{3}{4}b_n+1$
$-)\quad \alpha=\dfrac{3}{4}\alpha+1$ → この式を解いて $\alpha=4$
$\quad b_{n+1}-\alpha=\dfrac{3}{4}(b_n-\alpha)$

$b_{n+1}-4=\dfrac{3}{4}(b_n-4)$ より，数列 $\{b_n-4\}$ は初項 $b_1-4=\dfrac{1}{4}-4=-\dfrac{15}{4}$, 公比 $\dfrac{3}{4}$ の等比数列である。よって，$b_n-4=-\dfrac{15}{4}\left(\dfrac{3}{4}\right)^{n-1}$ より $\boldsymbol{b_n=-5\left(\dfrac{3}{4}\right)^n+4}$ …㊥

(2) 数列 $\{a_n\}$ の一般項を求めよ。

$\dfrac{a_n}{4^n}=-5\left(\dfrac{3}{4}\right)^n+4$ よって $\boldsymbol{a_n=4^{n+1}-5\cdot 3^n}$ …㊥

187 [数学的帰納法②]

n を自然数とする。$1^3+2^3+3^3+\cdots+n^3=\dfrac{1}{4}n^2(n+1)^2$ を証明せよ。

[証明]　$1^3+2^3+3^3+\cdots+n^3=\dfrac{1}{4}n^2(n+1)^2$　…① とする。

[Ⅰ]　$n=1$ のとき，(①の左辺)$=1^3=1$，(①の右辺)$=\dfrac{1}{4}\cdot 1^2\cdot 2^2=1$ で成り立つ。

[Ⅱ]　$n=k$ のとき①が成り立つと仮定すると　$1^3+2^3+3^3+\cdots+k^3=\dfrac{1}{4}k^2(k+1)^2$

　$n=k+1$ のとき
　　(①の左辺)$=1^3+2^3+3^3+\cdots+k^3+(k+1)^3$
　　　　　　$=\dfrac{1}{4}k^2(k+1)^2+(k+1)^3=\dfrac{1}{4}(k+1)^2\{k^2+4(k+1)\}$
　　　　　　$=\dfrac{1}{4}(k+1)^2(k+2)^2=$(①の右辺)

　よって，$n=k+1$ のときも①は成り立つ。

[Ⅰ]，[Ⅱ]より，すべての自然数について，①は成り立つ。[証明終わり]

188 [漸化式と数学的帰納法]

漸化式 $a_1=\dfrac{1}{2}$，$a_{n+1}=-\dfrac{1}{a_n-2}$ で定められる数列 $\{a_n\}$ がある。

(1) a_2，a_3，a_4 を求め，a_n を推定せよ。　　　　　　　分母，分子に2を掛ける

　$a_1=\dfrac{1}{2}$ だから　$\boldsymbol{a_2}=-\dfrac{1}{a_1-2}=-\dfrac{1}{\dfrac{1}{2}-2}=-\dfrac{2}{1-4}=\boldsymbol{\dfrac{2}{3}}$　…答

　$\boldsymbol{a_3}=-\dfrac{1}{a_2-2}=-\dfrac{1}{\dfrac{2}{3}-2}=\boldsymbol{\dfrac{3}{4}}$　…答　　$\boldsymbol{a_4}=-\dfrac{1}{a_3-2}=-\dfrac{1}{\dfrac{3}{4}-2}=\boldsymbol{\dfrac{4}{5}}$　…答

　よって，$\boldsymbol{a_n=\dfrac{n}{n+1}}$ と推定できる。…答

(2) (1)で推定した a_n が正しいことを数学的帰納法を用いて示せ。

[証明]　$a_n=\dfrac{n}{n+1}$　…① とする。

[Ⅰ]　$n=1$ のとき，$a_1=\dfrac{1}{1+1}=\dfrac{1}{2}$ より，①は成り立つ。

[Ⅱ]　$n=k$ のとき，①が成り立つと仮定すると　$a_k=\dfrac{k}{k+1}$

　$n=k+1$ のとき　$a_{k+1}=-\dfrac{1}{a_k-2}=-\dfrac{1}{\dfrac{k}{k+1}-2}=-\dfrac{k+1}{k-2(k+1)}=\dfrac{k+1}{k+2}$

　よって，$n=k+1$ のときも①は成り立つ。

[Ⅰ]，[Ⅱ]より，すべての自然数について，$a_n=\dfrac{n}{n+1}$ が成り立つ。

[証明終わり]

定期テスト対策問題

目標点　60点
制限時間　50分
点

1 初項が 10, 公差が 2 の等差数列 $\{a_n\}$ と初項が 30, 公差が -5 の等差数列 $\{b_n\}$ がある。また, $c_n = a_n + b_n$ を満たす数列 $\{c_n\}$ について, 次の問いに答えよ。

((1)の a_n, b_n, (2), (3)各5点　計20点)

(1) 2つの等差数列 $\{a_n\}$, $\{b_n\}$ の一般項をそれぞれ n の式で表せ。　　$a_n = a + (n-1)d$
等差数列 $\{a_n\}$ は初項 10, 公差 2 だから　$\boldsymbol{a_n = 10 + (n-1) \cdot 2 = 2n + 8}$ …答
等差数列 $\{b_n\}$ は初項 30, 公差 -5 だから　$\boldsymbol{b_n = 30 + (n-1) \cdot (-5) = -5n + 35}$ …答

(2) 数列 $\{c_n\}$ が等差数列であることを示せ。
［証明］　$c_n = a_n + b_n = (2n+8) + (-5n+35) = -3n + 43$
$c_{n+1} - c_n = \{-3(n+1) + 43\} - (-3n + 43) = -3$
c_{n+1} と c_n の差が -3 で一定だから, 数列 $\{c_n\}$ は等差数列。［証明終わり］

(3) 数列 $\{c_n\}$ の初項から第 n 項までの和を S_n とするとき, S_n の最大値とそのときの n の値を求めよ。

$c_n = -3n + 43 > 0$ を解くと, $n < \dfrac{43}{3} = 14.\cdots$ より　　$c_{15} = -2$ なので $S_{14} > S_{15}$

数列 $\{c_n\}$ は第 14 項までは正だから, 初項から第 14 項までの和が最大となる。

$c_1 = 40$, $c_{14} = 1$ より　$S_{14} = \dfrac{14(40+1)}{2} = 287$　$(\boldsymbol{n=14})$ …答

2 第 5 項が 48, 第 8 項が 384 である等比数列 $\{a_n\}$ について, 次の問いに答えよ。

((1)の初項, 公比, a_n, (2)各5点　計20点)

(1) 数列 $\{a_n\}$ の初項と公比を求め, 一般項を n の式で表せ。
初項を a, 公比を r とすると, 第 5 項が 48 だから　$a_5 = ar^4 = 48$ …①
第 8 項が 384 だから　$a_8 = ar^7 = 384$ …②
②より, $ar^4 \cdot r^3 = 384$ で, ①を代入して $48r^3 = 384$ より　$r^3 = 8$
よって　$r = 2$　①より　$a = 3$　したがって, **初項 3, 公比 2, $\boldsymbol{a_n = 3 \cdot 2^{n-1}}$** …答

(2) 等比数列 $\{a_n\}$ の初項から第 10 項までの和を求めよ。
初項 3, 公比 2, 項数 10 だから　$S_{10} = \dfrac{3(2^{10} - 1)}{2 - 1} = 3069$ …答

3 次の数列の初項から第 n 項までの和を求めよ。

(各8点　計16点)

(1) $1 \cdot 3,\ 3 \cdot 5,\ 5 \cdot 7,\ \cdots$
一般項 $a_n = (2n-1)(2n+1)$ だから
$\displaystyle\sum_{k=1}^{n} (2k-1)(2k+1) = \sum_{k=1}^{n} (4k^2 - 1) = \dfrac{4}{6} n(n+1)(2n+1) - n$
$= \dfrac{1}{3} n\{2(n+1)(2n+1) - 3\} = \dfrac{\boldsymbol{1}}{\boldsymbol{3}} \boldsymbol{n(4n^2 + 6n - 1)}$ …答

(2) $\dfrac{2}{1 \cdot 3},\ \dfrac{2}{3 \cdot 5},\ \dfrac{2}{5 \cdot 7},\ \cdots$　$\left(\text{ヒント}: \dfrac{2}{(2n-1)(2n+1)} = \dfrac{1}{2n-1} - \dfrac{1}{2n+1}\right)$

一般項は $\dfrac{2}{(2n-1)(2n+1)} = \dfrac{1}{2n-1} - \dfrac{1}{2n+1}$ だから

$\displaystyle\sum_{k=1}^{n} \left(\dfrac{1}{2k-1} - \dfrac{1}{2k+1}\right) = \left(\dfrac{1}{1} - \dfrac{1}{3}\right) + \left(\dfrac{1}{3} - \dfrac{1}{5}\right) + \left(\dfrac{1}{5} - \dfrac{1}{7}\right) \cdots + \left(\dfrac{1}{2n-1} - \dfrac{1}{2n+1}\right)$

$= 1 - \dfrac{1}{2n+1} = \dfrac{\boldsymbol{2n}}{\boldsymbol{2n+1}}$ …答

縦に書けば
$k=1 \cdots 1 - \dfrac{1}{3}$
$k=2 \cdots \dfrac{1}{3} - \dfrac{1}{5}$
$k=3 \cdots \dfrac{1}{5} - \dfrac{1}{7}$
$\vdots$
$k=n \cdots \dfrac{1}{2n-1} - \dfrac{1}{2n+1}$
$\overline{1 - \dfrac{1}{2n+1}}$

4 次の問いに答えよ。

(1) 数列 $\{a_n\}$：$2, 5, 6, 5, 2, -3, \cdots$ の一般項を求めよ。

階差数列を $\{b_n\}$ とする。

$$\begin{array}{c} 2 \ \ 5 \ \ 6 \ \ 5 \ \ 2 \ \ -3 \ \cdots \ a_n \ \ a_{n+1} \ \cdots \\ 3 \ \ 1 \ -1 \ -3 \ -5 \ \ \ \ \ \ \ \ \ b_n \end{array}$$

$\{b_n\}$ は初項 3，公差 -2 の等差数列で $b_n = 3 + (n-1)\cdot(-2) = -2n+5$

$n \geq 2$ のとき $a_n = 2 + \sum_{k=1}^{n-1}(-2k+5) = 2 - \frac{2}{2}(n-1)n + 5(n-1) = -n^2 + 6n - 3$

これは $n=1$ のとき $-1+6-3=2$ で成り立つから $\boldsymbol{a_n = -n^2 + 6n - 3}$ …答

(2) 数列 $\{a_n\}$ の初項から第 n 項までの和が $S_n = n^3 + 1$ となるとき一般項を求めよ。

まず $a_1 = S_1 = 1^3 + 1 = 2$

次に，$n \geq 2$ のとき
$a_n = S_n - S_{n-1} = n^3 + 1 - (n-1)^3 - 1 = n^3 - (n^3 - 3n^2 + 3n - 1) = 3n^2 - 3n + 1$

これは $n=1$ のときには成り立たないから

$$\boldsymbol{a_n = \begin{cases} 2 & (n=1) \\ 3n^2 - 3n + 1 & (n \geq 2) \end{cases}}$$ …答

5 自然数の列を次のように，第 n 群の項数が 2^{n-1} となるように分けるとき，次の問いに答えよ。

$1 \mid 2, 3 \mid 4, 5, 6, 7 \mid 8, 9, 10, 11, 12, 13, 14, 15 \mid \cdots$

(1) 第 n 群の最初の項を求めよ。

もとの数列 $\{a_n\}$ は $a_n = n$ である。

第 1 群から第 n 群までのすべての項数を $T(n)$ とすると

$$T(n) = 1 + 2 + 2^2 + 2^3 + \cdots + 2^{n-1} = \frac{1\cdot(2^n - 1)}{2 - 1} = 2^n - 1$$

(初項 1，公比 2，項数 n)

第 n 群の最初の項はもとの数列の $T(n-1) + 1 = 2^{n-1} - 1 + 1 = 2^{n-1}$ 番目である。

したがって，第 n 群の最初の項は $\boldsymbol{a_{2^{n-1}} = 2^{n-1}}$ …答

(2) 第 n 群の 2^{n-1} 個の項の和 S_n を求めよ。

第 n 群は初項 2^{n-1}，公差 1，項数 2^{n-1} の等差数列の和だから

$S_n = \frac{1}{2}\cdot 2^{n-1}\{2\cdot 2^{n-1} + (2^{n-1} - 1)\} = \boldsymbol{2^{n-2}(2^n + 2^{n-1} - 1)}$ …答

6 漸化式 $a_1 = 2$，$a_{n+1} = 4a_n - 3$ で定義される数列 $\{a_n\}$ の一般項を求めよ。

$a_{n+1} - 1 = 4(a_n - 1)$ より，数列 $\{a_n - 1\}$ は
初項 $a_1 - 1 = 1$，公比 4 の等比数列だから
$a_n - 1 = 1 \cdot 4^{n-1}$
したがって $\boldsymbol{a_n = 4^{n-1} + 1}$ …答

$$\begin{array}{r} a_{n+1} = 4a_n - 3 \\ -)\ \ \alpha = 4\alpha - 3 \\ \hline a_{n+1} - \alpha = 4(a_n - \alpha) \end{array}$$

→ この式を解いて $\alpha = 1$

第7章 ベクトル

1 平面上のベクトル

69 ベクトルの定義

有向線分 右の図で点Aから点Bへ向かう線分のように，向きのついた線分を有向線分という。

ベクトル 向きと大きさをもった量。右の図では$\overrightarrow{AB}$でその大きさは$|\overrightarrow{AB}|$

ベクトルの相等 2つのベクトル$\vec{a}$, $\vec{b}$の向きと大きさが等しい。$\vec{a}=\vec{b}$

逆ベクトル $\vec{a}$と$\vec{b}$の大きさが等しく，向きが反対。$\vec{b}=-\vec{a}$

零ベクトル 大きさ0のベクトル。

70 ベクトルの計算

ベクトルの加法 $\vec{a}$と$\vec{b}$の和$\Rightarrow \vec{a}+\vec{b}$

ベクトルの減法 $\vec{a}$と$\vec{b}$の差$\Rightarrow \vec{a}-\vec{b}=\vec{a}+(-\vec{b})$

ベクトルの実数倍 $k\vec{a}$（kを実数とする）
① $k>0$のとき，$\vec{a}$と同じ向きで，大きさは$|\vec{a}|$のk倍
② $k<0$のとき，$\vec{a}$と逆向きで，大きさは$|\vec{a}|$の$|k|$倍
③ $k=0$のとき，$\vec{0}$　つまり　$0\vec{a}=\vec{0}$

単位ベクトル 大きさ1のベクトル

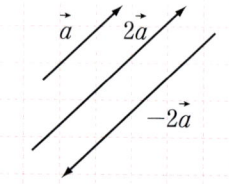

71 ベクトルの平行と分解

ベクトルの平行 $\vec{a}$と$\vec{b}$の向きが同じか逆のとき　$\vec{a}\,/\!/\,\vec{b}$
このとき　$\vec{b}=k\vec{a}$ （kは実数）

ベクトルの分解 平面上で，$\vec{0}$でない2つのベクトル$\vec{a}$, $\vec{b}$が平行でないとき，任意のベクトル$\vec{p}$は$\vec{p}=m\vec{a}+n\vec{b}$ （m, nは実数）と表せる。
このとき，$\vec{p}=m\vec{a}+n\vec{b}=M\vec{a}+N\vec{b}$と表せたとすると，必ず$m=M$, $n=N$となる。これを$\vec{p}=m\vec{a}+n\vec{b}$の表現の一意性という。

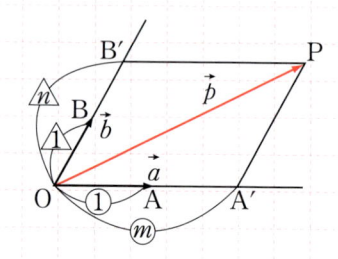

72 ベクトルの成分表示

基本ベクトル $\vec{e_1}=\overrightarrow{OE_1}=(1,\ 0)$, $\vec{e_2}=\overrightarrow{OE_2}=(0,\ 1)$

ベクトルの成分 $\vec{a}=(a_1,\ a_2)$　　$\vec{a}=a_1\vec{e_1}+a_2\vec{e_2}$
$\vec{a}$の成分表示　　x成分　y成分　　$\vec{a}$の基本ベクトル表示

成分表示の性質のまとめ $\vec{a}=(a_1,\ a_2)$, $\vec{b}=(b_1,\ b_2)$のとき
① $|\vec{a}|=\sqrt{a_1{}^2+a_2{}^2}$
② $\vec{a}=\vec{b}\iff a_1=b_1$ かつ $a_2=b_2$
③ $\vec{a}+\vec{b}=(a_1+b_1,\ a_2+b_2)$　　$\vec{a}-\vec{b}=(a_1-b_1,\ a_2-b_2)$
④ $k\vec{a}=k(a_1,\ a_2)=(ka_1,\ ka_2)$

座標と成分表示 $\overrightarrow{OA}=\vec{a}=(a_1,\ a_2)$, $\overrightarrow{OB}=\vec{b}=(b_1,\ b_2)$のとき
$\overrightarrow{AB}=\vec{b}-\vec{a}=(b_1-a_1,\ b_2-a_2)$　　$|\overrightarrow{AB}|=|\vec{b}-\vec{a}|=\sqrt{(b_1-a_1)^2+(b_2-a_2)^2}$

189 [ベクトル] **69** ベクトルの定義

右の図のベクトルについて，次の問いに答えよ。

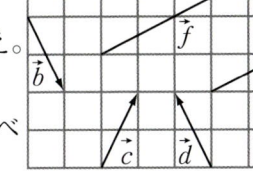

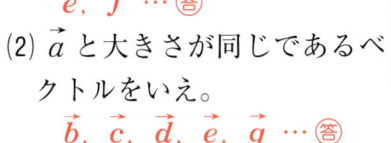

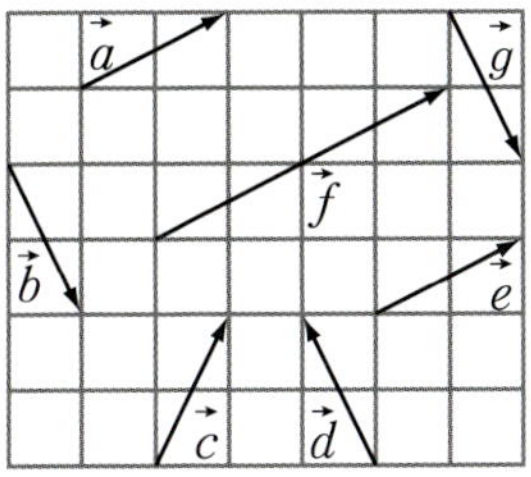

(1) $\vec{a}$ と平行なベクトルをいえ。
$\vec{e}, \vec{f}$ …㊝

(2) $\vec{a}$ と大きさが同じであるベクトルをいえ。
$\vec{b}, \vec{c}, \vec{d}, \vec{e}, \vec{g}$ …㊝

(3) 等しいベクトルの組をいえ。
$\vec{a}=\vec{e}, \vec{b}=\vec{g}$ …㊝

★ヒラメキ★
ベクトルの定義
→ベクトルは向きと大きさをもつ量

なにを**する**?
次の点に注意する。
(1) 平行→矢印の方向が同じ
(2) 大きさが同じ→矢印の長さが同じ
(3) 等しい→矢印の方向も大きさも同じ

190 [ベクトルの加法・減法・実数倍①] **70** ベクトルの計算

次の問いに答えよ。

(1) $5\vec{a}-3\vec{b}-3(\vec{a}-2\vec{b})$ を簡単にせよ。
(与式)$=5\vec{a}-3\vec{b}-3\vec{a}+6\vec{b}=2\vec{a}+3\vec{b}$ …㊝

(2) $3(\vec{x}+\vec{a})=5\vec{x}-2\vec{b}$ のとき，$\vec{x}$ を $\vec{a}, \vec{b}$ で表せ。
$3\vec{x}+3\vec{a}=5\vec{x}-2\vec{b}$
$-2\vec{x}=-3\vec{a}-2\vec{b}$ より $\vec{x}=\dfrac{3\vec{a}+2\vec{b}}{2}$ …㊝

★ヒラメキ★
ベクトルの和，差，実数倍
→$\vec{a}, \vec{b}$ を文字と同じに考えれば文字式の計算と同じ

なにを**する**?
(1) $\vec{a}$ と $\vec{b}$ を文字と同じように扱う。
(2) $\vec{x}$ の方程式と同じように考える。

191 [中点連結定理] **71** ベクトルの平行と分解

△ABC において，辺 AB，AC の中点をそれぞれ，M，N とするとき，MN∥BC，MN$=\dfrac{1}{2}$BC であることを示せ。

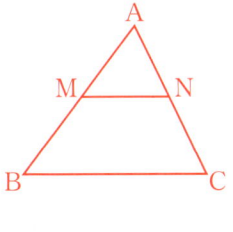

[証明] M，N は AB，AC の中点だから
$\overrightarrow{MN}=\overrightarrow{AN}-\overrightarrow{AM}=\dfrac{1}{2}\overrightarrow{AC}-\dfrac{1}{2}\overrightarrow{AB}$
$=\dfrac{1}{2}(\overrightarrow{AC}-\overrightarrow{AB})=\dfrac{1}{2}\overrightarrow{BC}$

よって MN∥BC，MN$=\dfrac{1}{2}$BC ［証明終わり］

★ヒラメキ★
MN∥BC，MN$=\dfrac{1}{2}$BC
→$\overrightarrow{MN}=\dfrac{1}{2}\overrightarrow{BC}$ を示す

なにを**する**?
$\overrightarrow{BC}=\overrightarrow{■C}-\overrightarrow{■B}$
同じ文字にすればよい

192 [成分の計算] **72** ベクトルの成分表示

$\vec{a}=(2, 1), \vec{b}=(-1, 2)$ のとき，$\vec{c}=(7, -4)$ を $m\vec{a}+n\vec{b}$ の形で表せ。

$\vec{c}=m\vec{a}+n\vec{b}$ を成分で表すと
$(7, -4)=m(2, 1)+n(-1, 2)=(2m-n, m+2n)$
ゆえに $2m-n=7$ …① $m+2n=-4$ …②
①，②を解いて $m=2, n=-3$
したがって $\vec{c}=2\vec{a}-3\vec{b}$ …㊝

★ヒラメキ★
ベクトルの成分
→$(x$ 成分，y 成分$)$

なにを**する**?
$\vec{c}=m\vec{a}+n\vec{b}$ と表したとき，m, n は1通りなので，成分の比較をする。

1 平面上のベクトル —— 109

ガイドなしでやってみよう！

193 [平行四辺形とベクトル①]

右の図のように平行四辺形 ABCD の対角線の交点を O とするとき，次の問いに答えよ。

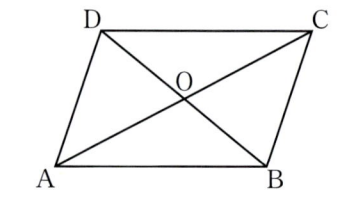

(1) $\vec{AB}$ と等しいベクトルをいえ。

$\vec{DC}$ …答

(2) $\vec{OB}$ と等しいベクトルをいえ。

$\vec{DO}$ …答

(3) $\vec{OA}$ の逆ベクトルをいえ。

$\vec{AO}$, $\vec{OC}$ …答

194 [平行四辺形とベクトル②]

右の図で $\vec{AB}=\vec{a}$, $\vec{AD}=\vec{b}$ とおくとき，次のベクトルを $\vec{a}$, $\vec{b}$ を使って表せ。

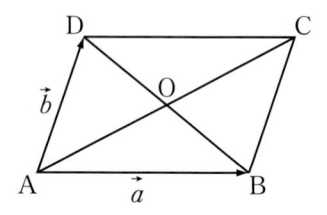

(1) $\vec{AC}=\vec{a}+\vec{b}$ …答

(2) $\vec{BD}=\vec{AD}-\vec{AB}=\vec{b}-\vec{a}$ …答

(3) $\vec{OA}=\dfrac{1}{2}\vec{CA}=-\dfrac{1}{2}\vec{AC}=-\dfrac{1}{2}(\vec{a}+\vec{b})$ …答

(4) $\vec{OD}=\dfrac{1}{2}\vec{BD}=\dfrac{1}{2}(\vec{b}-\vec{a})$ …答

195 [ベクトルの加法・減法・実数倍②]

$\vec{p}=3\vec{a}-2\vec{b}$, $\vec{q}=2\vec{a}+\vec{b}$ とするとき，次のベクトルを $\vec{a}$, $\vec{b}$ で表せ。

(1) $2\vec{p}+3\vec{q}$

$=2(3\vec{a}-2\vec{b})+3(2\vec{a}+\vec{b})=6\vec{a}-4\vec{b}+6\vec{a}+3\vec{b}=\mathbf{12\vec{a}-\vec{b}}$ …答

(2) $2(\vec{x}-\vec{p})=\vec{p}+2\vec{q}-\vec{x}$ を満たす $\vec{x}$

$2\vec{x}-2\vec{p}=\vec{p}+2\vec{q}-\vec{x}$

$3\vec{x}=3\vec{p}+2\vec{q}$ より，$\vec{x}=\dfrac{3\vec{p}+2\vec{q}}{3}$ だから

$\vec{x}=\dfrac{3(3\vec{a}-2\vec{b})+2(2\vec{a}+\vec{b})}{3}=\dfrac{\mathbf{13\vec{a}-4\vec{b}}}{\mathbf{3}}$ …答

(3) $\begin{cases}\vec{x}+\vec{y}=\vec{p} &\cdots ① \\ \vec{x}-\vec{y}=\vec{q} &\cdots ②\end{cases}$ を満たす $\vec{x}$, $\vec{y}$

①，②を解いて $\vec{x}=\dfrac{\vec{p}+\vec{q}}{2}$, $\vec{y}=\dfrac{\vec{p}-\vec{q}}{2}$ より

$\vec{x}=\dfrac{(3\vec{a}-2\vec{b})+(2\vec{a}+\vec{b})}{2}=\dfrac{\mathbf{5\vec{a}-\vec{b}}}{\mathbf{2}}$ …答

$\vec{y}=\dfrac{(3\vec{a}-2\vec{b})-(2\vec{a}+\vec{b})}{2}=\dfrac{\mathbf{\vec{a}-3\vec{b}}}{\mathbf{2}}$ …答

196 [正六角形とベクトル]

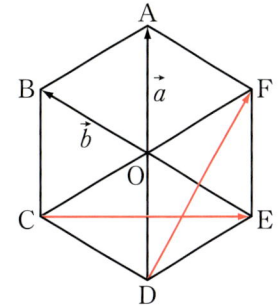

点Oを中心とする正六角形ABCDEFにおいて，$\vec{OA}=\vec{a}$，$\vec{OB}=\vec{b}$ とおくとき，次のベクトルを $\vec{a}$, $\vec{b}$ で表せ。

(1) $\vec{AB}=\vec{OB}-\vec{OA}=\vec{b}-\vec{a}$ …答

　　　　　　↑終点－始点と覚えよう

(2) $\vec{CF}=2\vec{OF}=2\vec{BA}=2(\vec{a}-\vec{b})$ …答

(3) $\vec{CE}=\vec{OE}-\vec{OC}=-\vec{OB}-\vec{AB}=-\vec{b}-(\vec{b}-\vec{a})=\vec{a}-2\vec{b}$ …答

　　　　　　終点　同じ文字　始点

(4) $\vec{DF}=\vec{OF}-\vec{OD}=(\vec{a}-\vec{b})-(-\vec{a})=2\vec{a}-\vec{b}$ …答

---

197 [単位ベクトル①]

$\vec{a}=(4,-3)$ のとき，次のベクトルを求めよ。

(1) 同じ向きの単位ベクトル $\vec{e}$

$|\vec{a}|=\sqrt{4^2+(-3)^2}=5$

したがって $\vec{e}=\dfrac{1}{|\vec{a}|}\vec{a}=\dfrac{1}{5}(4,-3)=\left(\dfrac{4}{5},-\dfrac{3}{5}\right)$ …答

(2) $\vec{a}$ と逆向きで，大きさ3のベクトル

$-3\vec{e}=\left(-\dfrac{12}{5},\dfrac{9}{5}\right)$ …答

---

198 [成分表示と最小値]

$\vec{a}=(-2, 4)$，$\vec{b}=(1, -1)$ とするとき，次の問いに答えよ。

(1) $2\vec{a}+3\vec{b}$ を成分表示し，その大きさを求めよ。

$2\vec{a}+3\vec{b}=2(-2, 4)+3(1, -1)=(-4, 8)+(3, -3)$
$\qquad =(-4+3, 8-3)=(-1, 5)$ …答

$|2\vec{a}+3\vec{b}|=\sqrt{(-1)^2+5^2}=\sqrt{26}$ …答

(2) $\vec{x}=\vec{a}+t\vec{b}$（t：実数）のとき，$|\vec{x}|$ の最小値を求めよ。

$\vec{x}=(-2, 4)+t(1, -1)=(t-2, -t+4)$

$|\vec{x}|^2=(t-2)^2+(-t+4)^2=(t^2-4t+4)+(t^2-8t+16)$
$\qquad =2t^2-12t+20=2(t-3)^2+2$

$t=3$ のとき $|\vec{x}|^2$ の最小値は2だから，$|\vec{x}|$ の最小値は $\sqrt{2}$（$t=3$）…答

2 内積と位置ベクトル

73 ベクトルの内積

ベクトルのなす角 $\vec{a}=\overrightarrow{OA}$, $\vec{b}=\overrightarrow{OB}$ とするとき，
∠AOB$=\theta$ を $\vec{a}$ と $\vec{b}$ のなす角という。($0°\leqq\theta\leqq 180°$)

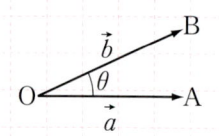

ベクトルの内積 $\vec{a}\cdot\vec{b}=|\vec{a}||\vec{b}|\cos\theta$

内積の符号となす角の関係 ($\vec{a}$ と $\vec{b}$ のなす角を θ とする。)

$0°\leqq\theta<90°$ $\iff$ $\cos\theta>0$ $\iff$ $\vec{a}\cdot\vec{b}>0$
$\theta=90°$ $\iff$ $\cos\theta=0$ $\iff$ $\vec{a}\cdot\vec{b}=0$
$90°<\theta\leqq 180°$ $\iff$ $\cos\theta<0$ $\iff$ $\vec{a}\cdot\vec{b}<0$

内積の基本性質

① $\vec{a}\cdot\vec{b}=\vec{b}\cdot\vec{a}$ ② $-|\vec{a}||\vec{b}|\leqq\vec{a}\cdot\vec{b}\leqq|\vec{a}||\vec{b}|$ ③ $\vec{a}\cdot\vec{a}=|\vec{a}|^2$

74 内積の成分表示 $\vec{a}=(a_1, a_2)$, $\vec{b}=(b_1, b_2)$ とする。

ベクトルの内積の成分表示 $\vec{a}\cdot\vec{b}=a_1b_1+a_2b_2$

ベクトルの垂直条件・平行条件 ($\vec{a}\neq\vec{0}$, $\vec{b}\neq\vec{0}$ とする。)

① 垂直条件 $\vec{a}\perp\vec{b}\iff\vec{a}\cdot\vec{b}=0\iff a_1b_1+a_2b_2=0$
② 平行条件 $\vec{a}/\!/\vec{b}\iff\vec{a}\cdot\vec{b}=\pm|\vec{a}||\vec{b}|\iff a_1b_2-a_2b_1=0$

ベクトルのなす角の余弦

$\vec{a}$ と $\vec{b}$ のなす角を θ とすると $\cos\theta=\dfrac{\vec{a}\cdot\vec{b}}{|\vec{a}||\vec{b}|}=\dfrac{a_1b_1+a_2b_2}{\sqrt{a_1{}^2+a_2{}^2}\sqrt{b_1{}^2+b_2{}^2}}$

内積の計算

① $\vec{a}\cdot\vec{b}=\vec{b}\cdot\vec{a}$ ② $k(\vec{a}\cdot\vec{b})=(k\vec{a})\cdot\vec{b}=\vec{a}\cdot(k\vec{b})$ （ただし，k は実数。）
③ $\vec{a}\cdot(\vec{b}+\vec{c})=\vec{a}\cdot\vec{b}+\vec{a}\cdot\vec{c}$, $(\vec{a}+\vec{b})\cdot\vec{c}=\vec{a}\cdot\vec{c}+\vec{b}\cdot\vec{c}$
④ $|\vec{a}+\vec{b}|^2=|\vec{a}|^2+2\vec{a}\cdot\vec{b}+|\vec{b}|^2$　　$|\vec{a}-\vec{b}|^2=|\vec{a}|^2-2\vec{a}\cdot\vec{b}+|\vec{b}|^2$
⑤ $(\vec{a}+\vec{b})\cdot(\vec{a}-\vec{b})=|\vec{a}|^2-|\vec{b}|^2$

75 位置ベクトル

位置ベクトル 平面上で基準とする点を固定すると，平面上の任意の点 P の位置は，$\overrightarrow{OP}=\vec{p}$ によって定まる。このとき，点 P$(\vec{p})$ と表す。

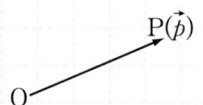

位置ベクトルと座標 座標平面上の原点 O を基準とする点 P の位置ベクトル $\vec{p}$ の成分は，点 P の座標と一致する。

位置ベクトルの性質 3点 A$(\vec{a})$, B$(\vec{b})$, C$(\vec{c})$ に対して

① $\overrightarrow{AB}=\vec{b}-\vec{a}$

② 線分 AB を $m:n$ に内分する点を P$(\vec{p})$ とすると $\vec{p}=\dfrac{n\vec{a}+m\vec{b}}{m+n}$

　　特に点 P が線分 AB の中点のとき $\vec{p}=\dfrac{\vec{a}+\vec{b}}{2}$

③ 線分 AB を $m:n$ に外分する点を Q$(\vec{q})$ とすると $\vec{q}=\dfrac{-n\vec{a}+m\vec{b}}{m-n}$ $(m\neq n)$

④ △ABC の重心を G$(\vec{g})$ とすると $\vec{g}=\dfrac{\vec{a}+\vec{b}+\vec{c}}{3}$

199 [図形と内積の計算①] **73 ベクトルの内積**

$OA=AB=OD=1$, $OC=2$ である2つの直角三角形が右の図のような位置にあるとき，次の内積を求めよ。

(1) $\vec{OA} \cdot \vec{OB}$
$= |\vec{OA}||\vec{OB}|\cos 45°$
$= 1 \cdot \sqrt{2} \cdot \dfrac{\sqrt{2}}{2} = 1$ …答

(2) $\vec{OA} \cdot \vec{OC}$
$= |\vec{OA}||\vec{OC}|\cos 120° = 1 \cdot 2 \cdot \left(-\dfrac{1}{2}\right) = -1$ …答

(3) $\vec{OA} \cdot \vec{OD}$
$= |\vec{OA}||\vec{OD}|\cos 180° = 1 \cdot 1 \cdot (-1) = -1$ …答

(4) $\vec{OA} \cdot \vec{AB} = |\vec{OA}||\vec{AB}|\cos 90° = 1 \cdot 1 \cdot 0 = 0$ …答

★ヒラメキ★
内積
→ $\vec{a} \cdot \vec{b} = |\vec{a}||\vec{b}|\cos\theta$
・△OAB は直角二等辺三角形
・△OCD は 30°, 60° の直角三角形

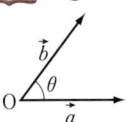

なにをする？
$|\vec{a}|$, $|\vec{b}|$, $\cos\theta$ を求め，計算すればよい。

---

200 [成分と内積の計算①] **74 内積の成分表示**

$\vec{a}=(3, 2)$, $\vec{b}=(6, p)$ とするとき，次の条件に適するように p の値を定めよ。

(1) $\vec{a}$ と $\vec{b}$ は垂直
$\vec{a} \perp \vec{b}$ より $\vec{a} \cdot \vec{b} = 0$
$\vec{a} \cdot \vec{b} = 3 \cdot 6 + 2p = 0$ だから $p = -9$ …答

(2) $\vec{a}$ と $\vec{b}$ は平行
$\vec{a} \parallel \vec{b}$ より，$\vec{b} = k\vec{a}$ （k は実数）と表せるから，
$(6, p) = k(3, 2)$ の成分を比較して
$\begin{cases} 6 = 3k & \cdots ① \\ p = 2k & \cdots ② \end{cases}$ ① より $k = 2$
② より $p = 4$ …答

(3) $\vec{a} \cdot (2\vec{a} + \vec{b}) = 0$
$2\vec{a} + \vec{b} = 2(3, 2) + (6, p) = (12, 4+p)$
$\vec{a} \cdot (2\vec{a} + \vec{b}) = 3 \cdot 12 + 2(4+p) = 0$ だから，
$18 + 4 + p = 0$ より $p = -22$ …答

★ヒラメキ★
成分による内積
$\vec{a}=(a_1, a_2)$, $\vec{b}=(b_1, b_2)$
→ $\vec{a} \cdot \vec{b} = a_1 b_1 + a_2 b_2$

なにをする？
(1) $\vec{a} \perp \vec{b}$ のとき
$\vec{a} \cdot \vec{b} = 0$
(2) $\vec{a} \parallel \vec{b}$ のとき，
$\vec{b} = k\vec{a}$（k は実数）と表せる。
(3) $2\vec{a} + \vec{b}$ を成分表示して内積の計算をする。

---

201 [内分点・外分点①] **75 位置ベクトル**

2点 $A(\vec{a})$, $B(\vec{b})$ に対して，線分 AB を $1:2$ に内分する点 $P(\vec{p})$, 外分する点 $Q(\vec{q})$ の位置ベクトルを $\vec{a}$, $\vec{b}$ で表せ。

$\vec{p} = \dfrac{2\vec{a} + \vec{b}}{1+2} = \dfrac{2\vec{a} + \vec{b}}{3}$ …答

$\vec{q} = \dfrac{-2\vec{a} + \vec{b}}{1-2} = 2\vec{a} - \vec{b}$ …答

★ヒラメキ★
線分 AB を $m:n$ に分ける点の位置ベクトル
→ $\dfrac{n\vec{a} + m\vec{b}}{m+n}$

なにをする？
内分 → $m > 0$, $n > 0$
外分 → $mn < 0$

第7章 ベクトル

2 内積と位置ベクトル — 113

ガイドなしでやってみよう!

202 [図形と内積の計算②]

右の図のように，OA=$\sqrt{3}$，AB=1，OB=2 の直角三角形 OAB について，次の内積を求めよ。

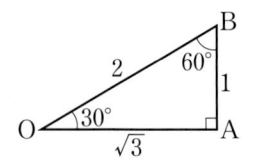

(1) $\overrightarrow{OA} \cdot \overrightarrow{OB}$

∠AOB=30° だから $\overrightarrow{OA} \cdot \overrightarrow{OB} = \sqrt{3} \cdot 2 \cdot \cos 30° = \sqrt{3} \cdot 2 \cdot \dfrac{\sqrt{3}}{2} = 3$ …答

(2) $\overrightarrow{OA} \cdot \overrightarrow{AB}$

平行移動して始点を同じ点にしてなす角を求める

OA と AB のなす角は 90° $\overrightarrow{OA} \cdot \overrightarrow{AB} = \sqrt{3} \cdot 1 \cdot \cos 90° = \sqrt{3} \cdot 1 \cdot 0 = 0$ …答

(3) $\overrightarrow{AB} \cdot \overrightarrow{BO}$

AB と BO のなす角は 120° $\overrightarrow{AB} \cdot \overrightarrow{BO} = 1 \cdot 2 \cdot \cos 120° = 1 \cdot 2 \cdot \left(-\dfrac{1}{2}\right) = -1$ …答

(4) $\overrightarrow{AO} \cdot \overrightarrow{OB}$

AO と OB のなす角は 150° $\overrightarrow{AO} \cdot \overrightarrow{OB} = \sqrt{3} \cdot 2 \cdot \cos 150° = \sqrt{3} \cdot 2 \cdot \left(-\dfrac{\sqrt{3}}{2}\right) = -3$ …答

203 [成分と内積の計算②]

$\vec{a}=(-1, 2)$，$\vec{b}=(2, 3)$ のとき，次の内積を求めよ。

(1) $\vec{a} \cdot \vec{b}$

$= (-1) \cdot 2 + 2 \cdot 3 = 4$ …答

(2) $(\vec{a}+\vec{b}) \cdot (\vec{a}-2\vec{b})$

$\vec{a}+\vec{b} = (-1, 2) + (2, 3) = (1, 5)$ $\vec{a}-2\vec{b} = (-1, 2) - 2(2, 3) = (-5, -4)$

よって $(\vec{a}+\vec{b}) \cdot (\vec{a}-2\vec{b}) = 1 \cdot (-5) + 5 \cdot (-4) = -25$ …答

204 [内積の計算①]

次の式を計算せよ。

(1) $(\vec{a}-3\vec{b}) \cdot (\vec{a}+2\vec{c})$ $\vec{b} \cdot \vec{a} = \vec{a} \cdot \vec{b}$

$= \vec{a} \cdot \vec{a} + 2\vec{a} \cdot \vec{c} - 3\vec{b} \cdot \vec{a} - 6\vec{b} \cdot \vec{c}$

$\vec{a} \cdot \vec{a} = |\vec{a}|^2$ $= |\vec{a}|^2 - 3\vec{a} \cdot \vec{b} + 2\vec{a} \cdot \vec{c} - 6\vec{b} \cdot \vec{c}$ …答

(2) $|3\vec{a}-2\vec{b}|^2$

$= (3\vec{a}-2\vec{b}) \cdot (3\vec{a}-2\vec{b})$
$= 9\vec{a} \cdot \vec{a} - 6\vec{a} \cdot \vec{b} - 6\vec{b} \cdot \vec{a} + 4\vec{b} \cdot \vec{b}$
$= 9|\vec{a}|^2 - 12\vec{a} \cdot \vec{b} + 4|\vec{b}|^2$ …答

205 [単位ベクトル②]

$\vec{a}=(4, 3)$ に垂直な単位ベクトルを求めよ。

求める単位ベクトルを $\vec{e}=(x, y)$ とおく。

$\vec{a} \perp \vec{e}$ より $\vec{a} \cdot \vec{e} = 4x+3y = 0$ …① $|\vec{e}|=1$ より $|\vec{e}|^2 = x^2+y^2 = 1$ …②

①，②を解いて $(x, y) = \left(\dfrac{3}{5}, -\dfrac{4}{5}\right), \left(-\dfrac{3}{5}, \dfrac{4}{5}\right)$

よって $\vec{e} = \left(\dfrac{3}{5}, -\dfrac{4}{5}\right), \left(-\dfrac{3}{5}, \dfrac{4}{5}\right)$ …答

206 [なす角]

次のベクトル $\vec{a}$, $\vec{b}$ のなす角 θ を求めよ。

(1) $\vec{a}=(1, 2)$, $\vec{b}=(1, -3)$

$\vec{a}\cdot\vec{b}=1\cdot1+2\cdot(-3)=-5$

$|\vec{a}|=\sqrt{1^2+2^2}=\sqrt{5}$,

$|\vec{b}|=\sqrt{1^2+(-3)^2}=\sqrt{10}$

$\cos\theta=\dfrac{\vec{a}\cdot\vec{b}}{|\vec{a}||\vec{b}|}=\dfrac{-5}{\sqrt{5}\cdot\sqrt{10}}=-\dfrac{1}{\sqrt{2}}$

$0°\leqq\theta\leqq180°$ だから $\theta=135°$ …答

(2) $\vec{a}=(-1, 2)$, $\vec{b}=(4, 2)$

$\vec{a}\cdot\vec{b}=(-1)\cdot4+2\cdot2=0$

よって $\theta=90°$ …答

207 [内積の計算②]

$|\vec{a}|=3$, $|\vec{b}|=4$, $|\vec{a}+\vec{b}|=\sqrt{13}$ のとき、次の値を求めよ。

(1) $\vec{a}\cdot\vec{b}$

（大きさの計算は平方する）

$|\vec{a}+\vec{b}|^2=(\vec{a}+\vec{b})\cdot(\vec{a}+\vec{b})=\vec{a}\cdot\vec{a}+\vec{a}\cdot\vec{b}+\vec{b}\cdot\vec{a}+\vec{b}\cdot\vec{b}=|\vec{a}|^2+2\vec{a}\cdot\vec{b}+|\vec{b}|^2$

よって $(\sqrt{13})^2=3^2+2\vec{a}\cdot\vec{b}+4^2$

$2\vec{a}\cdot\vec{b}=13-25$ より $\vec{a}\cdot\vec{b}=-6$ …答

(2) $|\vec{a}+2\vec{b}|$

$|\vec{a}+2\vec{b}|^2=(\vec{a}+2\vec{b})\cdot(\vec{a}+2\vec{b})=\vec{a}\cdot\vec{a}+2\vec{a}\cdot\vec{b}+2\vec{b}\cdot\vec{a}+4\vec{b}\cdot\vec{b}$

$=|\vec{a}|^2+4\vec{a}\cdot\vec{b}+4|\vec{b}|^2=3^2+4\cdot(-6)+4\cdot4^2=49$

よって $|\vec{a}+2\vec{b}|=7$ …答

(3) $\vec{a}$ と $\vec{b}$ のなす角 θ

$\cos\theta=\dfrac{\vec{a}\cdot\vec{b}}{|\vec{a}||\vec{b}|}=\dfrac{-6}{3\cdot4}=-\dfrac{1}{2}$ より $\theta=120°$ …答

208 [重心と位置ベクトル]

△ABC の辺 BC, CA, AB を $1:2$ に内分する点をそれぞれ D, E, F とするとき、△ABC の重心 G と △DEF の重心 G′ とは一致することを証明せよ。

[証明] 点 A, B, C, D, E, F, G, G′ の位置ベクトルをそれぞれ $\vec{a}$, $\vec{b}$, $\vec{c}$, $\vec{d}$, $\vec{e}$, $\vec{f}$, $\vec{g}$, $\vec{g'}$ とする。

点 D は BC を $1:2$ に内分するから $\vec{d}=\dfrac{2\vec{b}+\vec{c}}{3}$

同様にして $\vec{e}=\dfrac{2\vec{c}+\vec{a}}{3}$, $\vec{f}=\dfrac{2\vec{a}+\vec{b}}{3}$

△ABC, △DEF の重心はそれぞれ G, G′ だから

$\vec{g}=\dfrac{\vec{a}+\vec{b}+\vec{c}}{3}$, $\vec{g'}=\dfrac{\vec{d}+\vec{e}+\vec{f}}{3}=\dfrac{1}{3}\left(\dfrac{2\vec{b}+\vec{c}}{3}+\dfrac{2\vec{c}+\vec{a}}{3}+\dfrac{2\vec{a}+\vec{b}}{3}\right)=\dfrac{\vec{a}+\vec{b}+\vec{c}}{3}$

よって $\vec{g}=\vec{g'}$ したがって、G と G′ は一致する。[証明終わり]

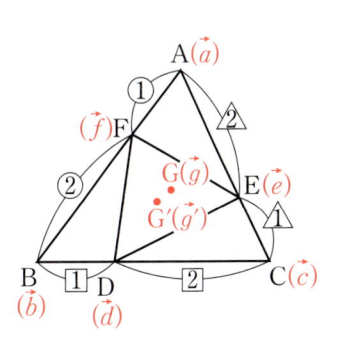

3 図形への応用・ベクトル方程式

76 位置ベクトルと共線条件

一直線上にある3点

異なる2点 $A(\vec{a})$, $B(\vec{b})$ がある。このとき点 $C(\vec{c})$ が直線 AB 上にある条件には，次のようなものがある。

① $\vec{AC} = k\vec{AB}$ （k は実数）
② $\vec{c} = (1-t)\vec{a} + t\vec{b}$ （t は実数）
③ $\vec{c} = s\vec{a} + t\vec{b}$ （$s+t=1$）

点 C が線分 AB 上にある条件

上の①～③の k, t, (s, t) に，次のように条件を加えればよい。

① $\vec{AC} = k\vec{AB}$　k は実数かつ $0 \leq k \leq 1$
② $\vec{c} = (1-t)\vec{a} + t\vec{b}$　t は実数かつ $0 \leq t \leq 1$
③ $\vec{c} = s\vec{a} + t\vec{b}$　$s+t=1$ かつ $0 \leq s \leq 1$ かつ $0 \leq t \leq 1$

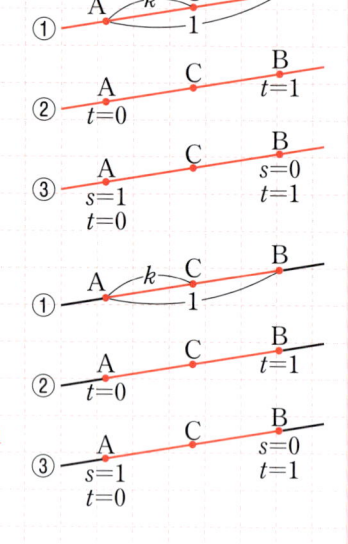

77 内積の図形への応用

三角形の面積

① $S = \dfrac{1}{2}|\vec{a}||\vec{b}|\sin\theta$　（θ：$\vec{a}$ と $\vec{b}$ のなす角）
② $S = \dfrac{1}{2}\sqrt{|\vec{a}|^2|\vec{b}|^2 - (\vec{a}\cdot\vec{b})^2}$
③ $S = \dfrac{1}{2}|x_1 y_2 - x_2 y_1|$

中線定理

△ABC の辺 BC の中点を M とするとき
$AB^2 + AC^2 = 2(AM^2 + BM^2)$

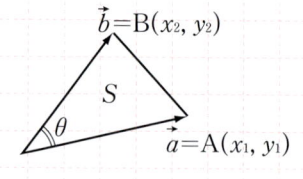

78 直線のベクトル方程式

ベクトル $\vec{u}$ に平行な直線

平面上の定点 $A(\vec{a})$ を通り，ベクトル $\vec{u}$ に平行な直線 ℓ 上の点 $P(\vec{p})$ は
　$\vec{p} = \vec{a} + t\vec{u}$　（t は実数）　…①
と表される。これを直線 ℓ の ベクトル方程式 といい，$\vec{u}$ を直線 ℓ の 方向ベクトル，実数 t を 媒介変数（パラメータ）という。

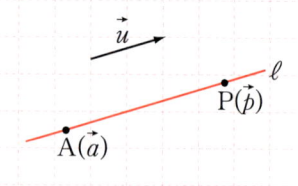

2点 $A(\vec{a})$, $B(\vec{b})$ を通る直線

①より　$\vec{p} = \vec{a} + t\vec{AB} = \vec{a} + t(\vec{b}-\vec{a}) = (1-t)\vec{a} + t\vec{b}$
また，$s = 1-t$ とおくと，$\vec{p} = s\vec{a} + t\vec{b}$　$(s+t=1)$ とも表せる。

ベクトル $\vec{n}$ に垂直な直線

平面上の定点 $A(\vec{a})$ を通り，ベクトル $\vec{n}$ に垂直な直線 m のベクトル方程式は
　$(\vec{p}-\vec{a})\cdot\vec{n} = 0$
$\vec{n}$ を直線 m の 法線ベクトル という。

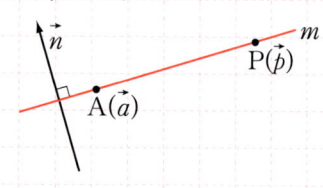

79 円のベクトル方程式

円のベクトル方程式

定点 $C(\vec{c})$ を中心とし，半径が r の円上の点を $P(\vec{p})$ とする。

① $|\overrightarrow{CP}| = r \iff |\vec{p} - \vec{c}| = r$
② $(\vec{p} - \vec{c}) \cdot (\vec{p} - \vec{c}) = r^2$

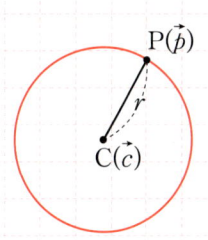

2定点を直径の両端とする円のベクトル方程式

2定点 $A(\vec{a})$, $B(\vec{b})$ を直径の両端とする円上の点を $P(\vec{p})$ とする。

・ $\overrightarrow{AP} \perp \overrightarrow{BP} \iff \overrightarrow{AP} \cdot \overrightarrow{BP} = 0$
$\iff (\vec{p} - \vec{a}) \cdot (\vec{p} - \vec{b}) = 0$

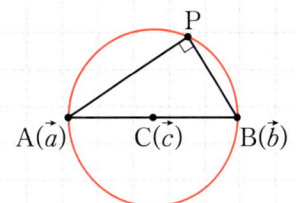

---

209 [一直線上にある条件] **76 位置ベクトルと共線条件**

3点 $A(\vec{a})$, $B(\vec{b})$, $C(\vec{c})$ において $\vec{c} = 4\vec{a} - 3\vec{b}$ のとき，3点 A, B, C が一直線上にあることを示せ。

[証明] $\overrightarrow{AB} = \vec{b} - \vec{a}$
$\overrightarrow{AC} = \vec{c} - \vec{a} = 4\vec{a} - 3\vec{b} - \vec{a} = -3(\vec{b} - \vec{a}) = -3\overrightarrow{AB}$
したがって，3点 A, B, C は一直線上にある。
[証明終わり]

★ヒラメキ★
3点 A, B, C が一直線上
→ $\overrightarrow{AC} = k\overrightarrow{AB}$

なにをする？
$\overrightarrow{AC}$, $\overrightarrow{AB}$ を $\vec{a}$, $\vec{b}$, $\vec{c}$ で表す。

---

210 [三角形の面積①] **77 内積の図形への応用**

3点 $A(1, 2)$, $B(6, 5)$, $C(5, 8)$ を頂点とする △ABC の面積を求めよ。

$\overrightarrow{AB} = (5, 3)$, $\overrightarrow{AC} = (4, 6)$ だから

$\triangle ABC = \dfrac{1}{2}|5 \cdot 6 - 4 \cdot 3| = 9$ …答

★ヒラメキ★
面積 → 公式は3つ

なにをする？

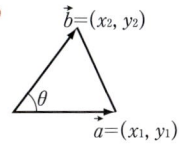

$S = \dfrac{1}{2}|x_1 y_2 - x_2 y_1|$

---

211 [媒介変数表示] **78 直線のベクトル方程式**

点 $A(2, 3)$ を通り $\vec{u} = (2, 1)$ に平行な直線を，媒介変数 t を用いて表せ。

求める直線上の点を $P(x, y)$ とする。
$\overrightarrow{OP} = \overrightarrow{OA} + t\vec{u}$ より
$(x, y) = (2, 3) + t(2, 1) = (2t + 2, t + 3)$

よって $\begin{cases} x = 2t + 2 \\ y = t + 3 \end{cases}$ …答

★ヒラメキ★
点 A を通り $\vec{u}$ に平行な直線
→ $\overrightarrow{OP} = \overrightarrow{OA} + t\vec{u}$

---

212 [円のベクトル方程式] **79 円のベクトル方程式**

点 $C(\vec{c})$ を中心とする半径2の円のベクトル方程式を求めよ。

求める円上の点を $P(\vec{p})$ とする。
$|\overrightarrow{CP}| = 2$ だから $|\vec{p} - \vec{c}| = 2$ …答

★ヒラメキ★
点 $C(\vec{c})$ を中心とする半径 r の円 → $|\vec{p} - \vec{c}| = r$

ガイドなしでやってみよう！

213 [一直線上にある証明]

△OAB の辺 OA を $1:2$ に内分する点を P，辺 AB を $3:1$ に外分する点を Q，辺 OB を $3:2$ に内分する点を R とするとき，3点 P，Q，R は一直線上にあることを証明せよ。

[証明] $\overrightarrow{OA}=\vec{a}$，$\overrightarrow{OB}=\vec{b}$ とおくと

P は OA を $1:2$ に内分する点だから $\overrightarrow{OP}=\dfrac{1}{3}\vec{a}$

Q は AB を $3:1$ に外分する点だから $\overrightarrow{OQ}=\dfrac{-\vec{a}+3\vec{b}}{3-1}=\dfrac{-\vec{a}+3\vec{b}}{2}$

R は OB を $3:2$ に内分する点だから $\overrightarrow{OR}=\dfrac{3}{5}\vec{b}$

よって $\overrightarrow{PQ}=\overrightarrow{OQ}-\overrightarrow{OP}=\dfrac{-\vec{a}+3\vec{b}}{2}-\dfrac{1}{3}\vec{a}=\dfrac{-5\vec{a}+9\vec{b}}{6}$

$\overrightarrow{PR}=\overrightarrow{OR}-\overrightarrow{OP}=\dfrac{3}{5}\vec{b}-\dfrac{1}{3}\vec{a}=\dfrac{-5\vec{a}+9\vec{b}}{15}$

ゆえに $\overrightarrow{PQ}=\dfrac{15}{6}\overrightarrow{PR}=\dfrac{5}{2}\overrightarrow{PR}$

したがって，3点 P，Q，R は一直線上にある。[証明終わり]

214 [線分上にある点の位置ベクトル]

△OAB において，辺 OA を $2:3$ に内分する点を C，辺 OB を $1:2$ に内分する点を D とし，AD と BC の交点を P とするとき，次の問いに答えよ。

(1) $\overrightarrow{OA}=\vec{a}$，$\overrightarrow{OB}=\vec{b}$ とおくとき，$\overrightarrow{OP}$ を $\vec{a}$，$\vec{b}$ で表せ。

AP：PD $= t:(1-t)$ とおくと

$\overrightarrow{OP}=\dfrac{(1-t)\overrightarrow{OA}+t\overrightarrow{OD}}{t+(1-t)}$

$=(1-t)\vec{a}+\dfrac{t}{3}\vec{b}$ …①

同様に，BP：PC $= s:(1-s)$ とおくと

$\overrightarrow{OP}=\dfrac{(1-s)\overrightarrow{OB}+s\overrightarrow{OC}}{s+(1-s)}=(1-s)\vec{b}+\dfrac{2s}{5}\vec{a}$ …②

$\vec{a}\neq\vec{0}$，$\vec{b}\neq\vec{0}$，$\vec{a}$ と $\vec{b}$ は平行でないから $\overrightarrow{OP}$ は1通りに表される。

① $=$ ② より，$1-t=\dfrac{2s}{5}$，$\dfrac{t}{3}=1-s$ であるから

$5t+2s=5$ …③ $t+3s=3$ …④

③，④を解いて $s=\dfrac{10}{13}$，$t=\dfrac{9}{13}$ したがって $\overrightarrow{OP}=\dfrac{4}{13}\vec{a}+\dfrac{3}{13}\vec{b}$ …答

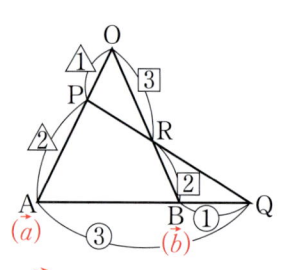

(2) 直線 OP と辺 AB の交点を Q とするとき，AQ：QB を求めよ。

$\overrightarrow{OP} = \dfrac{4\vec{a}+3\vec{b}}{13} = \dfrac{7}{13} \cdot \dfrac{4\vec{a}+3\vec{b}}{7}$

点 Q は AB の内分点だから AB 上の点

点 Q は OP の延長上にあり，AB 上の点だから $\overrightarrow{OQ} = \dfrac{4\vec{a}+3\vec{b}}{7} = \dfrac{4\vec{a}+3\vec{b}}{3+4}$

したがって **AQ：QB=3：4** …(答)

[別解] チェバの定理を用いると，$\dfrac{OC}{CA} \cdot \dfrac{AQ}{QB} \cdot \dfrac{BD}{DO} = 1$ より $\dfrac{2}{3} \cdot \dfrac{AQ}{QB} \cdot \dfrac{2}{1} = 1$

よって，4AQ=3QB より **AQ：QB=3：4**

215 [三角形の面積②]

$|\overrightarrow{AB}|=6$，$|\overrightarrow{AC}|=5$，$|\overrightarrow{BC}|=7$ を満たす △ABC の面積 S を求めよ。

$|\overrightarrow{BC}|=7$ より，$|\overrightarrow{AC}-\overrightarrow{AB}|=7$ の両辺を 2 乗して

$|\overrightarrow{AC}|^2 - 2\overrightarrow{AC} \cdot \overrightarrow{AB} + |\overrightarrow{AB}|^2 = 49$

$5^2 - 2\overrightarrow{AC} \cdot \overrightarrow{AB} + 6^2 = 49$ より $\overrightarrow{AB} \cdot \overrightarrow{AC} = 6$

$S = \dfrac{1}{2}\sqrt{|\overrightarrow{AB}|^2|\overrightarrow{AC}|^2 - (\overrightarrow{AB} \cdot \overrightarrow{AC})^2} = \dfrac{1}{2}\sqrt{6^2 \cdot 5^2 - 6^2} = \mathbf{6\sqrt{6}}$ …(答)

$6\sqrt{25-1} = 6 \cdot 2\sqrt{6}$

216 [直線の媒介変数表示と方程式]

3 点 A(2, 3)，B(−1, −1)，C(5, 1) があるとき，次の問いに答えよ。

(1) 点 A を通り $\overrightarrow{BC}$ に平行な直線を媒介変数 t を用いて表せ。

求める直線上の点を P(x, y) とする。

$\overrightarrow{OP} = \overrightarrow{OA} + t\overrightarrow{BC}$ で $\overrightarrow{OA}=(2, 3)$，$\overrightarrow{BC}=(6, 2)$

よって，$(x, y) = (2, 3) + t(6, 2) = (6t+2, 2t+3)$ だから $\begin{cases} \boldsymbol{x=6t+2} \\ \boldsymbol{y=2t+3} \end{cases}$ …(答)

(2) 点 A を通り $\overrightarrow{BC}$ に垂直な直線の方程式を求めよ。

求める直線上の点を P(x, y) とする。

AP⊥BC だから，$\overrightarrow{AP} \cdot \overrightarrow{BC}=0$ より $\{(x, y)-(2, 3)\} \cdot (6, 2)=0$

よって $(x-2, y-3) \cdot (6, 2) = 0$

$6(x-2)+2(y-3)=0$ より $\boldsymbol{3x+y-9=0}$ …(答)

217 [ベクトル方程式による図形の特定]

平面上に異なる 3 点 A($\vec{a}$)，B($\vec{b}$)，C($\vec{c}$) と動点 P($\vec{p}$) がある。次のベクトル方程式で表される点 P はどのような図形上にあるか。

(1) $(\vec{p}-\vec{a}) \cdot (\vec{p}-\vec{b})=0$

$\overrightarrow{AP} \cdot \overrightarrow{BP}=0$ より

AP⊥BP だから，

AB を直径の両端とする円。 …(答)

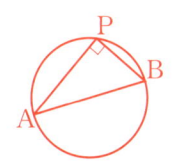

(2) $|3\vec{p}-\vec{a}-\vec{b}-\vec{c}|=6$

$\left|\vec{p}-\dfrac{\vec{a}+\vec{b}+\vec{c}}{3}\right|=2$

△ABC の重心を G とすると $|\overrightarrow{GP}|=2$

よって，**△ABC の重心を中心とする半径 2 の円。** …(答)

定期テスト対策問題

目標点　60点
制限時間　50分
点

1 2つのベクトル $\vec{a}$, $\vec{b}$ が与えられているとき，次のベクトルを作図せよ。　（各6点　計12点）

(1) $\vec{a}+2\vec{b}$

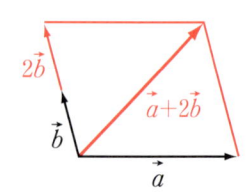

(2) $\dfrac{1}{2}\vec{a}-2\vec{b}$

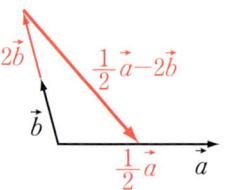

2 $\vec{a}=(-1,\ 3)$, $\vec{b}=(1,\ 1)$ のとき，次の問いに答えよ。　（各6点　計12点）

(1) $\vec{c}=(-5,\ 7)$ を $m\vec{a}+n\vec{b}$ の形で表せ。

$\vec{c}=m\vec{a}+n\vec{b}$ を成分表示する。
$(-5,\ 7)=m(-1,\ 3)+n(1,\ 1)$
$=(-m+n,\ 3m+n)$

より $\begin{cases} -m+n=-5 & \cdots ① \\ 3m+n=7 & \cdots ② \end{cases}$

①, ②を解いて $m=3$, $n=-2$
したがって $\vec{c}=3\vec{a}-2\vec{b}$ …答

(2) $|\vec{a}+t\vec{b}|$ の最小値を求めよ。

$\vec{a}+t\vec{b}=(-1,\ 3)+t(1,\ 1)$
$\phantom{\vec{a}+t\vec{b}}=(t-1,\ t+3)$
$|\vec{a}+t\vec{b}|^2=(t-1)^2+(t+3)^2$
$\phantom{|\vec{a}+t\vec{b}|^2}=t^2-2t+1+t^2+6t+9$
$\phantom{|\vec{a}+t\vec{b}|^2}=2t^2+4t+10=2(t+1)^2+8$

$t=-1$ のとき $|\vec{a}+t\vec{b}|^2$ の最小値は 8
したがって，**最小値 $2\sqrt{2}$ $(t=-1)$** …答

3 $\vec{a}=(1,\ 3)$, $\vec{b}=(4,\ 2)$ のとき，次の問いに答えよ。　（各6点　計12点）

(1) $\vec{a}$, $\vec{b}$ のなす角 θ を求めよ。

$|\vec{a}|=\sqrt{1^2+3^2}=\sqrt{10}$
$|\vec{b}|=\sqrt{4^2+2^2}=2\sqrt{5}$
$\vec{a}\cdot\vec{b}=1\cdot 4+3\cdot 2=10$
$\cos\theta=\dfrac{\vec{a}\cdot\vec{b}}{|\vec{a}||\vec{b}|}=\dfrac{10}{\sqrt{10}\cdot 2\sqrt{5}}=\dfrac{10}{10\sqrt{2}}=\dfrac{\sqrt{2}}{2}$

$0°\leqq\theta\leqq 180°$ より $\theta=45°$ …答

(2) $(\vec{a}+2\vec{b})\cdot(2\vec{a}-\vec{b})$ を求めよ。

$\vec{a}+2\vec{b}=(1,\ 3)+2(4,\ 2)=(9,\ 7)$
$2\vec{a}-\vec{b}=2(1,\ 3)-(4,\ 2)=(-2,\ 4)$
よって $(\vec{a}+2\vec{b})\cdot(2\vec{a}-\vec{b})$
$=9\cdot(-2)+7\cdot 4=-18+28=\mathbf{10}$ …答

[別解]　（与式）$=2|\vec{a}|^2+3\vec{a}\cdot\vec{b}-2|\vec{b}|^2$
$=2(\sqrt{10})^2+3\cdot 10-2(2\sqrt{5})^2$
$=\mathbf{10}$

4 2つのベクトル $\vec{a}$, $\vec{b}$ があって，$|\vec{a}|=3$, $|\vec{b}|=2$, $|\vec{a}+\vec{b}|=\sqrt{19}$ のとき，次の値を求めよ。　（各6点　計18点）

(1) $\vec{a}\cdot\vec{b}$

$|\vec{a}+\vec{b}|^2=(\sqrt{19})^2$ より $|\vec{a}|^2+2\vec{a}\cdot\vec{b}+|\vec{b}|^2=19$　$9+2\vec{a}\cdot\vec{b}+4=19$

よって $\vec{a}\cdot\vec{b}=3$ …答

(2) $\vec{a}$, $\vec{b}$ のなす角 θ

$\cos\theta=\dfrac{\vec{a}\cdot\vec{b}}{|\vec{a}||\vec{b}|}=\dfrac{3}{3\cdot 2}=\dfrac{1}{2}$　$0°\leqq\theta\leqq 180°$ より $\theta=60°$ …答

(3) $|2\vec{a}+3\vec{b}|$

$|2\vec{a}+3\vec{b}|^2=(2\vec{a}+3\vec{b})\cdot(2\vec{a}+3\vec{b})=4\vec{a}\cdot\vec{a}+6\vec{a}\cdot\vec{b}+6\vec{b}\cdot\vec{a}+9\vec{b}\cdot\vec{b}$
$=4|\vec{a}|^2+12\vec{a}\cdot\vec{b}+9|\vec{b}|^2=36+36+36=108$　よって $|2\vec{a}+3\vec{b}|=6\sqrt{3}$ …答

5 △OABにおいて，辺OAを2:1に内分する点をC，辺OBを3:2に内分する点をDとし，AD と BC の交点をPとする。　⬅ 214　　　　　　　　　　（各7点 計14点）

(1) $\overrightarrow{OA}=\vec{a}$，$\overrightarrow{OB}=\vec{b}$ とおくとき，$\overrightarrow{OP}$ を $\vec{a}$，$\vec{b}$ で表せ。

$\overrightarrow{OC}=\dfrac{2}{3}\vec{a}$，$\overrightarrow{OD}=\dfrac{3}{5}\vec{b}$

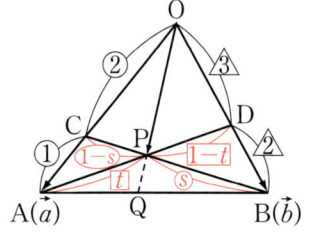

AP:PD$=t:(1-t)$ とおくと　$\overrightarrow{OP}=\dfrac{(1-t)\vec{a}+t\left(\dfrac{3}{5}\vec{b}\right)}{t+(1-t)}=(1-t)\vec{a}+\dfrac{3t}{5}\vec{b}$ …①

同様に，BP:PC$=s:(1-s)$ とおくと　$\overrightarrow{OP}=(1-s)\vec{b}+s\cdot\left(\dfrac{2}{3}\vec{a}\right)=\dfrac{2s}{3}\vec{a}+(1-s)\vec{b}$ …②

$\vec{a}\neq\vec{0}$，$\vec{b}\neq\vec{0}$，$\vec{a}$ と $\vec{b}$ は平行でないから，$\overrightarrow{OP}$ は1通りに表される。

①=②より，$1-t=\dfrac{2}{3}s$，$\dfrac{3}{5}t=1-s$ であるから

$3t+2s=3$ …③　　$3t+5s=5$ …④

③，④を解いて　$s=\dfrac{2}{3}$，$t=\dfrac{5}{9}$　　したがって　$\overrightarrow{OP}=\dfrac{4}{9}\vec{a}+\dfrac{1}{3}\vec{b}$ …㋐

(2) 直線OPと辺ABの交点をQとするとき，AQ:QBを求めよ。

$\overrightarrow{OP}=\dfrac{4\vec{a}+3\vec{b}}{9}=\dfrac{7}{9}\cdot\dfrac{4\vec{a}+3\vec{b}}{7}$

点QはOPの延長上にあり，AB上の点だから　$\overrightarrow{OQ}=\dfrac{4\vec{a}+3\vec{b}}{7}=\dfrac{4\vec{a}+3\vec{b}}{3+4}$

したがって　**AQ：QB＝3：4** …㋐

6 次の条件のとき，それぞれ△OABの面積 S を求めよ。　⬅ 210 215　（各6点 計12点）

(1) $\overrightarrow{OA}=(5,\ 1)$，$\overrightarrow{OB}=(2,\ 3)$

$S=\dfrac{1}{2}|5\cdot3-2\cdot1|=\dfrac{13}{2}$ …㋐

(2) $|\overrightarrow{OA}|=5$，$|\overrightarrow{OB}|=4$，$\overrightarrow{OA}\cdot\overrightarrow{OB}=10$

$S=\dfrac{1}{2}\sqrt{5^2\cdot4^2-10^2}=5\sqrt{3}$ …㋐

7 平面上に，異なる2点A(1, 4)，B(3, 2)がある。A，Bの位置ベクトルをそれぞれ $\vec{a}$，$\vec{b}$ とするとき，次の問いに答えよ。　⬅ 211 212 216 217　（各5点 計20点）

(1) 2点 A，B を通る直線のベクトル方程式を求め，媒介変数表示をせよ。

求める直線上の点を P($\vec{p}$) とする。

方向ベクトルは $\overrightarrow{AB}=\vec{b}-\vec{a}$ なので　$\vec{p}=\vec{a}+t(\vec{b}-\vec{a})$ …㋐

P(x, y) として成分で表示すると　$(x,\ y)=(1,\ 4)+t(3-1,\ 2-4)=(2t+1,\ -2t+4)$

したがって　$\begin{cases}x=2t+1\\y=-2t+4\end{cases}$ …㋐

(2) A，Bを直径の両端とする円のベクトル方程式を求め，x，y の方程式で表せ。

求める直線上の点を P($\vec{p}$) とする。

∠APB=90°だから　$\overrightarrow{AP}\perp\overrightarrow{BP}$　　$(\vec{p}-\vec{a})\cdot(\vec{p}-\vec{b})=0$ …㋐

P(x, y) として成分で表示すると　$(x-1)(x-3)+(y-4)(y-2)=0$

$x^2-4x+3+y^2-6y+8=0$　　$(x-2)^2+(y-3)^2=2$ …㋐

4 空間座標とベクトル

80 空間座標

座標空間　座標が定められた空間。
　　点 P の座標 P(a, b, c)

座標平面に平行な平面
　　x 座標が a であり，y 座標，z 座標が任意の点の集合は，yz 平面に平行な平面となる。この平面は $x=a$ で表される。同様に，$y=b$，$z=c$ も考えることができる。

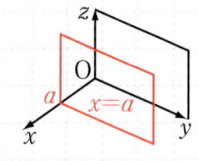

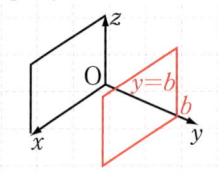

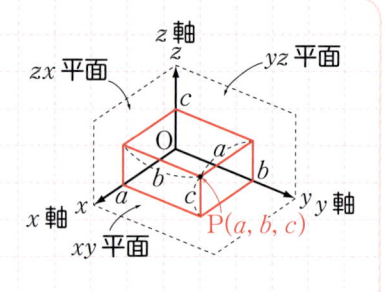

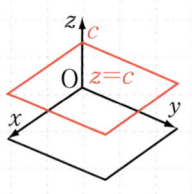

2 点間の距離　2 点 P(x_1, y_1, z_1)，Q(x_2, y_2, z_2) に対して
$$PQ = \sqrt{(x_2-x_1)^2+(y_2-y_1)^2+(z_2-z_1)^2} \quad 特に \quad OP = \sqrt{x_1^2+y_1^2+z_1^2}$$

81 空間ベクトル

空間ベクトル　平面で考えたベクトル $\overrightarrow{AB}$ をそのまま空間内で考える。
　　このとき，平面で学んだベクトルの性質はそのまま使える。

空間ベクトルの基本ベクトル　空間座標内で 3 点
E$_1$(1, 0, 0)，E$_2$(0, 1, 0)，E$_3$(0, 0, 1) を考える。
$\vec{e_1}=\overrightarrow{OE_1}$，$\vec{e_2}=\overrightarrow{OE_2}$，$\vec{e_3}=\overrightarrow{OE_3}$ を x 軸，y 軸，z 軸の**基本ベクトル**という。

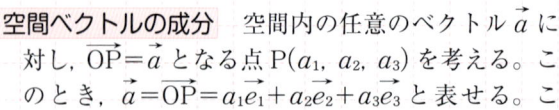

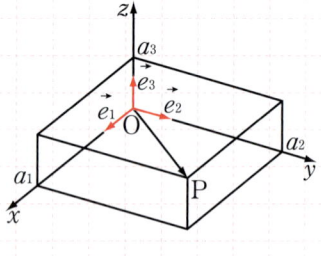

空間ベクトルの成分　空間内の任意のベクトル $\vec{a}$ に対し，$\overrightarrow{OP}=\vec{a}$ となる点 P(a_1, a_2, a_3) を考える。このとき，$\vec{a}=\overrightarrow{OP}=a_1\vec{e_1}+a_2\vec{e_2}+a_3\vec{e_3}$ と表せる。これを $\vec{a}$ の基本ベクトル表示という。そして，a_1, a_2, a_3 をそれぞれ **x 成分**，**y 成分**，**z 成分**という。また，$\vec{a}$ を $\vec{a}=(a_1, a_2, a_3)$ とかき，これを $\vec{a}$ の**成分表示**という。

82 ベクトルの内積

空間ベクトルの内積　($\vec{a} \neq \vec{0}$，$\vec{b} \neq \vec{0}$ とする)
　　$\vec{a}$ と $\vec{b}$ の内積は　$\vec{a}\cdot\vec{b}=|\vec{a}||\vec{b}|\cos\theta$ （ただし，θ は $\vec{a}$ と $\vec{b}$ のなす角）

内積の基本性質と計算方法
① $\vec{a}\cdot\vec{b}=\vec{b}\cdot\vec{a}$　　② $-|\vec{a}||\vec{b}|\leq\vec{a}\cdot\vec{b}\leq|\vec{a}||\vec{b}|$　　③ $\vec{a}\cdot\vec{a}=|\vec{a}|^2$
④ $\vec{a}\cdot(\vec{b}+\vec{c})=\vec{a}\cdot\vec{b}+\vec{a}\cdot\vec{c}$，$(\vec{a}+\vec{b})\cdot\vec{c}=\vec{a}\cdot\vec{c}+\vec{b}\cdot\vec{c}$
⑤ $k(\vec{a}\cdot\vec{b})=(k\vec{a})\cdot\vec{b}=\vec{a}\cdot(k\vec{b})$　（k は実数）
⑥ $|\vec{a}+\vec{b}|^2=|\vec{a}|^2+2\vec{a}\cdot\vec{b}+|\vec{b}|^2$　　$|\vec{a}-\vec{b}|^2=|\vec{a}|^2-2\vec{a}\cdot\vec{b}+|\vec{b}|^2$
⑦ $(\vec{a}+\vec{b})\cdot(\vec{a}-\vec{b})=|\vec{a}|^2-|\vec{b}|^2$

空間ベクトルの内積と成分表示　$\vec{a}=(a_1, a_2, a_3)$，$\vec{b}=(b_1, b_2, b_3)$ のとき
① $\vec{a}\cdot\vec{b}=a_1b_1+a_2b_2+a_3b_3$　　② $\vec{a}\perp\vec{b} \iff \vec{a}\cdot\vec{b}=a_1b_1+a_2b_2+a_3b_3=0$
③ $\cos\theta=\dfrac{\vec{a}\cdot\vec{b}}{|\vec{a}||\vec{b}|}=\dfrac{a_1b_1+a_2b_2+a_3b_3}{\sqrt{a_1^2+a_2^2+a_3^2}\sqrt{b_1^2+b_2^2+b_3^2}}$

218 [対称点] **⑳ 空間座標**

点 P(2, 4, 3) について，次のものを求めよ。

(1) 点 P の xy 平面に関する対称点 Q の座標

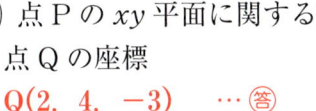

　Q(2, 4, −3) …答

(2) 点 P の z 軸に関する対称点 R の座標

　R(−2, −4, 3) …答

(3) 線分 QR の長さを求めよ。

$$QR=\sqrt{(-2-2)^2+(-4-4)^2+\{3-(-3)\}^2}$$
$$=\sqrt{16+64+36}=\sqrt{116}=2\sqrt{29} \quad \cdots 答$$

219 [空間ベクトルの成分①] **㉛ 空間ベクトル**

$\vec{a}=(1, 1, 0)$, $\vec{b}=(1, 0, 1)$, $\vec{c}=(0, 1, 1)$ のとき，$\vec{p}=(1, 4, -1)$ を $\vec{p}=l\vec{a}+m\vec{b}+n\vec{c}$ の形で表せ。

$\vec{p}=l\vec{a}+m\vec{b}+n\vec{c}$ を成分表示すると

$(1, 4, -1)=l(1, 1, 0)+m(1, 0, 1)+n(0, 1, 1)$
$\qquad\qquad =(l+m, l+n, m+n)$

よって $\begin{cases} l+m=1 & \cdots ① \\ l+n=4 & \cdots ② \\ m+n=-1 & \cdots ③ \end{cases}$

(①+②+③)÷2 より　$l+m+n=2$ …④

④−③, ④−②, ④−① より　$l=3$, $m=-2$, $n=1$

したがって　$\vec{p}=3\vec{a}-2\vec{b}+\vec{c}$ …答

220 [内積と成分表示①] **㉜ ベクトルの内積**

△OAB において，$\vec{OA}=\vec{a}=(2, 2, 0)$, $\vec{OB}=\vec{b}=(1, 2, -1)$ とするとき，次の問いに答えよ。

(1) $\vec{OA}$ と $\vec{OB}$ のなす角 θ を求めよ。

$|\vec{a}|=\sqrt{2^2+2^2+0^2}=2\sqrt{2}$, $|\vec{b}|=\sqrt{1^2+2^2+(-1)^2}=\sqrt{6}$

$\vec{a}\cdot\vec{b}=2\cdot 1+2\cdot 2+0\cdot(-1)=6$

$\cos\theta=\dfrac{\vec{a}\cdot\vec{b}}{|\vec{a}||\vec{b}|}=\dfrac{6}{2\sqrt{2}\cdot\sqrt{6}}=\dfrac{6}{4\sqrt{3}}=\dfrac{\sqrt{3}}{2}$

$0°\leqq\theta\leqq 180°$ より　**$\theta=30°$** …答

(2) △OAB の面積 S を求めよ。

$S=\dfrac{1}{2}\sqrt{|\vec{a}|^2|\vec{b}|^2-(\vec{a}\cdot\vec{b})^2}=\dfrac{1}{2}\sqrt{8\cdot 6-6^2}=\sqrt{3}$ …答

[別解] $S=\dfrac{1}{2}|\vec{a}||\vec{b}|\sin\theta=\dfrac{1}{2}\cdot 2\sqrt{2}\cdot\sqrt{6}\cdot\dfrac{1}{2}=\sqrt{3}$

ガイド

なにをする？

・点 P(a, b, c) とする。
xy 平面に関して対称な点の座標は
Q$(a, b, -c)$
z 軸に関して対称な点の座標は
R$(-a, -b, c)$

・2 点 (x_1, y_1, z_1), (x_2, y_2, z_2) 間の距離は
$\sqrt{(x_2-x_1)^2+(y_2-y_1)^2+(z_2-z_1)^2}$

★ヒラメキ★
空間ベクトル
→平面ベクトルと同様。ただ，z 成分が増えるだけ。

なにをする？

空間ベクトルの場合，$\vec{0}$ でなく，始点をそろえたとき同一平面上にない 3 つのベクトル $\vec{a}, \vec{b}, \vec{c}$ を使って，すべてのベクトル $\vec{p}$ は $\vec{p}=l\vec{a}+m\vec{b}+n\vec{c}$ の形で 1 通りに表される。

★ヒラメキ★
ベクトルの内積の性質
→空間ベクトルの性質は平面ベクトルの性質と同じ

なにをする？
$\cos\theta=\dfrac{\vec{a}\cdot\vec{b}}{|\vec{a}||\vec{b}|}$

・成分計算において，z 成分が増えていることに注意。

ガイドなしでやってみよう！

221 [2点間の距離]

3点 A(2, 4, −2), B(3, 0, 1), C(−1, 3, 2) から等距離にある xy 平面上の点 D の座標を求めよ。　　　　　　　　　　　　　　　　　　　　z 座標は 0

xy 平面上の点を D(x, y, 0) とおくと，AD=BD=CD だから，AD²=BD²=CD² より
$(x-2)^2+(y-4)^2+(0+2)^2=(x-3)^2+(y-0)^2+(0-1)^2=(x+1)^2+(y-3)^2+(0-2)^2$
$x^2-4x+y^2-8y+24=x^2-6x+y^2+10=x^2+2x+y^2-6y+14$
(左辺)=(中辺) より　　$2x-8y=-14 \longrightarrow x-4y=-7$ …①
(中辺)=(右辺) より　　$-8x+6y=4 \longrightarrow -4x+3y=2$ …②
①×4+② より　$-13y=-26$　　よって　$y=2$　　① より　$x=1$
したがって　**D(1, 2, 0)** …(答)

222 [平行六面体とベクトル]

平行六面体 ABCD-EFGH において，$\vec{AB}=\vec{a}$，$\vec{AD}=\vec{b}$，$\vec{AE}=\vec{c}$ とするとき，次のベクトルを $\vec{a}$，$\vec{b}$，$\vec{c}$ で表せ。

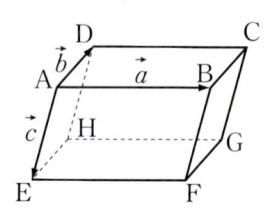

(1) $\vec{AG}=\vec{AC}+\vec{CG}=(\vec{a}+\vec{b})+\vec{c}=\vec{a}+\vec{b}+\vec{c}$ …(答)
(2) $\vec{EC}=\vec{AC}-\vec{AE}=(\vec{a}+\vec{b})-\vec{c}=\vec{a}+\vec{b}-\vec{c}$ …(答)
(3) $\vec{HB}=\vec{AB}-\vec{AH}=\vec{a}-(\vec{b}+\vec{c})=\vec{a}-\vec{b}-\vec{c}$ …(答)

223 [空間ベクトルの成分②]

$\vec{a}=(2, -3, 4)$，$\vec{b}=(1, 3, -2)$ のとき，次の問いに答えよ。

(1) $2\vec{a}-\vec{b}$ を成分で表せ。
　　$2\vec{a}-\vec{b}=(4, -6, 8)-(1, 3, -2)=$**(3, −9, 10)** …(答)

(2) $3\vec{x}-\vec{b}=2\vec{a}+3\vec{b}+\vec{x}$ を満たす $\vec{x}$ を成分で表せ。また，$\vec{x}$ と同じ向きの単位ベクトルを成分で表せ。
　　$3\vec{x}-\vec{b}=2\vec{a}+3\vec{b}+\vec{x}$ より，$2\vec{x}=2\vec{a}+4\vec{b}$ だから　$\vec{x}=\vec{a}+2\vec{b}$
　　$\vec{x}=(2, -3, 4)+(2, 6, -4)=$**(4, 3, 0)** …(答)
　　$|\vec{x}|=\sqrt{4^2+3^2+0^2}=5$ より，求める単位ベクトルは　$\frac{1}{5}\vec{x}=\left(\frac{4}{5}, \frac{3}{5}, 0\right)$ …(答)

224 [空間ベクトルの成分③]

3点 A(1, 2, −1), B(3, 4, 2), C(5, 8, 4) がある。四角形 ABCD が平行四辺形となるように，点 D の座標を定めよ。

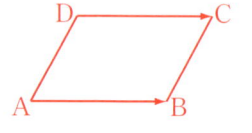

四角形 ABCD が平行四辺形だから1組の対辺が等しく，かつ平行なので　$\vec{DC}=\vec{AB}$
ここで D(x, y, z) とおくと
　$\vec{DC}=\vec{OC}-\vec{OD}=(5-x, 8-y, 4-z)$
　$\vec{AB}=\vec{OB}-\vec{OA}=(3, 4, 2)-(1, 2, -1)=(2, 2, 3)$
よって，$5-x=2$, $8-y=2$, $4-z=3$ だから　$x=3$, $y=6$, $z=1$
ゆえに　**D(3, 6, 1)** …(答)

124 ── 第7章　ベクトル

225 [空間ベクトルの内積]

1辺の長さ1の立方体 ABCD-EFGH において,次の内積を求めよ。

(1) $\vec{AC} \cdot \vec{AE}$

AC⊥AE だから $\vec{AC} \cdot \vec{AE} = 0$ …答

(2) $\vec{AC} \cdot \vec{AF}$

△CAF は正三角形だから $AC = AF = \sqrt{2}$, $\angle CAF = 60°$

よって $\vec{AC} \cdot \vec{AF} = \sqrt{2} \cdot \sqrt{2} \cdot \cos 60° = 2 \cdot \dfrac{1}{2} = 1$ …答

(3) $\vec{AC} \cdot \vec{AG}$

$AC = \sqrt{2}$, $AG = \sqrt{3}$, $\angle ACG = 90°$ であるから,

右の図より $\cos \angle GAC = \dfrac{\sqrt{2}}{\sqrt{3}}$

よって $\vec{AC} \cdot \vec{AG} = \sqrt{2} \cdot \sqrt{3} \cdot \dfrac{\sqrt{2}}{\sqrt{3}} = 2$ …答

(4) $\vec{AB} \cdot \vec{EC}$

$\vec{AB} \cdot \vec{EC} = \vec{EF} \cdot \vec{EC}$ である。

$EF = 1$, $CF = \sqrt{2}$, $\angle CFE = 90°$ であるから,

右の図より $\cos \angle CEF = \dfrac{1}{\sqrt{3}}$

よって $\vec{AB} \cdot \vec{EC} = 1 \cdot \sqrt{3} \cdot \dfrac{1}{\sqrt{3}} = 1$ …答

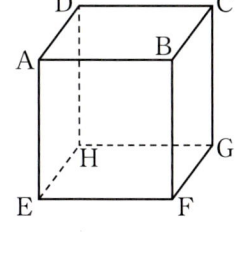

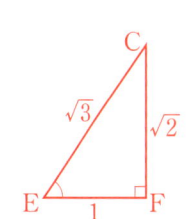

226 [内積と成分表示②]

$\vec{a} = (2, 1, 1)$, $\vec{b} = (-1, 1, -2)$ について,次の問いに答えよ。

(1) $\vec{a}$ と $\vec{b}$ のなす角 θ を求めよ。

$|\vec{a}| = \sqrt{6}$, $|\vec{b}| = \sqrt{6}$, $\vec{a} \cdot \vec{b} = -2 + 1 - 2 = -3$ である。

よって $\cos \theta = \dfrac{\vec{a} \cdot \vec{b}}{|\vec{a}||\vec{b}|} = \dfrac{-3}{\sqrt{6} \cdot \sqrt{6}} = -\dfrac{1}{2}$ したがって $\theta = 120°$ …答

(2) $\vec{OA} = \vec{a}$, $\vec{OB} = \vec{b}$ で表される △OAB の面積 S を求めよ。

$S = \dfrac{1}{2}\sqrt{|\vec{a}|^2|\vec{b}|^2 - (\vec{a} \cdot \vec{b})^2} = \dfrac{1}{2}\sqrt{6 \cdot 6 - (-3)^2} = \dfrac{\sqrt{27}}{2} = \dfrac{3\sqrt{3}}{2}$ …答

[別解] $S = \dfrac{1}{2}|\vec{a}||\vec{b}|\sin \theta = \dfrac{1}{2}\sqrt{6} \cdot \sqrt{6} \cdot \sin 120° = \dfrac{3\sqrt{3}}{2}$

(3) $\vec{a}$ と $\vec{a} + t\vec{b}$ が垂直になるような実数 t の値を求めよ。

$\vec{a} + t\vec{b} = (2, 1, 1) + (-t, t, -2t) = (2-t, 1+t, 1-2t)$

$\vec{a} \perp (\vec{a} + t\vec{b})$ だから $\vec{a} \cdot (\vec{a} + t\vec{b}) = 0$

よって $\vec{a} \cdot (\vec{a} + t\vec{b}) = 2(2-t) + (1+t) + (1-2t) = 0$

ゆえに $6 - 3t = 0$ したがって $t = 2$ …答

[別解] $\vec{a} \cdot (\vec{a} + t\vec{b}) = 0$ より $|\vec{a}|^2 + t\vec{a} \cdot \vec{b} = 0$ よって $6 - 3t = 0$ $t = 2$

5 空間図形とベクトル

83 空間の位置ベクトル

位置ベクトル

空間においても平面と同様に位置ベクトルを定義することができ，$P(\vec{p})$ のように表すことにすると，次のような性質をもつ。

位置ベクトルの性質

$A(\vec{a})$, $B(\vec{b})$, $C(\vec{c})$ に対して

① $\overrightarrow{AB} = \vec{b} - \vec{a}$

② 線分 AB を $m:n$ に内分する点 $P(\vec{p})$，外分する点 $Q(\vec{q})$ は

$$\vec{p} = \frac{n\vec{a} + m\vec{b}}{m+n} \quad \overset{A \quad B}{\underset{m:n}{\vdash\!\!\!-\!\!\!-\!\!\!\dashv}} \quad \vec{q} = \frac{-n\vec{a} + m\vec{b}}{m-n} \quad (\text{ただし，} m \neq n) \quad \overset{A \quad B}{\underset{m:(-n)}{\vdash\!\!\!-\!\!\!-\!\!\!\dashv}}$$

③ △ABC の重心 $G(\vec{g})$ は $\vec{g} = \dfrac{\vec{a}+\vec{b}+\vec{c}}{3}$

④ 3点 A, B, C が一直線上にあるとき，$\overrightarrow{AC} = k\overrightarrow{AB}$ となる実数 k が存在する。

$\vec{p} = s\vec{a} + t\vec{b} + u\vec{c}$ の表現の一意性

同一平面上にない 4 点 O, A, B, C に対して，$\overrightarrow{OA} = \vec{a}$, $\overrightarrow{OB} = \vec{b}$, $\overrightarrow{OC} = \vec{c}$ とする。

① $s\vec{a} + t\vec{b} + u\vec{c} = s'\vec{a} + t'\vec{b} + u'\vec{c} \iff s = s',\ t = t',\ u = u'$

　特に　$s\vec{a} + t\vec{b} + u\vec{c} = \vec{0} \iff s = t = u = 0$

② 任意のベクトル $\vec{p}$ は $\vec{p} = s\vec{a} + t\vec{b} + u\vec{c}$ (s, t, u：実数) とただ 1 通りに表される。

84 空間ベクトルと図形

空間ベクトルと直線

異なる 2 点 $A(\vec{a})$, $B(\vec{b})$ について，直線 AB を表すベクトル方程式

直線 AB 上の動点を $P(\vec{p})$ とすると　$\overrightarrow{AP} = t\overrightarrow{AB}$

これは，$\vec{p} - \vec{a} = t(\vec{b} - \vec{a})$ より，$\vec{p} = (1-t)\vec{a} + t\vec{b}$ ともかける。

さらに，$s = 1 - t$ とおくと　$\vec{p} = s\vec{a} + t\vec{b}$　$(s+t=1)$

空間ベクトルと平面

一直線上にない異なる 3 点 $A(\vec{a})$, $B(\vec{b})$, $C(\vec{c})$ について，平面 ABC を表すベクトル方程式

平面 ABC 上の動点を $P(\vec{p})$ とすると　$\overrightarrow{AP} = t\overrightarrow{AB} + u\overrightarrow{AC}$

これは，$\vec{p} - \vec{a} = t(\vec{b} - \vec{a}) + u(\vec{c} - \vec{a})$ より，$\vec{p} = (1-t-u)\vec{a} + t\vec{b} + u\vec{c}$ ともかける。

さらに，$s = 1 - t - u$ とおくと　$\vec{p} = s\vec{a} + t\vec{b} + u\vec{c}$　$(s+t+u=1)$

85 空間ベクトルの応用

点 $P_0(\vec{p_0})$ を通り，$\vec{u}$ に平行な直線　（$\vec{u} \neq \vec{0}$ とする。）$\vec{u}$：方向ベクトル

この直線上の動点を $P(\vec{p})$，$\vec{p} = (x, y, z)$ とする。いま，$\vec{p_0} = (x_0, y_0, z_0)$，$\vec{u} = (a, b, c)$ とすると　$\overrightarrow{P_0P} /\!/ \vec{u} \iff \overrightarrow{P_0P} = t\vec{u} \iff \vec{p} - \vec{p_0} = t\vec{u} \iff \vec{p} = \vec{p_0} + t\vec{u}$

つまり　$\begin{cases} x = x_0 + at \\ y = y_0 + bt \\ z = z_0 + ct \end{cases}$　t：媒介変数（パラメータ）

点 $C(\vec{c})$ を中心とする半径 r (>0) の球

この球面上の点を $P(\vec{p})$，$\vec{p} = (x, y, z)$ とする。いま，$\vec{c} = (x_0, y_0, z_0)$ とすると，

$|\overrightarrow{CP}| = r \iff |\overrightarrow{CP}|^2 = r^2 \iff \overrightarrow{CP} \cdot \overrightarrow{CP} = r^2$

となる。$\overrightarrow{CP} = (x - x_0,\ y - y_0,\ z - z_0)$ であるので

$$(x - x_0)^2 + (y - y_0)^2 + (z - z_0)^2 = r^2$$

点 $P_0(\vec{p_0})$ を通り $\vec{n}$ に垂直な平面 （$\vec{n} \neq \vec{0}$ とする。）$\vec{n}$：法線ベクトル
この平面上の点を $P(\vec{p})$, $\vec{p}=(x, y, z)$ とする。いま，$\vec{p_0}=(x_0, y_0, z_0)$，$\vec{n}=(a, b, c)$ とすると $\overrightarrow{P_0P} \perp \vec{n} \iff \overrightarrow{P_0P} \cdot \vec{n} = 0 \iff (\vec{p}-\vec{p_0}) \cdot \vec{n} = 0$
つまり $a(x-x_0)+b(y-y_0)+c(z-z_0)=0$

227 [内分点・外分点②] **83** 空間の位置ベクトル

2点 $A(-5, -2, 3)$, $B(5, 8, -7)$ について，線分 AB を $3:2$ に内分する点 P と外分する点 Q の座標を求めよ。

$\overrightarrow{OA}=(-5, -2, 3)$, $\overrightarrow{OB}=(5, 8, -7)$

$\overrightarrow{OP}=\dfrac{2\overrightarrow{OA}+3\overrightarrow{OB}}{3+2}=(1, 4, -3)$ より

 $P(1, 4, -3)$ …答

$\overrightarrow{OQ}=\dfrac{-2\overrightarrow{OA}+3\overrightarrow{OB}}{3-2}=(25, 28, -27)$ より

 $Q(25, 28, -27)$ …答

★ヒラメキ★
内分・外分→分ける点

なにをする？
$A(\vec{a})$, $B(\vec{b})$ を $m:n$ に分ける点を表す位置ベクトルは
$\dfrac{n\vec{a}+m\vec{b}}{m+n}$
内分のとき $m>0$, $n>0$
外分のとき $mn<0$

228 [空間ベクトルと平面①] **84** 空間ベクトルと図形

3点 $A(1, -2, 3)$, $B(2, -1, 2)$, $C(5, -1, 1)$ がある。点 $P(x, x, x)$ が平面 ABC 上にあるとき，x を求めよ。

点 P が平面 ABC 上にある条件は $\overrightarrow{AP}=s\overrightarrow{AB}+t\overrightarrow{AC}$ を満たす実数 s, t が存在することだから

$(x-1, x+2, x-3)=s(1, 1, -1)+t(4, 1, -2)$
$\qquad\qquad\qquad =(s+4t, s+t, -s-2t)$

よって
$\quad s+4t=x-1$ …①　　$s+t=x+2$ …②
$\quad -s-2t=x-3$ …③

②+③より　$t=1-2x$　②に代入して　$s=3x+1$
これを①に代入すると　$(3x+1)+4(1-2x)=x-1$
よって　$x=1$ …答

★ヒラメキ★
A, B, C, P が同一平面上

なにをする？
$\overrightarrow{AP}=s\overrightarrow{AB}+t\overrightarrow{AC}$ を成分で表して，x を求める。

229 [平面の方程式] **85** 空間ベクトルの応用

点 $A(1, 3, 4)$ を通り，法線ベクトルが $\vec{n}=(2, -3, 1)$ である平面の方程式を求めよ。

$P(x, y, z)$ とおく。
$\overrightarrow{AP} \perp \vec{n}$ だから　$(x-1, y-3, z-4)\cdot(2, -3, 1)=0$
よって，$2(x-1)-3(y-3)+(z-4)=0$ だから
$\quad 2x-3y+z+3=0$ …答

★ヒラメキ★
平面→$\overrightarrow{AP}\cdot\vec{n}=0$

なにをする？
$\overrightarrow{AP}\cdot\vec{n}=0$ を成分で計算すればよい。

ガイドなしでやってみよう！

230 [内分・外分，成分と大きさ]

2点 A(1, 2, −3)，B(4, 5, 0) について，次の問いに答えよ。

(1) 線分 AB を 2:1 に内分する点 P，外分する点 Q の座標を求めよ。

$\overrightarrow{OP} = \dfrac{\overrightarrow{OA} + 2\overrightarrow{OB}}{3} = \dfrac{1}{3}\{(1, 2, −3) + 2(4, 5, 0)\} = \dfrac{1}{3}(9, 12, −3) = (3, 4, −1)$

$\overrightarrow{OQ} = \dfrac{-\overrightarrow{OA} + 2\overrightarrow{OB}}{2-1} = -\overrightarrow{OA} + 2\overrightarrow{OB} = -(1, 2, −3) + 2(4, 5, 0) = (7, 8, 3)$

よって **P(3, 4, −1)，Q(7, 8, 3)** … 答

(2) (1)で求めた2点 P，Q で，$\overrightarrow{PQ}$ の成分と大きさを求めよ。

$\overrightarrow{PQ} = \overrightarrow{OQ} - \overrightarrow{OP} = (4, 4, 4)$ … 答

$|\overrightarrow{PQ}| = \sqrt{4^2 + 4^2 + 4^2} = 4\sqrt{3}$ … 答

231 [位置ベクトルの利用]

四面体 OABC において，辺 OA，AB，BC，CO の中点をそれぞれ P，Q，R，S とするとき，次の事柄を証明せよ。

(1) 四角形 PQRS は平行四辺形である。

[証明] O に関する位置ベクトルを考え，A($\vec{a}$)，B($\vec{b}$)，C($\vec{c}$) とする。

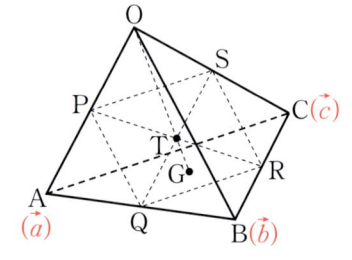

辺 OA，AB，BC，CO の中点がそれぞれ P，Q，R，S だから

$\overrightarrow{OP} = \dfrac{\vec{a}}{2}$，$\overrightarrow{OQ} = \dfrac{\vec{a}+\vec{b}}{2}$，$\overrightarrow{OR} = \dfrac{\vec{b}+\vec{c}}{2}$，$\overrightarrow{OS} = \dfrac{\vec{c}}{2}$

$\overrightarrow{PS} = \overrightarrow{OS} - \overrightarrow{OP} = \dfrac{\vec{c}}{2} - \dfrac{\vec{a}}{2} = \dfrac{1}{2}(\vec{c} - \vec{a})$

$\overrightarrow{QR} = \overrightarrow{OR} - \overrightarrow{OQ} = \dfrac{\vec{b}+\vec{c}}{2} - \dfrac{\vec{a}+\vec{b}}{2} = \dfrac{1}{2}(\vec{c} - \vec{a})$ ← 四角形 PQRS が平行四辺形 $\iff \overrightarrow{PS} = \overrightarrow{QR}$

よって $\overrightarrow{PS} = \overrightarrow{QR}$ ← ここでは $\overrightarrow{PS} = \overrightarrow{QR}$ を示したが，$\overrightarrow{PQ} = \overrightarrow{SR}$ を示してもよい

したがって，四角形 PQRS は平行四辺形。[証明終わり]

(2) 平行四辺形 PQRS の対角線の交点を T，△ABC の重心を G とするとき，3点 O，T，G は一直線上にある。

[証明] 平行四辺形の対角線は，互いに中点で交わるから

$\overrightarrow{OT} = \dfrac{\overrightarrow{OP} + \overrightarrow{OR}}{2} = \dfrac{1}{2}\left(\dfrac{\vec{a}}{2} + \dfrac{\vec{b}+\vec{c}}{2}\right) = \dfrac{\vec{a}+\vec{b}+\vec{c}}{4}$

また，△ABC の重心が G だから

$\overrightarrow{OG} = \dfrac{\vec{a}+\vec{b}+\vec{c}}{3} = \dfrac{4}{3}\overrightarrow{OT}$ ← 3点 O，T，G が一直線上にある $\iff \overrightarrow{OG} = k\overrightarrow{OT}$ を示す

したがって，3点 O，T，G は一直線上にある。[証明終わり]

128 —— 第7章 ベクトル

232 [空間ベクトルと平面②]

空間に 4 点 A, B, C, P があり，それらの位置ベクトルをそれぞれ $\vec{a}$, $\vec{b}$, $\vec{c}$, $\vec{p}$ とする。4 点が $\overrightarrow{OP}+\overrightarrow{AP}+2\overrightarrow{BP}+3\overrightarrow{CP}=\vec{0}$ を満たすとき，次の問いに答えよ。

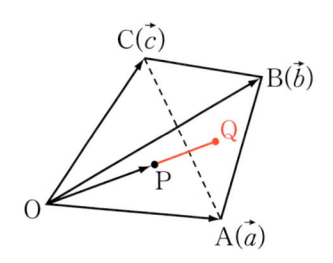

(1) $\vec{p}$ を $\vec{a}$, $\vec{b}$, $\vec{c}$ で表せ。

$\overrightarrow{OP}+\overrightarrow{AP}+2\overrightarrow{BP}+3\overrightarrow{CP}=\vec{0}$
$\vec{p}+(\vec{p}-\vec{a})+2(\vec{p}-\vec{b})+3(\vec{p}-\vec{c})=\vec{0}$
$7\vec{p}=\vec{a}+2\vec{b}+3\vec{c}$

よって $\vec{p}=\dfrac{\vec{a}+2\vec{b}+3\vec{c}}{7}$ …㊙

(2) OP の延長が，平面 ABC と交わる点を Q($\vec{q}$) とするとき，$\vec{q}$ を $\vec{a}$, $\vec{b}$, $\vec{c}$ で表せ。

$\overrightarrow{OQ}=t\overrightarrow{OP}$ だから $\vec{q}=t\cdot\dfrac{\vec{a}+2\vec{b}+3\vec{c}}{7}=\dfrac{t}{7}\vec{a}+\dfrac{2t}{7}\vec{b}+\dfrac{3t}{7}\vec{c}$

点 Q は平面 ABC 上にあるから，$\dfrac{t}{7}+\dfrac{2t}{7}+\dfrac{3t}{7}=1$ を解いて $t=\dfrac{7}{6}$

したがって $\vec{q}=\dfrac{\vec{a}+2\vec{b}+3\vec{c}}{6}$ …㊙

[参考] $\vec{p}=s\vec{a}+t\vec{b}+u\vec{c}$ で $s+t+u=1\Longleftrightarrow$ 3 点 A($\vec{a}$), B($\vec{b}$), C($\vec{c}$) で作る平面 ABC 上に点 P がある。

233 [垂線の足]

3 点 A(1, 0, 0), B(0, 2, 0), C(0, 0, 3) のとき，次の問いに答えよ。

(1) 平面 ABC の方程式を求めよ。

平面 ABC 上の点を P(x, y, z) とおくと，実数 s, t を用いて $\overrightarrow{AP}=s\overrightarrow{AB}+t\overrightarrow{AC}$ と表せる。

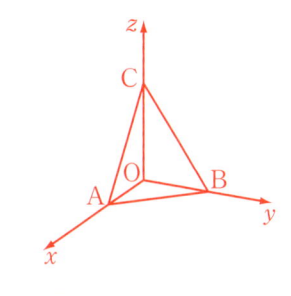

$(x-1, y, z)=s(-1, 2, 0)+t(-1, 0, 3)$
$\qquad\qquad\qquad=(-s-t, 2s, 3t)$

よって $x-1=-s-t$, $y=2s$, $z=3t$

この 3 つの式から s, t を消去して $x+\dfrac{y}{2}+\dfrac{z}{3}=1$

よって $6x+3y+2z=6$ …㊙

(2) 点 D(5, 5, 5) から平面 ABC に垂線 DH を下ろしたとき，点 H の座標を求めよ。

(1)の結果より，平面 ABC に垂直なベクトルの 1 つを $\vec{u}=(6, 3, 2)$ とし，H(x, y, z) とすると，$\overrightarrow{DH}=t\vec{u}$ より
$(x-5, y-5, z-5)=t(6, 3, 2)$ となって 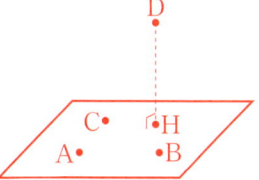
$\quad x=6t+5, y=3t+5, z=2t+5$
この直線と平面 ABC の交点の座標を求める。
$6(6t+5)+3(3t+5)+2(2t+5)=6$ を解いて $t=-1$
$t=-1$ だから，$x=-1$, $y=2$, $z=3$ より H(-1, 2, 3) …㊙

定期テスト対策問題

目標点　60点　　制限時間　50分　　　　点

1 $\vec{a}=(2,\ -3,\ 6)$, $\vec{b}=(1,\ 3,\ -4)$ のとき，次の問いに答えよ。

(各5点　計20点)

(1) $\vec{a}+2\vec{b}$ を成分で表せ。また，その大きさを求めよ。
$\vec{a}+2\vec{b}=(2,\ -3,\ 6)+(2,\ 6,\ -8)=(4,\ 3,\ -2)$ …答
$|\vec{a}+2\vec{b}|=\sqrt{4^2+3^2+(-2)^2}=\sqrt{29}$ …答

(2) $\vec{a}$ と同じ向きの単位ベクトルを求めよ。
$|\vec{a}|=\sqrt{2^2+(-3)^2+6^2}=\sqrt{49}=7$ だから，$\vec{a}$ と同じ向きの単位ベクトルは
$\dfrac{\vec{a}}{|\vec{a}|}=\dfrac{1}{7}(2,\ -3,\ 6)=\left(\dfrac{2}{7},\ -\dfrac{3}{7},\ \dfrac{6}{7}\right)$ …答

(3) $5\vec{x}-\vec{a}=2\vec{a}+3\vec{b}+2\vec{x}$ を満たす $\vec{x}$ を成分で表せ。
$5\vec{x}-\vec{a}=2\vec{a}+3\vec{b}+2\vec{x}$ より，$3\vec{x}=3\vec{a}+3\vec{b}$ だから　$\vec{x}=\vec{a}+\vec{b}=(3,\ 0,\ 2)$ …答

2 $\vec{a}=(-2,\ 1,\ -1)$, $\vec{b}=(1,\ 0,\ 1)$ について，次の問いに答えよ。

(各8点　計16点)

(1) $\vec{a}$ と $\vec{b}$ のなす角 θ を求めよ。
$|\vec{a}|=\sqrt{(-2)^2+1^2+(-1)^2}=\sqrt{6}$, $|\vec{b}|=\sqrt{1^2+0^2+1^2}=\sqrt{2}$
$\vec{a}\cdot\vec{b}=-2+0-1=-3$
$\cos\theta=\dfrac{\vec{a}\cdot\vec{b}}{|\vec{a}||\vec{b}|}=\dfrac{-3}{\sqrt{6}\cdot\sqrt{2}}=-\dfrac{\sqrt{3}}{2}$ より　$\theta=150°$ …答

(2) $\overrightarrow{OA}=\vec{a}$, $\overrightarrow{OB}=\vec{b}$ とするとき，△OAB の面積 S を求めよ。
$S=\dfrac{1}{2}\sqrt{|\vec{a}|^2|\vec{b}|^2-(\vec{a}\cdot\vec{b})^2}=\dfrac{1}{2}\sqrt{6\cdot 2-(-3)^2}=\dfrac{\sqrt{3}}{2}$ …答

[別解]　$S=\dfrac{1}{2}|\vec{a}||\vec{b}|\sin\theta=\dfrac{1}{2}\sqrt{6}\cdot\sqrt{2}\sin 150°=\dfrac{\sqrt{3}}{2}$

3 $\vec{a}=(-3,\ 5,\ -1)$, $\vec{b}=(2,\ -1,\ 1)$ のとき，$\vec{p}=\vec{a}+t\vec{b}$ について，次の問いに答えよ。

(各9点　計18点)

(1) $|\vec{p}|$ の最小値とそのときの t の値 t_0 を求めよ。
$\vec{p}=(-3,\ 5,\ -1)+t(2,\ -1,\ 1)=(2t-3,\ -t+5,\ t-1)$
$|\vec{p}|^2=(2t-3)^2+(-t+5)^2+(t-1)^2=6t^2-24t+35$
$\quad\ =6(t-2)^2+11$
$|\vec{p}|^2$ は $t=2$ のとき最小値 11 をとるから，$|\vec{p}|$ の最小値 $\sqrt{11}$ $(t_0=2)$ …答

(2) (1)で求めた t_0 について，$\vec{a}+t_0\vec{b}$ と $\vec{b}$ が垂直であることを証明せよ。
[証明]　$t_0=2$ より　$\vec{a}+t_0\vec{b}=\vec{a}+2\vec{b}=(1,\ 3,\ 1)$
$(\vec{a}+2\vec{b})\cdot\vec{b}=1\cdot 2+3\cdot(-1)+1\cdot 1=0$
したがって，$\vec{a}+2\vec{b}$ と $\vec{b}$ は垂直である。[証明終わり]

4 空間ベクトル $\vec{a}$, $\vec{b}$ において，$|\vec{a}|=3$，$|\vec{b}|=2$，$|\vec{a}-\vec{b}|=\sqrt{19}$ のとき次の問いに答えよ。

(各6点 計18点)

(1) $\vec{a}\cdot\vec{b}$ を求めよ。

$|\vec{a}-\vec{b}|^2=(\vec{a}-\vec{b})\cdot(\vec{a}-\vec{b})=\vec{a}\cdot\vec{a}-\vec{a}\cdot\vec{b}-\vec{b}\cdot\vec{a}+\vec{b}\cdot\vec{b}=|\vec{a}|^2-2\vec{a}\cdot\vec{b}+|\vec{b}|^2$

よって，$3^2-2\vec{a}\cdot\vec{b}+2^2=19$ より　$\vec{a}\cdot\vec{b}=-3$ …答

(2) $\vec{a}$ と $\vec{b}$ のなす角 θ を求めよ。

$\cos\theta=\dfrac{\vec{a}\cdot\vec{b}}{|\vec{a}||\vec{b}|}=\dfrac{-3}{3\cdot 2}=-\dfrac{1}{2}$　　$\theta=120°$ …答

(3) $\vec{a}+t\vec{b}$ と $\vec{a}-\vec{b}$ が垂直になるように，実数 t の値を定めよ。

$(\vec{a}+t\vec{b})\cdot(\vec{a}-\vec{b})=\vec{a}\cdot\vec{a}-\vec{a}\cdot\vec{b}+t\vec{b}\cdot\vec{a}-t\vec{b}\cdot\vec{b}$
$=|\vec{a}|^2+(t-1)\vec{a}\cdot\vec{b}-t|\vec{b}|^2$
$=3^2-3(t-1)-t\cdot 2^2=12-7t$

$(\vec{a}+t\vec{b})\perp(\vec{a}-\vec{b})$ より　$(\vec{a}+t\vec{b})\cdot(\vec{a}-\vec{b})=0$　よって　$t=\dfrac{12}{7}$ …答

5 四面体 OABC と点 P が $3\overrightarrow{AP}+2\overrightarrow{BP}+\overrightarrow{CP}=\vec{0}$ を満たすとき，点 P と四面体 OABC の位置関係を調べよ。

(10点)

O を始点とする位置ベクトルを考え，A($\vec{a}$)，B($\vec{b}$)，C($\vec{c}$)，P($\vec{p}$) とする。

$3\overrightarrow{AP}+2\overrightarrow{BP}+\overrightarrow{CP}=\vec{0}$ は $3(\vec{p}-\vec{a})+2(\vec{p}-\vec{b})+(\vec{p}-\vec{c})=\vec{0}$ だから

$\vec{p}=\dfrac{3\vec{a}+2\vec{b}+\vec{c}}{6}=\dfrac{3\vec{a}+3\left(\dfrac{2\vec{b}+\vec{c}}{3}\right)}{6}$

ここで $\dfrac{2\vec{b}+\vec{c}}{3}=\vec{d}$ とおくと，点 D($\vec{d}$) は線分 BC を 1：2 に内分する点である。

このとき，$\vec{p}=\dfrac{3\vec{a}+3\vec{d}}{6}=\dfrac{\vec{a}+\vec{d}}{2}$ より，点 P は線分 AD の中点である。

したがって，**線分 BC を 1：2 に内分する点を D とするとき，線分 AD の中点が P である。**

…答

6 2点 A(1, $-$2, 3)，B(3, 2, 5) について，次の問いに答えよ。

(各6点 計18点)

(1) 2点 A，B を通る直線の方程式を媒介変数 t を使って表せ。

求める直線上の点を P(x, y, z) とすると，$\overrightarrow{AP}=t\overrightarrow{AB}$ より，
$(x-1,\ y+2,\ z-3)=t(2,\ 4,\ 2)$ だから　$x=2t+1$，$y=4t-2$，$z=2t+3$ …答

(2) 点 A を通り $\overrightarrow{OB}$ に垂直な平面の方程式を求めよ。

求める平面上の点を P(x, y, z) とすると，$\overrightarrow{AP}\cdot\overrightarrow{OB}=0$ より
$3(x-1)+2(y+2)+5(z-3)=0$　　$3x+2y+5z-14=0$ …答

(3) 2点 A，B を直径の両端とする球の方程式を求めよ。

$\overrightarrow{AP}\cdot\overrightarrow{BP}=0$ より　$(x-1)(x-3)+(y+2)(y-2)+(z-3)(z-5)=0$
これを整理して　$(x-2)^2+y^2+(z-4)^2=6$ …答

B